"十四五"时期国家重点出版物出版专项规划
重大出版工程规划项目

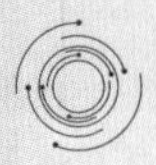

变革性光科学与技术丛书

Optical and Electronic Chaos Generation Theory and Experiments

光电混沌信号产生理论与实验

王安帮　著

清華大學出版社
北京

内容简介

本书主要介绍了光电混沌信号产生的方法和实验进展，简要介绍了混沌信号与系统的分析方法，论述了电学混沌信号产生的基本原理、电路结构及混沌动力学特征，阐述了基于半导体激光器、光电振荡器两类光学混沌信号的产生方法、原理和实验，并分析了半导体激光器混沌输出的量子统计特性。

本书可作为高等院校信息科学、光电子学、光通信技术、物理电子学等相关专业教师、研究生的参考书，也可供相关研究和应用领域研究人员参考。

图书在版编目（CIP）数据

光电混沌信号产生理论与实验/王安帮著. —北京：清华大学出版社，2023.10
（变革性光科学与技术丛书）
ISBN 978-7-302-63514-7

Ⅰ. ①光… Ⅱ. ①王… Ⅲ. ①信号处理－混沌理论－研究 Ⅳ. ①TN911.7

中国国家版本馆 CIP 数据核字（2023）第 086166 号

责任编辑： 鲁永芳
封面设计： 意匠文化 · 丁奔亮
责任校对： 赵丽敏
责任印制： 杨 艳

出版发行： 清华大学出版社
网 址： https://www.tup.com.cn，https://www.wqxuetang.com
地 址： 北京清华大学学研大厦 A 座 **邮 编：** 100084
社 总 机： 010-83470000 **邮 购：** 010-62786544
投稿与读者服务： 010-62776969，c-service@tup.tsinghua.edu.cn
质量反馈： 010-62772015，zhiliang@tup.tsinghua.edu.cn
印 装 者： 小森印刷（北京）有限公司
经 销： 全国新华书店
开 本： 170mm×240mm **印 张：** 15.75 **字 数：** 295 千字
版 次： 2023 年 10 月第 1 版 **印 次：** 2023 年 10 月第1 次印刷
定 价： 129.00 元

产品编号：078444-01

丛书编委会

主　编

编　委

丛书序

光是生命能量的重要来源，也是现代信息社会的基础。早在几千年前人类便已开始了对光的研究，然而，真正的光学技术直到400年前才诞生，斯涅耳、牛顿、费马、惠更斯、菲涅耳、麦克斯韦、爱因斯坦等学者相继从不同角度研究了光的本性。从基础理论的角度看，光学经历了几何光学、波动光学、电磁光学、量子光学等阶段，每一阶段的变革都极大地促进了科学和技术的发展。例如，波动光学的出现使得调制光的手段不再限于折射和反射，利用光栅、菲涅耳波带片等简单的衍射型微结构即可实现分光、聚焦等功能；电磁光学的出现，促进了微波和光波技术的融合，催生了微波光子学等新的学科；量子光学则为新型光源和探测器的出现奠定了基础。

伴随着理论突破，20世纪见证了诸多变革性光学技术的诞生和发展，它们在一定程度上使得过去100年成为人类历史长河中发展最为迅速、变革最为剧烈的一个阶段。典型的变革性光学技术包括激光技术、光纤通信技术、CCD成像技术、LED照明技术、全息显示技术等。激光作为美国20世纪的四大发明之一(另外三项为原子能、计算机和半导体)，是光学技术上的重大里程碑。由于其极高的亮度、相干性和单色性，激光在光通信、先进制造、生物医疗、精密测量、激光武器乃至激光核聚变等技术中均发挥了至关重要的作用。

光通信技术是近年来另一项快速发展的光学技术，与微波无线通信一起极大地改变了世界的格局，使“地球村”成为现实。光学通信的变革起源于20世纪60年代，高琨提出用光代替电流，用玻璃纤维代替金属导线实现信号传输的设想。1970年，美国康宁公司研制出损耗为20 dB/km的光纤，使光纤中的远距离光传输成为可能，高琨也因此获得了2009年的诺贝尔物理学奖。

除了激光和光纤之外，光学技术还改变了沿用数百年的照明、成像等技术。以最常见的照明技术为例，自1879年爱迪生发明白炽灯以来，钨丝的热辐射一直是最常见的照明光源。然而，受制于其极低的能量转化效率，替代性的照明技术一直是人们不断追求的目标。从水银灯的发明到荧光灯的广泛使用，再到获得2014年诺贝尔物理学奖的蓝光LED，新型节能光源已经使得地球上的夜晚不再黑暗。另外，CCD的出现为便携式相机的推广打通了最后一个障碍，使得信息社会更加丰富多彩。

20世纪末以来，光学技术虽然仍在快速发展，但其速度已经大幅减慢，以至于很多学者认为光学技术已经发展到瓶颈期。以大口径望远镜为例，虽然早在1993年美国就建造出10 m口径的“凯克望远镜”，但迄今为止望远镜的口径仍然没有得到大幅增加。美国的30 m望远镜仍在规划之中，而欧洲的OWL百米望远镜则由于经费不足而取消。在光学光刻方面，受到衍射极限的限制，光刻分辨率取决于波长和数值孔径，导致传统i线(波长为365 nm)光刻机单次曝光分辨率在200 nm以上，而每台高精度的193光刻机成本达到数亿元人民币，且单次曝光分辨率也仅为38 nm。

在上述所有光学技术中，光波调制的物理基础都在于光与物质(包括增益介质、透镜、反射镜、光刻胶等)的相互作用。随着光学技术从宏观走向微观，近年来的研究表明：在小于波长的尺度上(即亚波长尺度)，规则排列的微结构可作为人造“原子”和“分子”，分别对入射光波的电场和磁场产生响应。在这些微观结构中，光与物质的相互作用变得比传统理论中预言的更强，从而突破了诸多理论上的瓶颈难题，包括折反射定律、衍射极限、吸收厚度-带宽极限等，在大口径望远镜、超分辨成像、太阳能、隐身和反隐身等技术中具有重要应用前景。譬如，基于梯度渐变的表面微结构，人们研制了多种平面的光学透镜，能够将几乎全部入射光波聚集到焦点，且焦斑的尺寸可突破经典的瑞利衍射极限，这一技术为新型大口径、多功能成像透镜的研制奠定了基础。

此外，具有潜在变革性的光学技术还包括量子保密通信、太赫兹技术、涡旋光束、纳米激光器、单光子和单像元成像技术、超快成像、多维度光学存储、柔性光学、三维彩色显示技术等。它们从时间、空间、量子态等不同维度对光波进行操控，形成了覆盖光源、传输模式、探测器的全链条创新技术格局。

值此技术变革的肇始期，清华大学出版社组织出版“变革性光科学与技术丛书”，是本领域的一大幸事。本丛书的作者均为长期活跃在科研第一线，对相关科学和技术的历史、现状和发展趋势具有深刻理解的国内外知名学者。相信通过本丛书的出版，将会更为系统地梳理本领域的技术发展脉络，促进相关技术的更快速发展，为高校教师、学生以及科学爱好者提供沟通和交流平台。

是为序。

罗先刚

2018年7月

序　言

混沌是复杂系统中特殊的动力学现象，描述了对系统初始状态高度敏感的无规则动态特性。现代混沌理论起始于20世纪60年代气象学家爱德华·洛伦茨(Edward Norton Lorenz)在天气预测研究中发现的“蝴蝶效应”。经过60年的研究，混沌理论在数学、物理、天文学、化学、社会学等取得了长足发展，特别是与先进的光学、光电子学结合，在保密光通信、激光雷达、传感等应用领域孕育了一系列变革性光学技术。

光电混沌信号产生是混沌应用的基础。混沌信号产生已经从数学方程拓展到基于忆阻器、半导体超晶格、激光器、电光调制器等先进非线性器件的复杂电学和光学系统，甚至光子集成的混沌半导体激光器也已经问世。此外，光电混沌信号产生机理研究，还可以从复杂性科学的角度分析光电器件动力学现象的原因和过程并揭示内在规律，为新型器件设计和研发提供理论依据。

笔者有幸在国家优秀青年科学基金，国家自然科学基金重点、重大仪器，科技部重点研发计划、国际合作等项目支持下，专注从事混沌激光产生与应用研究。在导师王云才教授建议和鼓励下，笔者开始构思和撰写这本书。此书聚焦于光电混沌信号产生这一课题，重点介绍了基于半导体激光器、电光调制器的光学混沌产生理论、方法及特性。目的是为相关专业的研究生、教师以及相关领域的研究人员提供参考。

付梓之际，恰逢混沌科学研究60周年。期待混沌信号产生研究能够进一步推动混沌理论的深入发展，促进复杂性科学与其他学科的交叉融合，激发出国家重大需求的新技术。

本书的撰写离不开团队成员的共同努力。在此衷心感谢王云才教授指导，感谢贾志伟副教授、张建国副教授、郭龑强教授、王龙生副教授以及博士研究生李青天、张蓉、王俊丽等人的支持和帮助。第2～3章由张建国副教授撰写，第4章及第5章集成混沌源部分由贾志伟副教授撰写，第7章由郭龑强教授撰写，其余章节由笔者撰写。博士研究生李青天、张蓉、王俊丽协助作图和文字校准，全书的统稿由贾志伟副教授协助笔者完成。感谢国家自然科学基金委、科技部、山西省科技厅、广东省科技厅的项目资助,本书中的相关研究工作才得以完成。

由于作者水平有限,书中难免有不妥和不足之处,恳请广大读者特别是同行专家批评指正,在此我们致以深深的谢意。

本书配有导读视频和图库等资源,请扫二维码观看。

王安帮

2023年9月

本书导读视频

本书图库

目　录

第1章

绪　论

1.1　混沌信号产生的意义

混沌是非线性系统产生的复杂、无规则的行为，对系统初始值十分敏感，且具有长期不可预测性。混沌理论消除了关于确定性系统可以预测的拉普拉斯幻想，与量子理论、相对论一起被誉为20世纪三大科学理论(Gleick，2008)。

混沌现象广泛存在于天体运动、气象演变、神经网络等复杂系统。法国数学家庞加莱在解决行星运动中的三体问题时，指出三体运动对初值十分敏感被认为是混沌理论的开端。法国天文学家拉斯卡尔指出2亿年后太阳系所有行星(包括地球)将以混沌轨道运行(Laskar，1989)。英国宇宙学家霍金认为黑洞的形成是一种经典意义下的混沌过程(Hawking，2014)。2021年，诺贝尔物理学奖授予了在复杂系统研究方面做出杰出贡献的三位学者。其中，乔治·帕里西发现从原子尺度到行星尺度物理系统中无序和涨落的相互作用；真锅淑郎、克劳斯·哈塞尔曼则对地球气候进行物理建模，量化可变性并宏观预测全球变暖。在医学领域，混沌理论被用于降低癫痫病的发作频率(Schiff et al.，1994)。可见，研究非线性系统的混沌现象，对揭示系统内在机理与规律具有重要的科学意义。

随着电子学、光电子学技术和器件的发展，混沌理论在工程应用研究中也得到迅速发展(王云才，2023)。例如，在保密通信领域，可将同步的混沌信号量化产生一致随机密钥，用于高速信息的加密解密(Uchida et al.，2008；Gao et al.，2021)；或者利用混沌信号掩藏信息，实现高速信息的安全传输(Argyris et al.，2005)。在雷达领域，将混沌信号作为雷达信号可实现高精度目标探测，同时兼顾良好的抗干扰和抗截获能力(Lin et al.，2004)。在测量与传感领域，利用混沌信号可实现高空间分辨率的光纤(Wang A B et al.,2021)、电缆故障监测(Wang A B et al.,2011),长距离、高分辨率的分布式光纤传感(Li et al.,2022)。混沌应用的关键在于混沌信号的产生。因此,面向不同应用领域,研究混沌产生及其控制理论与技术就变得尤为重要。

1.2 混沌信号产生的研究历程

1963年,洛伦茨在*Journal of the Atmospheric Sciences*上发表文章"Deterministic nonperiodic flow",开启了现代混沌研究(Lorenz,1963)。1975年,李天岩与约克共同在*American Mathematical Monthly*上发表文章"Period three implies chaos",第一次使用"chaos"名称并给出了严格的数学定义,标志着混沌理论初步形成(Li T Y et al.,2004)。

早在混沌理论形成之前,混沌现象就已经在电子学、光电子学的实验研究中闪现。1927年,荷兰物理学家范德波尔等利用包含氖辉光灯的RC振荡电路进行分频实验研究,意外发现电容器在某些取值时电路会呈现不规则的"噪声"(Van Der Pol et al.,1927)。这是最早的混沌相关的电路实验记录。1960年,梅曼等报道了世界上第一台激光器——红宝石激光器;第二年就实验观测到红宝石激光器激光强度波形的不规则脉动现象(图1.2.1)(Maiman et al.,1961)。这是历史上第一次观察到激光器的非稳态现象。1973年,Cheng等发现激光金属微加工过程中金属板反射会使Nd^{3+}:YAG激光器产生不规则振荡(图1.2.2)(Cheng,1973),激光器输出脉冲序列的频率和强度均出现无规则起伏,严重恶化金属加工的一致性。

混沌概念提出之后,1976年生态学家罗伯特-梅(Roert-May)在*Nature*上发表文章,呼吁不同领域的研究者应当注意在一些简单模型中可能存在令人惊奇的复杂动力学行为,及其在数学、实际应用中的重要意义(May,1976)。该文章有效推动了混沌信号产生的研究。目前,混沌信号产生主要有电路和光学两类方法,其主要发展历程简介如下。

1.2.1 电路混沌产生

1981年,Paul S. Linsay在实验上通过对变容二极管施加正弦电压,观测到了受迫非谐振子的周期倍增及混沌行为(Linsay,1981),证实了费根鲍姆提出的倍周期导致混沌的理论预期(Feigenbaum,1978)。Linsay的受迫非谐振子实验是关于混沌产生的首个电路实验。1983年,蔡少棠设计了一种能产生稳定混沌信号的电路,T. Matsumoto将其命名为蔡氏电路(Matsumoto,1984)。电路混沌产生主要分为两种方式:一是利用电路构建混沌方程,例如洛伦茨混沌电路、逻辑斯谛映射

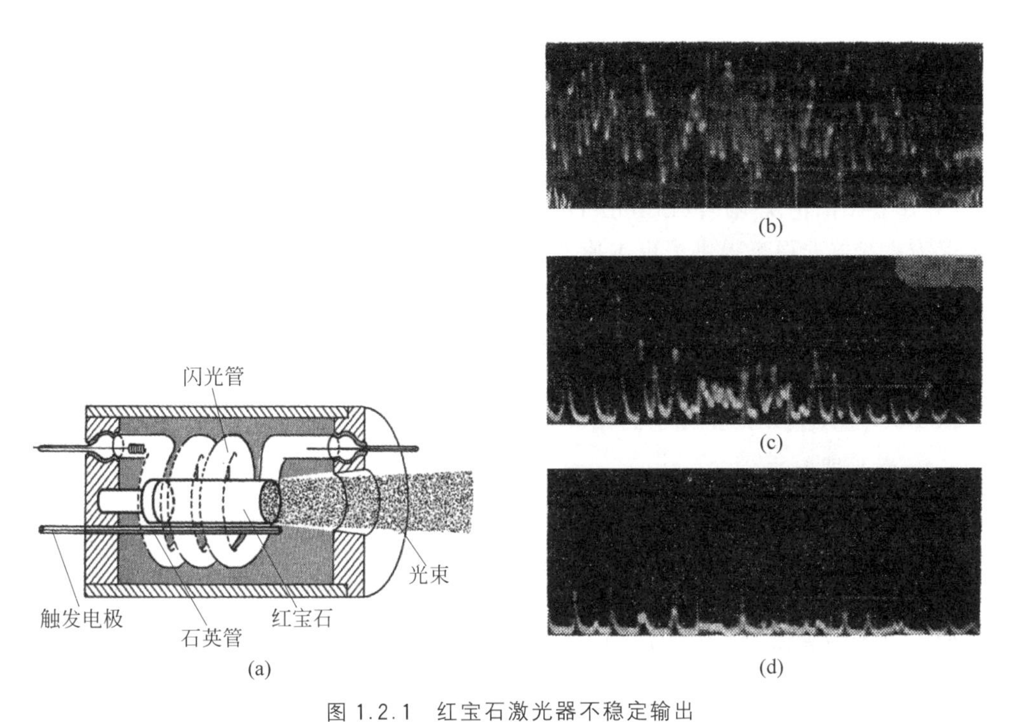

图 1.2.1 红宝石激光器不稳定输出

(a) 灯泵红宝石激光器结构；(b)～(d) 激光器开始振荡之后约 600ps、1000ps、1200ps 记录的波形 (10μs/div)(Maiman et al.,1961)

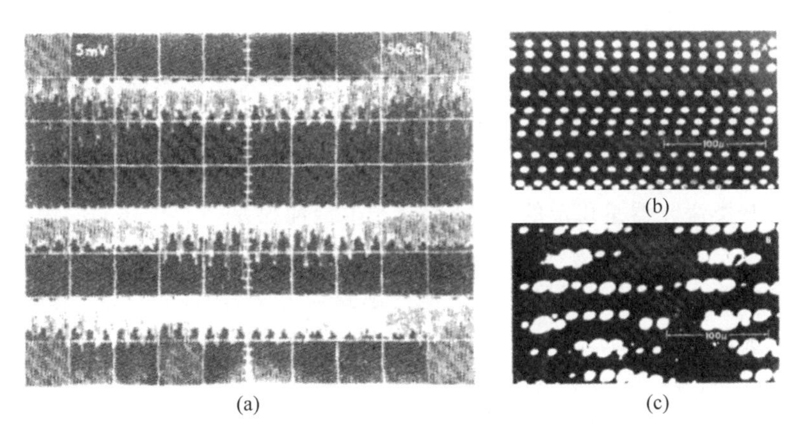

图 1.2.2 Nd^{3+}:YAG 激光器在金属微加工时遭受外部光反馈的影响

(a)无反馈和(b)有反馈时铋金属膜打孔阵列；(c)反馈情况下激光器输出的不稳定波形(Cheng,1973)

混沌电路、帐篷映射混沌电路和多涡卷混沌映射电路等；二是利用非线性电子元件构建非线性电路，如蔡氏混沌电路、陈氏混沌电路、考毕兹混沌电路、布尔混沌电路和忆阻器混沌电路等。

1.2.2 光学混沌产生

1975 年，德国斯图加特大学的哈肯（H. Haken）理论上发现均匀加宽单模激光器的麦克斯韦-布洛赫（Maxwell-Bloch）方程与描述流体动力的洛伦茨方程是同构的，并建立了洛伦茨-哈肯（Lorenz-Haken）方程（Haken，1975）。洛伦茨-哈肯方程不仅为激光器非稳态提供了更本质的解释，同时也预言了激光器可以产生混沌振荡。1980 年，池田健介（K. Ikeda）等理论上提出了另一个可以产生光学混沌的模型——包含非线性电介质的环形光学腔（Ikeda et al.，1980）。基于池田模型，研究者发展出基于电光调制器作为非线性元件的光电振荡器（opto-electronic oscillator，OEO），以产生光学混沌（Okada et al.，1981）。

1. 激光器混沌

洛伦茨-哈肯方程与洛伦茨方程同构需要严苛的条件：洛伦茨-哈肯模型的速率方程包含电场、电偶极矩、反转粒子数三个物理量，只有当三个物理量的弛豫速率相当时，该模型才与洛伦茨方程同构，方有可能产生混沌。满足此条件的激光器被称为 C 类激光器（Arecchi et al.，1984）。理论上，C 类激光器是不稳定的，自身即可产生混沌振荡。1985 年，洛伦茨型混沌在波长 81.5μm 的远红外 NH_3 激光器中被观察到（Weiss et al.，1985）。

稳定激光器的电场衰变速率通常远小于另外一个或两个物理量的弛豫速率，导致速率方程数量降低（弛豫速率更大的物理量的方程可以忽略）。F. T. Arecchi 等将激光器分为 A、B、C 三类。A 类激光器仅用电场速率方程即可描述，如氩离子激光器、波长为 0.633μm 的氦氖激光器、染料激光器等。B 类激光器需用电场和反转粒子两者速率方程共同描述，例如红宝石激光器、Nd：YAG 激光器、CO_2 激光器、半导体激光器等。

A 类、B 类激光器是稳定的，自身不会产生混沌振荡。T. Yamada 等理论研究表明，注入一个调制的光场可以使单模激光器产生混沌（Yamada et al.，1980）。这启发了通过增加激光器自由度产生混沌的思路与方法，例如光反馈、增益调制等。研究者相继利用气体激光器（Arecchi et al.，1982）、半导体激光器（Glas et al.，1983；Cho et al.，1984）、光纤激光器（Phillips et al.，1987）等产生了混沌激光。

值得指出的是，半导体激光器因其体积小、结构简单、混沌复杂度高等优势，已发展成为光学混沌产生的主要器件。早期，研究者就注意到外部光反馈会使半导体激光器产生周期或脉冲振荡、增强低频噪声等现象，并进行了理论探索。尽管这些早期研究并未涉及混沌概念，但却为后来的激光器非线性动力学研究奠定了基础。例如，1980 年 R. Lang 和 K. Kobayashi 建立了光反馈半导体激光器速率方程（即著名的 LK 方程），并提出了外腔模式概念（Lang et al.，1980）；1982 年，

L. Goldberg 等在实验中观察到了外腔模式，并研究了外腔模式对光谱的影响(Goldberg et al. ,1982)。

1983 年，德国科学院 P. Glas 等首次在实验中观察到了 AlGaAs-DH 半导体激光器在外部光栅反馈下的混沌振荡(Glas et al. ,1983)。有趣的是，P. Glas 等明确指出更愿意使用"无规则"而不是"混沌"一词描述这一现象。1984 年，日本大阪大学 Y. Cho 等在国际量子电子学会议上明确报道了外光反馈半导体激光器产生混沌的实验和数值分析结果(Cho et al. ,1984)。1985 年，D. Lenstra 等在实验中发现光反馈导致半导体激光器"相干塌陷"，光谱线宽增大到 25GHz、相干长度减小至 10mm。更有意义的是，他们认为相干塌陷状态并非之前人们认为的噪声，而是混沌(Lenstra et al. ,1985)。1986 年，Y. Cho 等计算了实验测量所得光反馈半导体激光器波形的关联维度，证明了激光器输出为混沌振荡(Cho et al. ,1986)。同年，R. Tkach 和 A. Chraplyvy 研究了光反馈对波长 1.5μm 的分布反馈(distributed feedback,DFB)半导体激光器的影响，揭示了激光器的五个典型状态及相应的反馈参数区间(Tkach et al. ,1986)。随后，光反馈半导体激光器进入混沌状态的准周期路径(Mørk et al. ,1990)、倍周期路径(Ye et al. ,1993)相继被报道。除了光反馈，光注入(Simpson et al. ,1994)、光电反馈(Lin et al. ,2003)、电流调制(Lee et al. ,1985)等增加自由度方式均被证明可以诱导半导体激光器产生混沌振荡。

随着混沌激光应用的发展需求，混沌激光产生方式的优化是必然趋势，主要体现在以下几个方面。

(1) 集成化以提高鲁棒性：欧盟框架计划 PICASSO 于 2008 年首次报道了光子集成混沌半导体激光器(Argyris et al. ,2008)，日本 NTT 公司也于 2011 年报道了光子集成混沌半导体激光器(Sunada et al. ,2011；Harayama et al. ,2011)。

(2) 增强带宽：在连续光输出的激光器中引入混沌光注入(Uchida et al. ,2003)，以及反之(Wang A B et al. ,2008)；或在反馈光路引入额外的光反馈(Wu et al. ,2009a)、非线性器件(Mercier et al. ,2016；Yang et al. ,2020)均可实现带宽增强。通过混沌光的延迟自干涉(Wang A B et al. ,2013a)、光外差(Wang A B et al. ,2015)，或在混沌光输出端引入光纤环形振荡器(Wang A B et al. ,2013b)、色散光纤(Li et al. ,2018；Zhao et al. ,2019)也可实现带宽增强。

(3) 时延特征抑制：增加反馈外腔数量(Wu et al. ,2009b)、在光纤反馈回路中引入随机分布反射(Wang Y C et al. ,2012；Xu et al. ,2017)、均匀分布反射(Li et al. ,2015)、色散反射(Wang D M et al. ,2017)等方法均可抑制甚至消除时延特征。

(4) 探索新型激光器的非线性动态及混沌产生：FP 激光器在光反馈情况下可产生多模混沌激光(Li et al. ,2019)，在滤波反馈或光注入下可以实现波长可调谐的混沌激光(Wang A B et al.,2012);长腔 FP 激光器在光反馈情况下能够产生宽带混沌(Zhong et al.,2023)。在 DBR 激光器光栅区的注入电流中引入非线性反馈,可实现波长混沌产生(Larger et al.,1998)。垂直腔面发射激光器在光反馈或者光注入时具有偏振切换(Paul et al.,2006)、偏振双稳(Pan et al.,2003)、动力学状态切换(Zhang et al.,2021)等现象。二维微腔激光器的 Q 因子高、弛豫振荡频率大,在光反馈下能够产生宽带混沌激光(Wang Y X et al.,2020)。正方形微腔激光器可实现双模或三模激光输出,在光反馈情况下能通过模式拍频实现混沌带宽增强(Li Y L et al.,2022)。

需要说明的是,宽区半导体激光器在光反馈情况下可以产生时空混沌(Adachihara et al.,1993)。由于混沌激光的主要应用均是时域混沌,因此本书聚焦于单横模激光器产生的时域混沌。

2. 光电振荡器

利用光电振荡器(OEO)产生混沌的思想,来源于池田模型(Ikeda et al.,1980)。池田模型中,光学环形腔内包含一个光学非线性介质。由于非线性效应较弱,很难实验上实现池田光学混沌信号的产生。1981 年,H. M. Gibbs 等将压电晶体置于一对正交的偏振器构成光电混合非线性器件,通过光电反馈构成环形结构,首次实验上产生了池田混沌(Gibbs et al.,1981)。该工作的思路是利用具有非线性响应的光电器件替换非线性光学介质,利用光电反馈代替光反馈,解决了光学池田模型的功率瓶颈。同年,M. Okada 等借鉴 H. M. Gibbs 等的研究思路,利用响应速度更快的电光强度调制器构建光电反馈振荡环,实验观察到了准混沌振荡(Okada et al.,1981)。该工作开启了光电振荡器产生混沌的研究。2004 年,R. Genin 等提出基于相位调制器的光电振荡器并观察到了混沌信号的产生(Genin et al.,2004)。

光电振荡器产生混沌的带宽,是由电光调制器、光电探测器、射频放大器三者带宽“交集”决定。当前器件水平可以支持光电振荡器产生宽带混沌。2010 年,K. E. Callan 等利用基于强度调制器的 OEO 实验产生了带宽 8GHz 的混沌信号(Callan et al.,2010)。需指出的是,其最大李雅普诺夫指数却比较低,仅约为 0.03ns^{-1}。随后,L. Larger 团队等用一个基于集成 QPSK 调制器的 OEO 结构产生了 13GHz 混沌信号(Nourine et al.,2011)。华中科技大学程孟凡等借鉴电学布尔混沌模型,利用 IQ 调制器结合双延迟反馈环构建光电布尔混沌系统,实验产生 −10dB 带宽为 29GHz 的混沌信号(Luo et al.,2021)。超宽带、高增益的射频放大器,将是 OEO 混沌带宽进一步提升的主要限制因素。

由于电光调制器非线性响应的复杂度较弱,导致混沌信号的复杂度受限。如何提高系统混沌复杂度也成为一个研究方向。2010 年,Pere Colet 提出将激光器光电反馈结构与 OEO 结构结合（Nguimdo et al.，2010），抑制系统输出信号的时延特征，降低系统不稳定状态产生对反馈强度的要求。同理，光反馈（Elsonbaty et al.，2018）、光注入（Zhu et al.，2017）与 OEO 结构的组合同样可以得到类似的效果。在 OEO 环路中加入多项式变换函数可以产生超混沌信号（Márquez et al.，2014）。引入频率依赖的群时延模块（Hou et al.，2016）、非线性放大器（Talla Mbé et al.，2021）、非线性滤波器（Kamaha et al.，2020）等附加非线性器件，也可提高混沌信号复杂度。随着器件小型化、集成化需求的增加，基于硅基材料的调制器也用于 OEO 结构中（Zhang L et al.，2016）。

1.3 本书结构安排

第 1 章，绪论。简要介绍混沌产生的理论与工程意义，混沌产生的研究历程，以及本书内容与结构安排。

第 2 章，混沌信号与系统分析方法。主要介绍了面向混沌系统和混沌信号的分析方法，其中混沌系统分析方法包括分岔图、数值仿真；混沌信号分析方法包括时域分析法（李雅普诺夫指数、熵、关联维、自相关、相图）和频域分析法（带宽、平坦度）。

第 3 章，电学混沌信号产生。主要介绍了基于数学模型及非线性器件的电路混沌典型产生方法，前者包括洛伦茨混沌系统、逻辑斯谛混沌映射、帐篷混沌映射以及多涡卷混沌映射；后者包括蔡氏混沌、考毕兹混沌、布尔混沌以及忆阻器混沌。

第 4 章，半导体激光器基础。首先介绍了半导体激光器的原理及构成，包括增益材料、谐振腔以及阈值条件等；然后介绍了半导体激光器的稳态以及动力学特性；最后介绍了几种常用的半导体激光器，包括 FP 腔半导体激光器、DFB 腔与 DBR 腔半导体激光器、垂直腔面发射半导体激光器、微腔半导体激光器。

第 5 章，半导体激光器产生混沌。首先概述了激光器的动力学分类以及半导体激光器产生混沌的典型方法；然后重点介绍了光反馈 DFB 半导体激光器、光注入 DFB 半导体激光器、光电反馈 DFB 半导体激光器产生混沌以及混沌带宽增强的方法与结果；最后介绍了其他类型半导体激光器产生混沌以及集成混沌激光器的研究进展。

第 6 章，光电振荡系统产生混沌。首先概述了光电振荡器的原理及其研究进展；然后重点介绍了基于马赫-曾德尔调制器和相位调制器的混沌产生方法与结果；最后列举了基于 IQ 调制器、硅调制器、偏振调制器等其他调制器的光电混沌振荡系统。

第7章，混沌激光的量子统计特性。主要介绍混沌激光的量子特性理论分析、光场判别、光子数分布测量、高阶相干度分析测量等方面的研究进展。

参考文献

王云才，2023. 混沌信号应用：雷达、传感与保密通信[M]. 北京：清华大学出版社.

ADACHIHARA H, HESS O, ABRAHAM E, et al, 1993. Spatiotemporal chaos in broad-area semiconductor lasers[J]. Journal of the Optical Society of America B, 10(4): 658-665.

ARECCHI F T, LIPPI G L, PUCCIONI G P, et al, 1984. Deterministic chaos in laser with injected signal[J]. Optics Communications, 51(5): 308-314.

ARECCHI F T, MEUCCI R, PUCCIONCI G, et al, 1982. Experimental evidence of subharmonic bifurcations, multistability, and turbulence in a Q-switched gas laser[J]. Physical Review Letters, 49(17): 1217.

ARGYRIS A, HAMACHER M, CHLOUVERAKIS K E, et al, 2008. Photonic integrated device for chaos applications in communications[J]. Physical Review Letters, 100(19): 194101.

ARGYRIS A, SYVRIDIS D, LARGER L, et al, 2005. Chaos-based communications at high bit rates using commercial fibre-optic links[J]. Nature, 438(7066): 343-346.

CALLAN K E, ILLING L, GAO Z, et al, 2010. Broadband chaos generated by an optoelectronic oscillator[J]. Physical Review Letters, 104(11): 113901.

CHENG D, 1973. Instability of cavity-dumped YAG laser due to time-varying reflections[J]. IEEE Journal of Quantum Electronics, 9(6): 585-588.

CHO Y, UMEDA T, 1984. Chaos in laser oscillations with delayed feedback: numerical analysis and observation using semiconductor lasers[C]. Anaheim: In International Quantum Electronics Conference (p. WEE2), Optica Publishing Group.

CHO Y, UMEDA T, 1986. Observation of chaos in a semiconductor laser with delayed feedback [J]. Optics Communications, 59(2): 131-136.

ELSONBATY A, HEGAZY S F, OBAYYA S S A, et al, 2018. Simultaneous concealment of time delay signature in chaotic nanolaser with hybrid feedback[J]. Optics and Lasers in Engineering, 107: 342-351.

FEIGENBAUM M J, 1978. Quantitative universality for a class of nonlinear transformations[J]. Journal of Statistical Physics, 19(1): 25-52.

GAO H, WANG A B, WANG L S, et al, 2021. 0.75 Gbit/s high-speed classical key distribution with mode-shift keying chaos synchronization of Fabry-Perot lasers[J]. Light: Science & Applications, 10(1): 1-9.

GENIN E, LARGER L, GOEDGEBUER J P, et al, 2004. Chaotic oscillations of the optical phase for multigigahertz-bandwidth secure communications[J]. IEEE Journal of Quantum Electronics, 40(3): 294-298.

GIBBS H M, HOPF F A, KAPLAN D L, et al, 1981. Observation of chaos in optical bistability [J]. Physical Review Letters, 46(7): 474-477.

GLAS P, MÜLLER R. KLEHR A, 1983. Bistability, self-sustained oscillations, and irregular operation of a GaAs laser coupled to an external resonator[J]. Optics Communications, 47(4): 297-301.

GLEICK J, 2008. Chaos: Making a new science[M]. London: Penguin Publishing Group.

GOLDBERG L, TAYLOR H F, DANDRIDGE A, et al, 1982. Spectral characteristics of semiconductor lasers with optical feedback[J]. IEEE Transactions on Microwave Theory and Techniques, 30(4): 401-410.

HAKEN H, 1975. Analogy between higher instabilities in fluids and lasers[J]. Physics Letters A, 53(1): 77-78.

HARAYAMA T, SUNADA S, YOSHIMURA K, et al, 2011. Fast nondeterministic random-bit generation using on-chip chaos lasers[J]. Physical Review A, 83(3): 031803.

HAWKING S W, 2014. Information preservation and weather forecasting for black holes[J]. arXiv preprint arXiv: 1401.5761.

HOU T T, YI L L, YANG X L, et al, 2016. Maximizing the security of chaotic optical communications[J]. Optics Express, 24(20): 23439-23449.

IKEDA K, DAIDO H, AKIMOTO O, 1980. Optical turbulence: chaotic behavior of transmitted light from a ring cavity[J]. Physical Review Letters, 45(9): 709-712.

KAMAHA J S D, TALLA MBÉ J H, WOAFO P, 2020. Routes to chaos and characterization of limit-cycle oscillations in wideband time-delayed optoelectronic oscillators with nonlinear filters[J]. Journal of the Optical Society of America B, 37(11): A75-A82.

LANG R, KOBAYASHI K, 1980. External optical feedback effects on semiconductor injection laser properties[J]. IEEE Journal of Quantum Electronics, 16(3): 347-355.

LARGER L, GOEDGEBUER J P, MEROLLA J M, 1998. Chaotic oscillator in wavelength: a new setup for investigating differential difference equations describing nonlinear dynamics[J]. IEEE Journal of Quantum Electronics, 34(4): 594-601.

LASKAR J, 1989. A numerical experiment on the chaotic behaviour of the solar system[J]. Nature, 338(6212): 237-238.

LEE C H, YOON T H, SHIN S Y, 1985. Period doubling and chaos in a directly modulated laser diode[J]. Applied Physics Letters, 46(1): 95-97.

LENSTRA D, VERBEEK B, DEN BOEF A, 1985. Coherence collapse in single-mode semiconductor lasers due to optical feedback[J]. IEEE Journal of Quantum Electronics, 21(6): 674-679.

LI J, ZHANG M J, 2022. Physics and applications of Raman distributed optical fiber sensing[J]. Light: Science & Applications, 11(128): 1-29.

LI P, CAI Q, ZHANG J, et al, 2019. Observation of flat chaos generation using an optical feedback multi-mode laser with a band-pass filter[J]. Optics Express, 27(13): 17859-17867.

LI S S, CHAN S C, 2015. Chaotic time-delay signature suppression in a semiconductor laser with frequency-detuned grating feedback [J]. IEEE Journal of Selected Topics in Quantum Electronics, 21(6): 1800812.

LI S S, LI X Z, CHAN S C, 2018. Chaotic time-delay signature suppression with bandwidth broadening by fiber propagation[J]. Optics Letters, 43(19): 4751-4754.

LI T Y, YORKE J A, 1975. Period three implies chaos[J]. The American Mathematical Monthly, 82(10): 985-992.

LI Y L, MA C G, XIAO J L, et al, 2022. Wideband chaotic tri-mode microlasers with optical feedback[J]. Optics Express, 30(2): 2122-2130.

LIN F Y, LIU J M, 2003. Nonlinear dynamics of a semiconductor laser with delayed negative optoelectronic feedback[J]. IEEE Journal of Quantum Electronics, 39(4): 562-568.

LIN F Y, LIU J M, 2004. Chaotic lidar[J]. IEEE Journal of Selected Topics in Quantum Electronics, 10(5): 991-997.

LINSAY P S, 1981. Period doubling and chaotic behavior in a driven anharmonic oscillator[J]. Physical Review Letters, 47(19): 1349-1352.

LORENZ E N, 1963. Deterministic non-periodic flows[J]. Journal of Atmosphere Science, 20: 130-141.

LUO H W, CHENG M F, HUANG C M, et al, 2021. Experimental demonstration of a broadband optoelectronic chaos system based on highly nonlinear configuration of IQ modulator[J]. Optics Letters, 46(18): 4654-4657.

MAIMAN T H, HOSKINS R H, D'HAENENS I J, et al, 1961. Stimulated optical emission in fluorescent solids. Ⅱ. Spectroscopy and stimulated emission in ruby[J]. Physical Review, 123(4): 1151-1157.

MATSUMOTO T, 1984. A chaotic attractor from Chua's circuit[J]. IEEE Transactions on Circuits and Systems, 31(12): 1055-1058.

MAY R M, 1976. Simple mathematical models with very complicated dynamics[J]. Nature, 259(5543): 459-467.

MERCIER É, WOLFERSBERGER D, SCIAMANNA M, 2016. Improving the chaos bandwidth of a semiconductor laser with phase-conjugate feedback[C]. Brussels, Belgium: Semiconductor Lasers and Laser Dynamics.

MØRK J, MARK J, TROMBORG B, 1990. Route to chaos and competition between relaxation oscillations for a semiconductor laser with optical feedback[J]. Physical Review Letters, 65(16): 1999-2002.

MÁRQUEZ B A, SUÁREZ-VARGAS J J, RAMÍREZ J A, 2014. Polynomial law for controlling the generation of N-scroll chaotic attractors in an optoelectronic delayed oscillator[J]. Chaos: An Interdisciplinary Journal of Nonlinear Science, 24(3): 033123.

NGUIMDO R M, COLET P, MIRASSO C, 2010. Electro-optic delay devices with double feedback [J]. IEEE Journal of Quantum Electronics, 46(10): 1436-1443.

NOURINE M, CHEMBO Y K, LARGER L, 2011. Wideband chaos generation using a delayed oscillator and a two-dimensional nonlinearity induced by a quadrature phase-shift-keying electro-optic modulator[J]. Optics Letters, 36(15): 2833-2835.

OKADA M, TAKIZAWA K, 1981. Instability of an electrooptic bistable device with a delayed feedback[J]. IEEE Journal of Quantum Electronics, 17(10): 2135-2140.

PAN Z G, JIANG S J, DAGENAIS M, 2003. Optical injection induced polarization bistability in vertical-cavity surface-emitting lasers[J]. Applied Physics Letters, 63(22): 2999-3001.

PAUL J,MASOLLER C,HONG Y H,et al,2006. Experimental study of polarization switching of vertical-cavity surface-emitting lasers as a dynamical bifurcation[J]. Optics Letters, 31(6): 748-750.

PHILLIPS M W,GONG H,FERGUSON A I,et al,1987. Optical chaos and hysteresis in a laser-diode pumped Nd doped fibre laser[J]. Optics Communications,61(3): 215-218.

RONTANI D,LOCQUET A,SCIAMANNA M,et al,2007. Loss of time-delay signature in the chaotic output of a semiconductor laser with optical feedback[J]. Optics Letters,32(20): 2960-2962.

SCHIFF S J,JERGER K,DUONG D H,et al,1994. Controlling chaos in the brain[J]. Nature, 370(6491): 615-620.

SIMPSON T B, LIU J M, GAVRIELIDES A, et al, 1994. Period-doubling route to chaos in a semiconductor laser subject to optical injection[J]. Applied Physics Letters, 64 (26): 3539-3541.

SUNADA S, HARAYAMA T, ARAI K, et al, 2011. Chaos laser chips with delayed optical feedback using a passive ring waveguide[J]. Optics Express,19(7): 5713-5724.

TALLA MBÉ J H, ATCHOFFO W N, TCHITNGA R, et al, 2021. Dynamics of time-delayed optoelectronic oscillators with nonlinear amplifiers and its potential application to random numbers generation[J]. IEEE Journal of Quantum Electronics,57(5): 1-7.

TKACH R,CHRAPLYVY A,1986. Regimes of feedback effects in 1. 5-μm distributed feedback lasers[J]. Journal of Lightwave Technology,4(11): 1655-1661.

UCHIDA A, AMANO K, INOUE M, et al, 2008. Fast physical random bit generation with chaotic semiconductor lasers[J]. Nature Photonics,2(12): 728-732.

UCHIDA A,HEIL T,LIU Y,et al,2003. High-frequency broad-band signal generation using a semiconductor laser with a chaotic optical injection[J]. IEEE Journal of Quantum Electronics,39(11): 1462-1467.

VAN DER POL B, VAN DER MARK J, 1927. Frequency demultiplication[J]. Nature, 120(3019): 363-364.

WANG A B,WANG B J,LI L,et al. 2015. Optical heterodyne generation of high-dimensional and broadband white chaos[J]. IEEE Journal of Selected Topics in Quantum Electronics, 21(6): 1800710.

WANG A B,WANG N,YANG Y B,et al,2012. Precise fault location in WDM-PON by utilizing wavelength tunable chaotic laser[J]. Journal of Lightwave Technology,30(21): 3420-3426.

WANG A B,WANG Y C,HE H C,2008. Enhancing the bandwidth of the optical chaotic signal generated by a semiconductor laser with optical feedback[J]. IEEE Photonics Technology Letters,20(19): 1633-1635.

WANG A B,YANG Y B,WANG B J,et al,2013a. Generation of wideband chaos with suppressed time-delay signature by delayed self-interference[J]. Optics Express,21(7): 8701-8710.

WANG A B,WANG Y C,YANG Y B,et al,2013b. Generation of flat-spectrum wideband chaos by fiber ring resonator[J]. Applied Physics Letters,102(3): 031112.

WANG D M,WANG L S,ZHAO T,et al,2017. Time delay signature elimination of chaos in a semiconductor laser by dispersive feedback from a chirped FBG[J]. Optics Express, 25(10): 10911-10924.

WANG Y C, WANG A B, ZHAO T, 2012. Generation of the non-periodic and delay-signature-free chaotic light [C]. Palma: 2012 International Symposium on Nonlinear Theory and its Application: 126-129.

WANG Y X, JIA Z W, GAO Z S, et al, 2020. Generation of laser chaos with wide-band flat power spectrum in a circular-side hexagonal resonator microlaser with optical feedback[J]. Optics Express, 28(12): 18507-18515.

WEISS C O, KLISCHE W, ERING P S, et al, 1985. Instabilities and chaos of a single mode NH_3 ring laser[J]. Optics Communications, 52(6): 405-408.

WU J G, XIA G Q, CAO L P, et al, 2009a. Experimental investigations on the external cavity time signature in chaotic output of an incoherent optical feedback external cavity semiconductor laser[J]. Optics Communications, 282: 3153-3156.

WU J G, XIA G Q, WU Z M, 2009b. Suppression of time delay signatures of chaotic output in a semiconductor laser with double optical feedback[J]. Optics Express, 17(22): 20124-20133.

XU Y P, ZHANG M J, LU P, et al, 2017. Time-delay signature suppression in a chaotic semiconductor laser by fiber random grating induced random distributed feedback[J]. Optics Letters, 42(20): 4107-4110.

YAMADA T, GRAHAM R, 1980. Chaos in a laser system under a modulated external field[J]. Physical Review Letters, 45(16): 1322-1324.

YANG Q, QIAO L, ZHANG M, et al, 2020. Generation of a broadband chaotic laser by active optical feedback loop combined with a high nonlinear fiber[J]. Optics Letters, 45 (7): 1750-1753.

YE J, LI H, MCINERNEY J G, 1993. Period-doubling route to chaos in a semiconductor laser with weak optical feedback[J]. Physical Review A, 47(3): 2249-2252.

ZHANG L, DING J F, YANG L, et al, 2016. Complexity in nonlinear delayed feedback oscillator with silicon Mach-Zehnder modulator [C]. Shanghai: 2016 IEEE 13th International Conference on Group IV Photonics (GFP): 84-85.

ZHANG T, JIA Z W, WANG A B et al, 2021. Experimental observation of dynamic-state switching in VCSELs with optical feedback[J]. IEEE Photonics Technology Letters, 33(7): 335-338.

ZHAO A, JIANG N, LIU S, et al, 2019. Wideband time delay signature-suppressed chaos generation using self-phase-modulated feedback semiconductor laser cascaded with dispersive component[J]. Journal of Lightwave Technology, 37(19): 5132-5139.

ZHONG X H, JIA Z, LI Q, et al, 2023. Multi-wavelength broadband chaos generation and synchronization using long-cavity FP lasers[J]. IEEE Journal of Selected Topics in Quantum Electronics, 29(6): 1-7.

ZHU X H, CHENG M F, DENG L, et al, 2017. An optically coupled electro-optic chaos system with suppressed time-delay signature[J]. IEEE Photonics Journal, 9(3): 1-9.

第 2 章

混沌信号与系统分析方法

2.1 前言

混沌源自于非线性系统。在物理学中,如果描述某个系统的方程其输入(自变量)与输出(因变量)不成正比,则称其为非线性系统。非线性系统和线性系统最大的差别在于,非线性系统可能会导致混沌、不可预测或不可观测的结果。而非线性动力学是一门利用定性或定量,数值或解析,又或者实验的方法来具体研究非线性系统基本变化规律的新兴学科和热门研究领域。

动力学最初是经典力学的分支学科,主要用于研究物体运动状态与其所受外力之间的关系。17 世纪中叶,艾萨克·牛顿爵士利用其发明的微分方程,发现了一系列有关运动和引力的定律,并首次利用动力学完美解释了开普勒提出的行星运动规律。如今,动力学思想早已渗透于众多研究领域,例如物理学、力学、地球科学、应用数学、生命科学和工程技术等,几乎所有与时间有关的问题都可以抽象成某种动力学系统,即一个状态随时间变化的系统。

一般来说,非线性系统的行为可以用非线性微分方程或迭代映射来描述,后者也被称为差分方程,两者的区别是非线性微分方程用于描述连续动力系统,而迭代映射用于描述离散动力系统(陈关荣,2003)。

洛伦茨系统是非线性系统的经典范例,其非线性微分方程如下:

$$\begin{cases} \dot{x} = a(y - x) \\ \dot{y} = cx - y - xz \\ \dot{z} = xy - bz \end{cases} \tag{2.1.1}$$

式中，参数 a、b、c 均为常量，且 $a,b,c>0$，通常取 $a=10$，$b=8/3$，$c>1$。洛伦茨方程存在两个非线性项：二次项 xy 和 xz，使得这个看起来简单的非线性系统可以展现出极其复杂的动力学特性。

2.2 混沌系统分析方法

混沌系统分析旨在利用数学方法研究非线性系统中的混沌现象。它的主要目的是理解复杂系统中的行为模式和规律性，并预测系统的未来发展趋势。混沌系统分析涉及许多数学概念和工具，如分岔理论、自相似性、分形几何学等。通过这些工具，可以分析混沌系统的动力学状态，如稳态、周期态和混沌态等。

2.2.1 稳态解及线性稳定性分析

对于非线性微分方程或混沌系统的数值模型 $\mathrm{d}\boldsymbol{X}/\mathrm{d}t=\boldsymbol{F}(\boldsymbol{X})$，令物理变量的微分项为零，求解 $\boldsymbol{F}(\boldsymbol{X})=0$，可得到系统稳态解 $\boldsymbol{X}_{\mathrm{s}}$。进一步，利用微扰理论分析系统在该稳态解附近的稳定性，可以得到系统的特征方程和特征振荡。具体方法简述如下：令 $\boldsymbol{X}=\boldsymbol{X}_{\mathrm{s}}+\delta\boldsymbol{X}_0\mathrm{e}^{\lambda t}$，并代入非线性微分方程，消去稳态解，忽略高阶小量，可得线性代数方程组 $(\boldsymbol{F}'(\boldsymbol{X}_{\mathrm{s}})-\lambda\boldsymbol{I})\delta\boldsymbol{X}_0=0$，其特征方程为 $|\boldsymbol{F}'(\boldsymbol{X}_{\mathrm{s}})-\lambda\boldsymbol{I}|=0$。特征方程通常为超越方程，可用数值方法求解。特征根 λ 通常为复数，可以视为系统对微扰的响应，即系统的特征振荡。特征根的虚部 $\mathrm{Im}(\lambda)$ 表示振动角频率，实部 $\mathrm{Re}(\lambda)$ 表示该频率振动的阻尼系数。当阻尼系数大于零时，表示该频率的响应振动将逐渐增强，系统在该稳态解的附近是不稳定的。对光反馈半导体激光器和光电振荡器的稳态解和线性稳定性分析，可分别见 5.2.3 节和 6.2.2 节。

2.2.2 数值仿真

由于大多数非线性微分方程难以获得解析解，因此需要采用数值计算方法近似求解非线性微分方程。龙格-库塔(Runge-Kutta)法是一种应用广泛的高精度数值计算方法。MATLAB 软件的常微分方程求解器 ODE45 和延时微分方程求解器 DDE23 的核心就是龙格-库塔法。

使用龙格-库塔法求解洛伦茨方程，方程及其初始条件具体如下：

$$\begin{cases}\dot{x}=-10x+10y,\\ \dot{y}=28x-y-xz,\\ \dot{z}=xy-\dfrac{8}{3}z,\end{cases}\quad\begin{cases}x_0=0\\ y_0=2,\quad t\in[0,50]\\ z_0=0\end{cases}\tag{2.2.1}$$

设定好初始值 $(x_0,y_0,z_0)=(0,2,0)$ 后，通过不断迭代，即可得到方程的数值解。

上述条件下洛伦茨方程具有如同振翅蝴蝶般的相图，如图2.2.1所示。

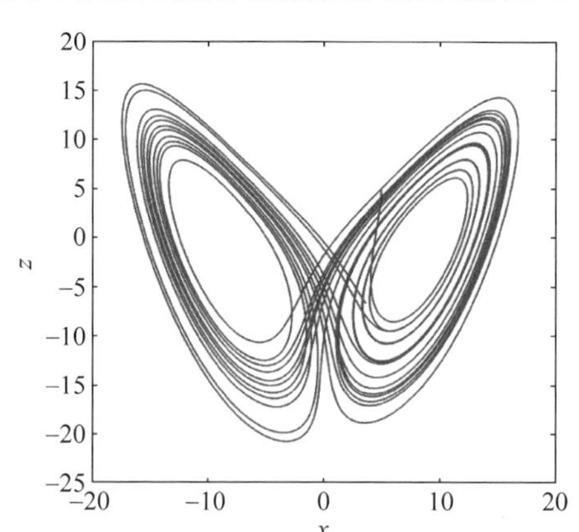

图2.2.1 洛伦茨方程的相空间轨迹图（x-z 平面）

通过对相图的分析，可以发现洛伦茨系统的重要特性。图2.2.2中展示了洛伦茨方程的两条解曲线（分别为蓝色和黄色轨迹）在三维空间中演变的三个不同时段，它们对应的初始点分别为 $P_1(0,2,0)$ 和 $P_2(0.00001,2,0)$，两者只是在 x 轴坐标上相差 10^{-5}。注意，这两条轨迹起初几乎是重合的，但随着时间的推移，轨迹分离就变得愈发明显。这反映了洛伦茨混沌系统的重要特征：方程对于初始条件具有敏感依赖性，这也预示了任何企图对混沌系统做出长期准确预测的想法都是不切实际的。

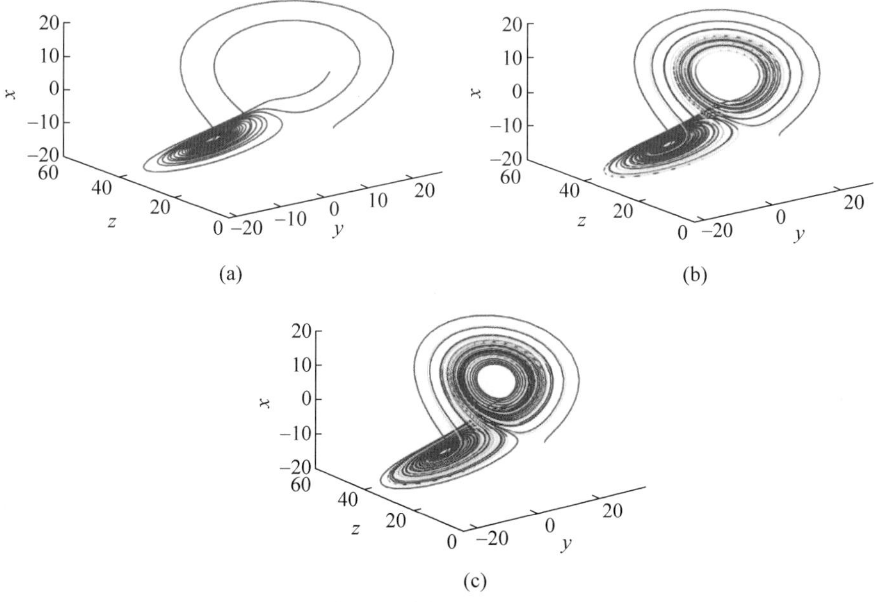

图2.2.2 两个相邻初值条件的洛伦茨系统状态轨迹

(a) $t=25$s；(b) $t=35$s；(c) $t=50$s

2.2.3 分岔图

对混沌动力学系统而言，一般存在以下若干种状态：稳态、周期振荡状态、准周期振荡状态和混沌振荡状态。倍周期分岔道路是混沌动力学系统中一条常见的通向混沌的路径，它指的是当系统在某个参数值下出现周期性振荡时，随着参数的变化，振荡周期呈现出倍增现象（通常以 2 的幂指数增加），形成了一系列的周期倍增分岔现象。其具体过程可归纳为：稳态→周期态（周期 1→周期 2→周期 4→…→周期 2^n）→混沌态，该过程也被称为费根鲍姆路径（Feigenbaum，1978）。

分岔图是一种描述非线性系统动力学行为演化的图形。分岔图的横轴代表系统控制变量（参数），纵轴代表系统状态时间序列的所有极值。当时间序列所有极值相等时，分岔图上呈现为一个点，此时对应于稳态。改变控制参量，当序列出现单个极大值和单个极小值时，分岔图上呈现为两个点，此时为单周期振荡状态；以此类推，当极大值和极小值的数量增至有限多个，系统进入多周期振荡。当极大值和极小值呈现随机分布，甚至发生交叠，则意味着混沌振荡状态。需要指出的是，仅用序列的极大值也可以绘制分岔图。

以下介绍几种典型的混沌系统及其分岔图。

1. 洛伦茨系统

洛伦茨系统是三个变量的一阶微分方程组，用于描述大气中的热对流运动（Lorenz，1963）。

洛伦茨系统的动力学方程如式（2.1.1）所示。

图 2.2.3 给出了当 $a=10$，$b=8/3$ 时，洛伦茨系统随参数 c 变化的分岔图。当 c 取值较小时，系统处于稳定状态，随着 c 的增大，系统逐渐趋于复杂，最终呈现出混沌状态。

2. 逻辑斯谛映射

逻辑斯谛映射是一种二次多项式映射，是 Robert May 在研究“虫口”和“人口”种群数量变化时提出的，因此又被称为虫口模型（May，1976）。逻辑斯谛映射的迭代公式为

$$x_{n+1}=f(x_n)=\lambda x_n(1-x_n) \tag{2.2.2}$$

式中，$x_n\in(0,1)$，λ 为系统的状态控制参数，$\lambda\in(0,4)$。逻辑斯谛映射随 λ 变化的分岔图如图 2.2.4 所示。当 $0\leqslant\lambda<1$ 时，系统处于稳态，只存在不动点 0；当 $1\leqslant\lambda<3$ 时，系统处于周期 1 状态；当 $3\leqslant\lambda\leqslant4$ 时，逻辑斯谛系统动力学行为变得越来越复杂，历经周期 2 状态、周期 4 状态、周期 8 状态等直至进入混沌状态。在 $\lambda=3.836$ 时，逻辑斯谛映射出现周期 3 状态，而周期 3 往往意味着混沌态的出现（Li T Y et al.，1975）。

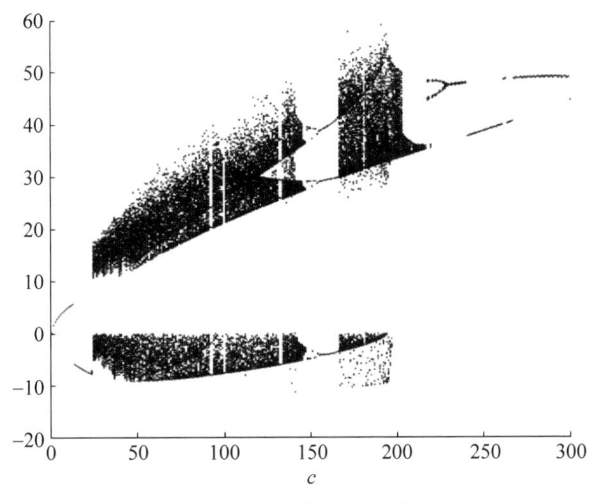

图 2.2.3　洛伦茨系统的分岔图

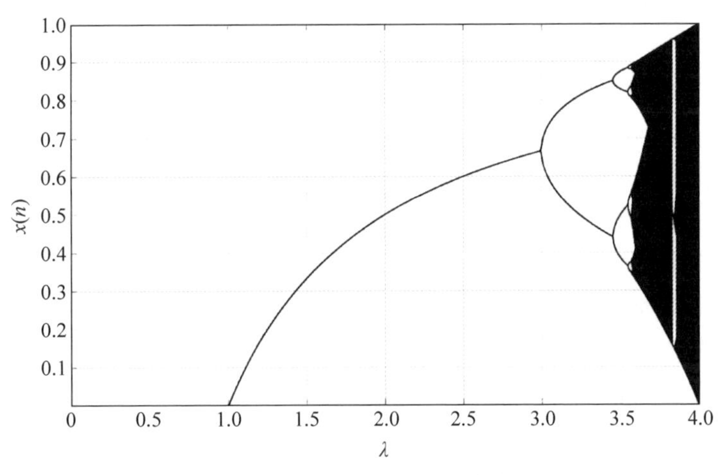

图 2.2.4　逻辑斯谛映射的分岔图

3. 帐篷映射

帐篷映射(tent map)是一种分段线性一维映射,因其函数图像类似帐篷而得名(Yoshida et al. ,1983)。帐篷映射的迭代运算表达式为

$$x_{n+1} = f(x_n) = \mu(0.5 - |x_n - 0.5|) \tag{2.2.3}$$

式中,$x_n \in (0,1)$,参数 μ 控制系统的状态。图 2.2.5 为式(2.2.3)随参数 μ 变化的分岔图。取初值为 0.4,当 $0 \leqslant \mu \leqslant 1$ 时,系统处在稳态;当 $1 < \mu < 2$ 时,开始分岔直接进入混沌态。

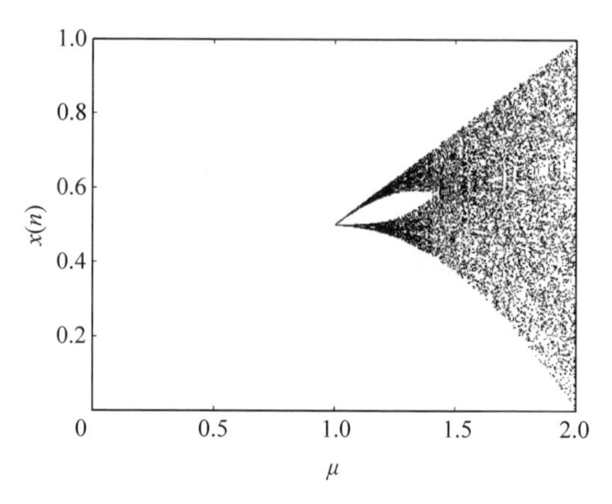

图 2.2.5 帐篷映射的分岔图

2.3 混沌信号分析方法

2.3.1 时域分析法

时域表征利用混沌信号的时序来分析混沌系统在时间域上的动态特性。常见的时域表征方法包括李雅普诺夫指数、熵、关联维数、自相关函数和相图等。通过时域分析法可以判断非线性系统是否处于混沌状态并分析其随机性(Deborah et al.,2005; Kanno et al.,2016)。

混沌信号的时序与噪声信号类似,是一种非周期的振荡,因此当观察到时序中的信号幅值随时间随机起伏变化时,可以根据这个特征来初步判断系统是否工作在混沌振荡状态。图 2.3.1 展示了洛伦茨方程中 x 的时序图,从图中可以看出混沌信号具有以下两个特征:一是其幅值始终在一定范围内变化,整体具有稳定性;二是信号呈现出非周期特性。

1. 最大李雅普诺夫指数

李雅普诺夫指数用于量化动力系统中相邻轨迹之间的分离速率,它决定了动力系统的可预测性。通常,判断一个系统是否为混沌系统的重要判据是其具有至少一个正的李雅普诺夫指数,或者最大李雅普诺夫指数(largest lyapunov exponent, LLE)大于零。李雅普诺夫指数值与系统的复杂程度有关,李雅普诺夫指数越大,混沌系统越复杂。

以一维连续自治系统为例,说明最大李雅普诺夫指数的定义。一维系统的迭代方程为

$$x_{n+1}=f(x_n) \tag{2.3.1}$$

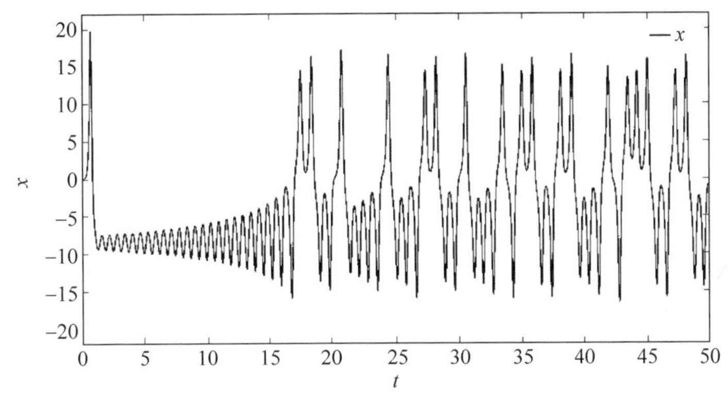

图 2.3.1　洛伦茨系统的时序图

初始位置为 x_0，邻近点位 $x_0+\delta x$，经一次迭代后，两点之间的距离为

$$\delta x_1 = f(x_0+\delta x) - f(x_0) = f'(x_0)\delta x \tag{2.3.2}$$

经 n 次迭代后，得到下式：

$$\delta x_n = |f^n(x_0+\delta x) - f^n(x_0)| = \frac{\mathrm{d}f^n(x_0)}{\mathrm{d}x}\delta x = \mathrm{e}^{\lambda_1(x_0)n}\delta x \tag{2.3.3}$$

式中，$\lambda_1(x)$就称为李雅普诺夫指数，变形后得

$$\lambda_1(x_0) = \lim_{n\to\infty}\frac{1}{n}\ln\left|\frac{\mathrm{d}f^n(x_0)}{\mathrm{d}x}\right| \tag{2.3.4}$$

上式与初值无关，可以进一步改写为

$$\lambda_1 = \lim_{n\to\infty}\frac{1}{n}\ln\left|\sum_{i=0}^{n} f'(x_i)\right| \tag{2.3.5}$$

λ_1 是一个实数，当 λ_1 为正数时，相邻轨迹随着时间演化分离，长时间行为对初始条件敏感，系统具有混沌特征；λ_1 为负数时，相邻轨迹随时间演化靠拢，相体积收缩，运动稳定，且对初始条件不敏感；当 λ_1 等于 0 时，随着时间演化相邻轨迹保持不变，对应于稳定边界。因此，λ_1 大于 0，可以作为混沌行为的判据。

对于具有明确非线性函数的动力学系统可以通过方程计算 LLE。也可以记录系统输出一段时间序列，数值计算重构相空间内的轨道分离速度，估算系统的 LLE (Rosenstein et al.，1992)。若时间序列含有噪声，则在计算 LLE 之前应对时间序列进行降噪预处理。此外，对于有时间标度的序列，LLE 的量纲为时间的倒数。图 2.3.2 为逻辑斯谛映射随参数 λ 变化的李雅普诺夫指数图。李雅普诺夫指数大于零的参数取值范围，系统处于混沌状态。

图 2.3.3 为帐篷映射随着 μ 变化的李雅普诺夫指数图，当 μ 的值无限趋近于 2 时，帐篷映射的李雅普诺夫指数随之趋近最大值 0.693。

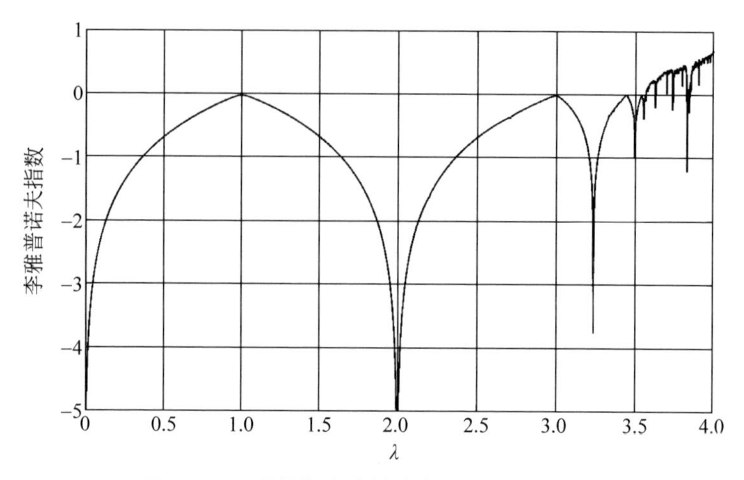

图 2.3.2　逻辑斯谛映射的李雅普诺夫指数图

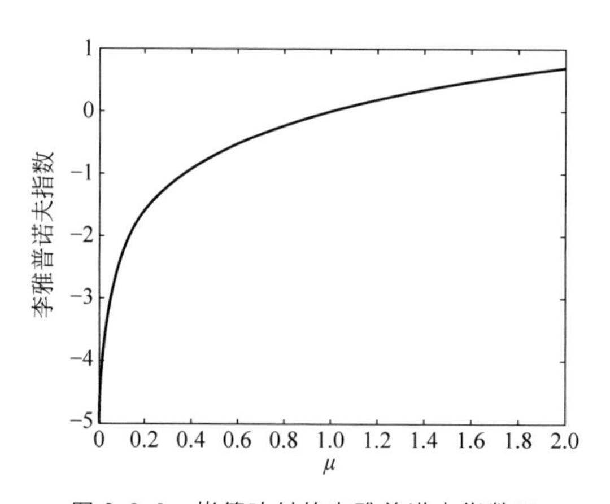

图 2.3.3　帐篷映射的李雅普诺夫指数图

2. 熵

熵是热力学中的一个物理量，表示系统的混乱程度或无序程度。熵的增加表示系统的无序程度增加，而熵的减少则表示系统的有序程度增加。在混沌系统中，微小的扰动会导致系统的演化出现极其复杂的行为，这种复杂性表现为系统的无序程度增加，因此熵也被用来描述混沌系统的演化过程、混沌程度以及系统中不可预测的行为。常见的熵评估方法主要包括香农熵、排列熵、最小熵、柯尔莫哥洛夫(Kolmogorov)熵或 K 熵等。

1）香农熵

美国数学家香农(Shannon)于 1948 年将物理学中熵的概念进一步拓展，提出了信息熵来度量事件的不确定性，也叫作香农熵(Shannon，1948)。信息中包含的信息量与其不确定性相关，利用香农熵量化两者的关系，其定义为：如果 p 为某个事件发生的概率，则这个事件所包含的信息量为 $-\log_2 p$。如果一个事件中包含有 n 个概率，那么事件的信息量可以用所有子事件信息量的期望来表示，例如一个随机变量 X 的概率分布为 $\{p_1, p_2, \cdots, p_n\}$，则随机变量 X 的香农熵为

$$H = -\sum_{i=1}^{n} p_i \log_2 p_i \tag{2.3.6}$$

香农熵的值 H 越大，表示随机变量 X 的概率分布越不确定，当其概率分布中的每个概率值都相等，即 $p_1 = p_2 = \cdots = p_n = 1/n$ 时，香农熵的值 H 达到最大，为 $\log_2 n$。反之，若 H 的值越小，则表示其概率分布越确定，当随机变量的概率分布中有一个概率为 1，其余概率都为 0 时，香农熵的值 H 达到最小，为 0。香农熵为非负值，且香农熵的值与其概率分布中概率的排列顺序无关。

2）排列熵

2002 年，C. Bandt 等提出了排列熵（permutation entropy，PE）来衡量序列复杂程度（Bandt et al.，2002）。排列熵是一种测量非平稳时间序列不规则性的方法，其引入排列的概念，对重构数据的复杂程度进行运算。如果序列是有序的，则排列熵的值很低，若序列是无规则的、不重复的混沌序列，则排列熵值很高。排列熵具有一定的计算复杂度和鲁棒性，被广泛应用于非线性信号特征值提取（Zanin et al.，2012）。其具体算法为：若 X 为一维时间序列，且 $X = \{x_1, x_2, \cdots, x_n\}$，首先选择合适的重构维数 m 和延迟时间 τ，并对一维时间序列 X 中的元素 x_i（$1 \leqslant i \leqslant n - m\tau + \tau$）进行相空间重构，得到序列的相空间矩阵 X_i。

$$X_i = \{x_i, x_{i+\tau}, x_{i+2\tau}, \cdots, x_{i+(m-1)\tau}\}$$

接着，对 X_i 中的元素进行升序排列，m 个元素共有 $m!$ 种排列方式，根据式（2.3.7）计算每种排列方式的概率分布 P_e（$1 \leqslant e \leqslant m!$）。式中，$P_e$ 表示 X_i 的排列方式为 e 的概率，e 表示 $m!$ 种不同的排列方式，当 i 时刻 X_i 的排列方式为 e 时，$f(X_i)$ 为 1，否则为 0。

$$P_e = \frac{\sum_{i=1}^{n-(m-1)\tau} f(X_i)}{n - (m-1)\tau} \tag{2.3.7}$$

最后，根据式（2.3.8）计算序列 X 的排列熵 H，其取值范围为[0,1]，排列熵值越高表明序列复杂程度越高。当 $m!$ 种排列方式等概率出现时，序列具有良好的随机性，其排列熵可达到最大值 1。

$$H = -\frac{\sum_{e=1}^{m!} P_e \ln(P_e)}{\ln(m!)} \tag{2.3.8}$$

3）最小熵

2012年，美国国家标准与技术研究院发布的NIST SP 800-90B标准中提出了最小熵的概念。最小熵作为衡量随机变量预测难度的指标，其值越大，则意味着随机信号越难预测（Barker et al.，2012；Li H et al.，2023）。若独立离散随机变量X的样本空间为集合$A=\{x_1,x_2,\cdots,x_k\}$，对应的概率分布为$P(X=x_i)=p_i$，$i=1,\cdots,k$，此时随机变量X的最小熵的定义为

$$\begin{aligned} H_{\min} &= \min_{1\leqslant i\leqslant k}(-\log_2 p_i) \\ &= -\log_2 \max_{1\leqslant i\leqslant k} p_i \end{aligned} \tag{2.3.9}$$

如果X具有最小熵H，那么随机变量X的样本空间中任何特定值的概率都不大于2^{-H}。若随机变量的样本空间包含k个不同值，当随机变量具有均匀概率分布时，即$p_1=p_2=\cdots=p_n=1/k$，其最小熵取到最大值$\log_2 k$。

3. 关联维数

关联维数通常被用于表征混沌序列的复杂度，或区分混沌与噪声。计算关联维数通常采用GP算法（Grassberger and Procaccia，1983），也需对时间序列进行相空间重构。C-C方法可为相空间重构提供时延参数评估（Kim et al.，1998）。下面简述关联维数的定义。

m维相空间中的一对相点：

$$\begin{cases} X(t_i)=(x(t_i),x(t_{i+\tau}),\cdots,x(t_{i+(m-1)\tau})) \\ X(t_j)=(x(t_j),x(t_{j+\tau}),\cdots,x(t_{j+(m-1)\tau})) \end{cases} \tag{2.3.10}$$

它们之间的欧氏距离$r_{ij}(m)$，相空间维数m的函数，即

$$r_{ij}(m)=\| X(t_i)-X(t_j) \| \tag{2.3.11}$$

给定一临界距离r，距离小于r的点数在所有点数中所占比例记为关联积分$C(r,m)$：

$$C(r,m)=\frac{1}{N(N-1)}\sum_{i\neq j} H(r-\| X_i-X_j \|) \tag{2.3.12}$$

式中，N为总相点数，$H(\cdot)$为赫维赛德（Heaviside）阶跃函数，定义为

$$H(x)=\begin{cases} 1, & x>0 \\ 0, & x\leqslant 0 \end{cases} \tag{2.3.13}$$

关联维数的定义为

$$D_2=\lim_{r\to 0}\lim_{N\to m}\frac{\ln C(r,m)}{\ln r} \tag{2.3.14}$$

关联维数也是对相空间中吸引子复杂程度的度量。对于随机序列，随着嵌入维数的升高，关联维数不断增大；对于混沌信号，随着嵌入维数的升高，关联维数

会出现饱和现象。

4. 自相关函数

自相关函数(autocorrelation function,ACF)是一种用于描述时间序列相关性的统计量。它可以衡量时间序列中一个时刻的值与其他时刻的值之间的关系，从而刻画时间序列的相关性结构。自相关函数可以用来判断时间序列的周期性和随机性，因为周期信号和准周期信号的自相关函数一般为周期函数，而混沌信号的自相关函数与 δ 函数类似，仅在零时刻处有峰值，随着与零时刻处距离的拉远，峰值迅速衰减至 0 附近。自相关函数计算公式可以表示为

$$C(\Delta t)=\frac{\langle[I(t+\Delta t)-\langle I(t+\Delta t)\rangle][I(t)-\langle I(t)\rangle]\rangle}{\sqrt{\langle[I(t+\Delta t)-\langle I(t+\Delta t)\rangle]^2\rangle\langle[I(t)-\langle I(t)\rangle]^2\rangle}} \tag{2.3.15}$$

式中，$I(t)$表示混沌信号的时间序列，$\langle\cdot\rangle$表示对时间求平均，Δt 表示延迟时间。

在混沌系统中，自相关函数通常表现出快速衰减的特点。这意味着随着系统的演化，系统在时间上迅速丧失了相关性。这是混沌系统的一种重要特征，被称为“快速自相关衰减”。图 2.3.4 为洛伦茨系统中状态变量 x 的自相关函数图，从图中可以发现当洛伦茨系统处于混沌状态时，其时序信号的自相关函数呈现 δ 冲激函数形状。此外，混沌系统的自相关函数还可以用于刻画系统的时间尺度。通过分析自相关函数的衰减速率或其宽度，可以推断系统内部的时间尺度或特征时间。

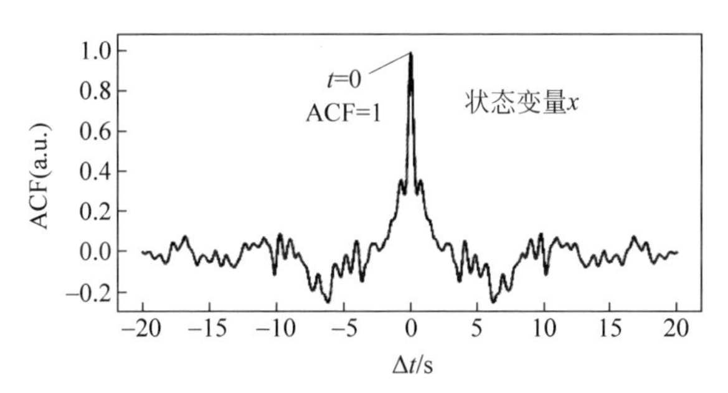

图 2.3.4　洛伦茨系统中状态变量 x 的自相关函数，系统参数为 $a=10, b=8/3, c=28$

5. 相图

相图是用于描述混沌系统状态演化的一种图形表示方式。相图通常用相空间中的轨迹来表示系统状态随时间的变化。对于一个混沌系统，可能具有多个状态变量，例如洛伦茨系统有三个状态变量 x、y 和 z。因此，相图可以是一个三维空间中的轨迹图，或者是将其中两个状态变量绘制在二维平面上的相位图。对于一维时间序列 $x(t)$，可以用 $x(t)$与延时序列 $x(t\text{-lag})$构建相图，lag 为延迟时间。

在相图中，每个点代表了系统在不同时间点的状态。非线性动力学系统的相图通常具有以下特征。

线性结构：相图中可能存在一些线性结构，如平衡点、周期轨道或者稳定流形。这些结构在混沌系统中可能起到重要作用，但通常被无规律的混沌轨迹所覆盖。

分形特征：相图中可能呈现出分形特征，即具有自相似性的几何形状。这意味着不论观察的尺度如何变化，都可以看到相似的结构重复出现。

嵌套结构：相图中可能存在嵌套的结构，即小尺度的结构嵌套在大尺度的结构中。这种嵌套结构是混沌系统复杂性的一种体现。

混沌行为：相图中的轨迹通常表现出无规律、非周期和高度敏感的特点。微小的变化或扰动可以导致系统轨迹的剧烈变化，使得相图中的轨迹看起来像是随机分布的。

以洛伦茨系统为例，将其三个状态变量(x、y、z)作为坐标轴，绘制其在三维空间中的轨迹图。当方程参数 $a=10$，$b=8/3$，$c=28$ 时，图 2.3.5(a)和(b)分别是系统在初值为(0,2,0)和(0,−2,0)时的相图。从图中可以看出，两条曲线从初值相差较大的点出发，最终都趋向于同一个复杂的集合，说明洛伦茨系统具有整体稳定性。同时，这些相图还显示了系统在相空间中随时间演化的行为，显示出奇异吸引子的形状。这种奇异吸引子是一个具有分形特征的吸引子，表现为一种有限的空间区域，其中的轨迹趋向于聚集，形成螺旋状结构，这种螺旋路径展示了系统状态变量之间的复杂耦合和演化。通过观察相图，可以深入理解洛伦茨系统的演化机制和特征，揭示混沌系统中的动力学行为。实践中，可以通过相图简单、直观地了解混沌系统的运动状态，并利用上述特征来判断系统是否工作在混沌振荡状态。

2.3.2 频域分析法

频谱或功率谱是判别混沌的最直接有效的方法之一。对于周期信号来说，其频谱呈现典型的离散的分立谱，仅在基频和谐波处有峰值出现。而混沌信号具有类噪声的连续宽带频谱。实验中常利用频谱分析仪或通过傅里叶变换来直接或间接观测混沌信号的频谱。频谱仪的两个重要参数是分辨率带宽 RBW 和视频带宽 VBW。分辨率带宽决定了输出功率谱的频谱分辨率，视频带宽是峰值检波后滤波器的−3dB 带宽，降低 VBW 可以使测量的频谱更加平滑。对频谱进一步分析可以得到混沌信号更多的特征，比如带宽、平坦度等(Li S S et al.，2018；Yang et al.，2020)。混沌信号的带宽和平坦度极大地影响了混沌的利用(Zhao et al.，2019；Yang et al.，2021)。

仿真模拟中，常利用混沌时序信号的傅里叶变换得到混沌的频谱。以洛伦茨系统为例，首先在 MATLAB 软件中产生系统状态变量 x 的一段时序信号，然后对其进行傅里叶变换得到频谱图，如图 2.3.6 所示。

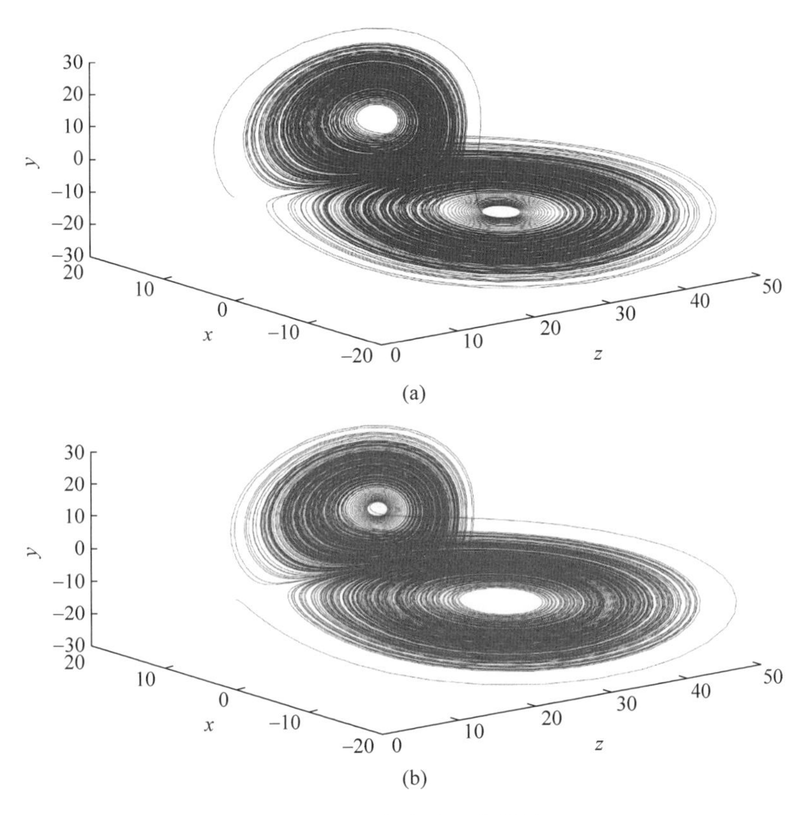

图 2.3.5　洛伦茨系统相图

(a) 初值为(0,2,0)；(b) 初值为(0,−2,0)

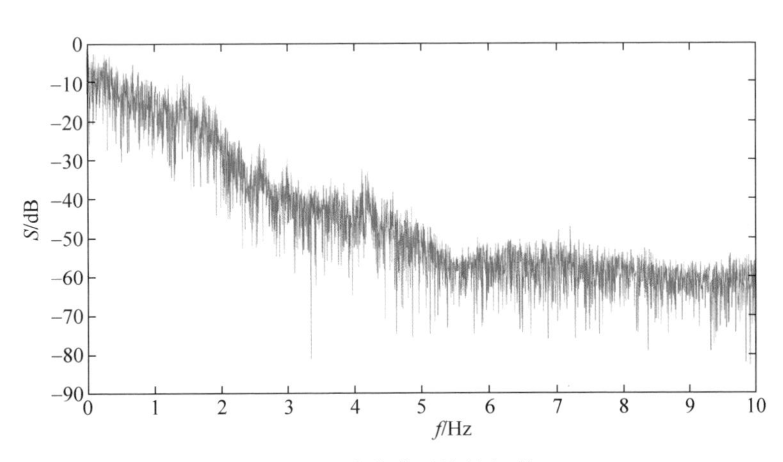

图 2.3.6　洛伦茨系统的频谱图

带宽是混沌信号主要的频域表征量。对于不平坦的混沌频谱，可根据能量占比来定义带宽。常用两种方法：第一种由林凡异等在2003年提出，定义为从直流分量开始对频谱进行积分直至能量占比达80%，相应的积分频率范围作为混沌带宽(Lin et al.,2003)。另一种由林凡异等于2012年提出，选择谱密度高于某个值的频段进行积分，能量占比达到80%所对应的频段宽度即带宽(Lin et al.,2012)。第一种带宽定义涉及频谱上一个"低通"频段，因此可以称为低通带宽。第二种带宽定义则包含混沌振荡中较强的频率成分，因此可以称为有效带宽。如果混沌频谱含有多个峰值，则有效带宽可能是多个频段的带宽累加。图2.3.7(a)和(b)分别表示了低通带宽和有效带宽，阴影部分表示带宽中包含的频率成分，对于同一频谱数据进行计算，得到其低通带宽为4.9194GHz，有效带宽为1.7761GHz。此外，将带宽之内的频谱起伏范围定义为频谱平坦度。带宽、平坦度两个物理量联合，才能大致表征混沌频谱。对于较为平坦的混沌频谱，可将某一指定频谱平坦度内的频段宽度定义为混沌带宽。例如，−3dB带宽指频谱从最高点下降3dB对应的频段宽度。

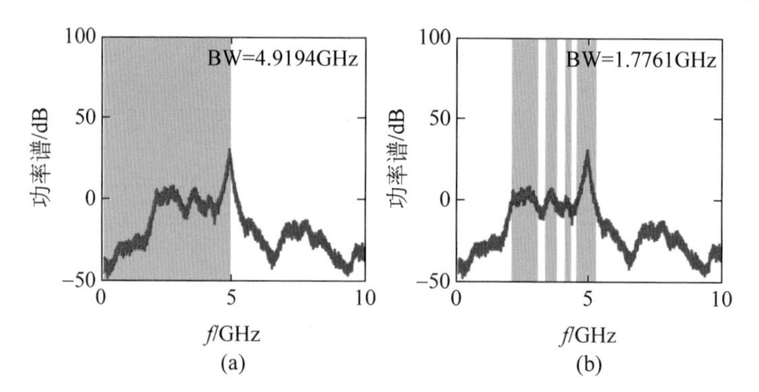

图2.3.7 低通带宽(a)和有效带宽(b)，阴影部分表示带宽中包含的频率成分(Lin et al.,2012)

参考文献

陈关荣，2003. Lorenz系统族的动力学分析、控制与同步[M]. 北京：科学出版社.

BANDT C,POMPE B,2002. Permutation entropy: a natural complexity measure for time series [J]. Physical Review Letters,88(17): 174102.

BARKER E,KELSEY J,2012. Recommendation for the entropy sources used for random bit generation: NIST SP 800-90B (Draft)[R]. Gaithersburg: National Institute of Standards and Technology.

DEBORAH M K,K ALAN S,2005. Unlocking dynamical diversity[M]. New York: John Wiley & Sons Inc.

FEIGENBAUM M J,1978. Quantitative universality for a class of nonlinear transformations[J].

Journal of Statistical Physics,19(1): 25-52.

KANNO K, UCHIDA A, BUNSEN M, 2016. Complexity and bandwidth enhancement in unidirectionally coupled semiconductor lasers with time-delayed optical feedback[J]. Physical Review E,93(3): 032206.

LI H,ZHANG J,LI Z,et al,2023. Improvement of min-entropy evaluation based on pruning and quantized deep neural network [J]. IEEE Transactions on Information Forensics and Security,18: 1410-1420.

LI S S, LI X Z, CHAN S C, 2018. Chaotic time-delay signature suppression with bandwidth broadening by fiber propagation[J]. Optics Letters,43(19): 4751-4754.

LI T Y,YORKE J A,1975. Period three implies chaos[J]. The American Mathematical Monthly, 82(10): 985-992.

LIN F Y,CHAO Y K,WU T C,2012. Effective bandwidths of broadband chaotic signals[J]. IEEE Journal of Quantum Electronics,48(8): 1010-1014.

LIN F Y,LIU J M,2003. Nonlinear dynamical characteristics of an optically injected semiconductor laser subject to optoelectronic feedback[J]. Optics Communications,221(1-3): 173-180.

LORENZ E N,1963. Deterministic nonperiodic flow[J]. Journal of Atmospheric Sciences,20(2): 130-141.

MAY R M,1976. Simple mathematical models with very complicated dynamics[J]. Nature,261: 459-467.

SHANNON C E,1948. A mathematical theory of communication[J]. The Bell System Technical Journal,27(3): 379-423.

YANG Q, QIAO L J, WEI X J, et al, 2021. Flat broadband chaos generation using a semiconductor laser subject to asymmetric dual-path optical feedback [J]. Journal of Lightwave Technology,39(19): 6246-6252.

YANG Q,QIAO L J,ZHANG M J,et al,2020. Generation of a broadband chaotic laser by active optical feedback loop combined with a high nonlinear fiber[J]. Optics Letters,45(7): 1750-1753.

YOSHIDA T,MORI H,SHIGEMATSU H,1983. Analytic study of chaos of the tent map: band structures, power spectra, and critical behaviors [J]. Journal of Statistical Physics, 31: 279-308.

ROSENSTEIN M T,COLLINS J J,DE LUCA C J,1993. A practical method for calculating largest Lyapunov exponents from small data sets[J]. Physica D,65(1-2): 117-134.

GRASSBERGER P, PROCACCIA I, 1983. Characterization of strange attractors[J]. Physical Review Letters,50(5): 346-349.

KIM H S, EYKHOLT R, SALAS J D, 1998. Delay time window and plateau onset of the correlation dimension for small data sets[J]. Physical Review E,58(5): 5676-5682.

ZANIN M,ZUNINO L,ROSSO O A,et al,2012. Permutation entropy and its main biomedical and econophysics applications: a review[J]. Entropy,14(8): 1553-1577.

ZHAO A K,JIANG N,LIU S Q,et al,2019. Wideband time delay signature-suppressed chaos generation using self-phase-modulated feedback semiconductor laser cascaded with dispersive component[J]. Journal of Lightwave Technology,37(19): 5132-5139.

第 3 章

电学混沌信号产生

混沌不仅仅是数学家和物理学家作为理论与数值模拟的研究对象，而且还能电路实现，具有广阔的应用前景。目前，较为常见的混沌电路实现主要有两类：①利用模拟电路或数字电路（如 FPGA 等）搭建的非线性电路；②以非线性电子元件（如非线性负电阻、晶体管和电子逻辑器件等）为核心构建的非线性电路。

3.1 典型数学混沌系统的电路实现

3.1.1 洛伦茨混沌电路

洛伦茨系统的动力学方程为

$$\begin{cases}\dot{x}=a(y-x)\\ \dot{y}=cx-y-xz\\ \dot{z}=xy-bz\end{cases}\tag{3.1.1}$$

原始的洛伦茨方程难以实现电路化，需要对方程中的变量参数进行比例变换，以满足器件的工作要求。例如引入三个全新变量：$u=x/10$，$v=y/10$，$w=z/20$，则式(3.1.1)经变换后，可表示为

$$\begin{cases}\dot{u}=a(v-u)\\ \dot{v}=cu-v-20uw\\ \dot{w}=5uv-bw\end{cases}\tag{3.1.2}$$

由式(3.1.2)可知，洛伦茨混沌电路可以用基本运算放大电路、加法器、减法器、反向放大电路和乘法器搭建。图 3.1.1 为搭建的洛伦茨混沌电路(Cuomo et al.，1993)，

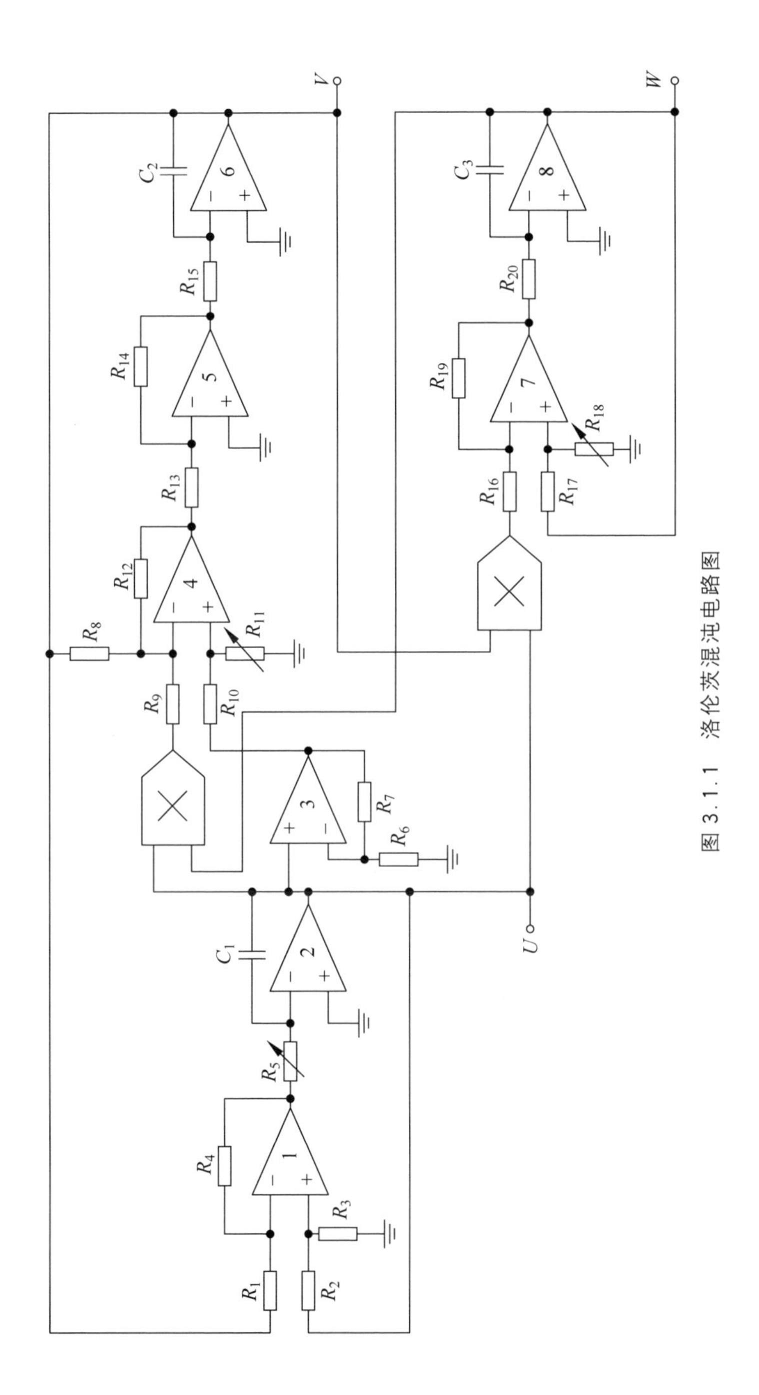

图 3.1.1　洛伦茨混沌电路图

该电路利用运算放大器可以实现加法、减法和积分操作，利用模拟乘法器来实现电路中的非线性项。调节电阻 R_5、R_{11}、R_{18}，等效于调整方程(3.1.2)中的 a、c、b 参数值。图 3.1.2 为该电路产生的混沌吸引子图。

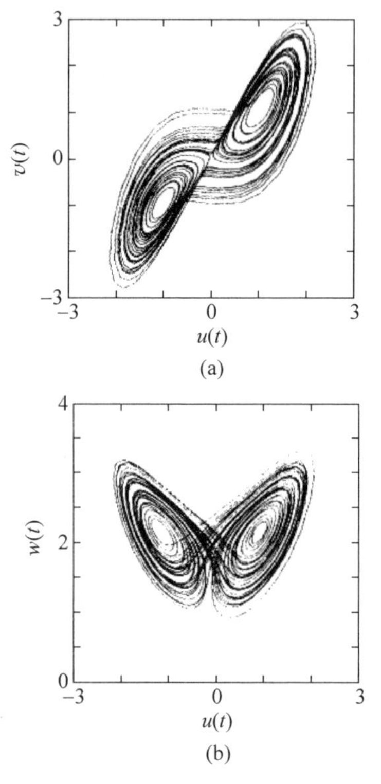

图 3.1.2 洛伦茨电路的混沌吸引子图(Cuomo et al.,1993)

(a) u-v 平面；(b) u-w 平面

3.1.2 逻辑斯谛映射混沌电路

逻辑斯谛映射的迭代运算表达式为

$$x_{n+1}=f(x_n)=\lambda x_n(1-x_n) \tag{3.1.3}$$

式中，$x_n\in(0,1)$，λ 为系统的状态控制参数，$\lambda\in(0,4)$。逻辑斯谛映射可用如图 3.1.3 所示电路来实现，该电路产生的分岔图如图 3.1.4 所示(Suneel,2006)。

3.1.3 帐篷映射混沌电路

帐篷映射是一种分段线性一维映射，其形式简单，功率谱密度均匀，相关性好。帐篷映射的迭代运算表达式为

$$x_{n+1}=f(x_n)=\mu(0.5-|x_n-0.5|) \tag{3.1.4}$$

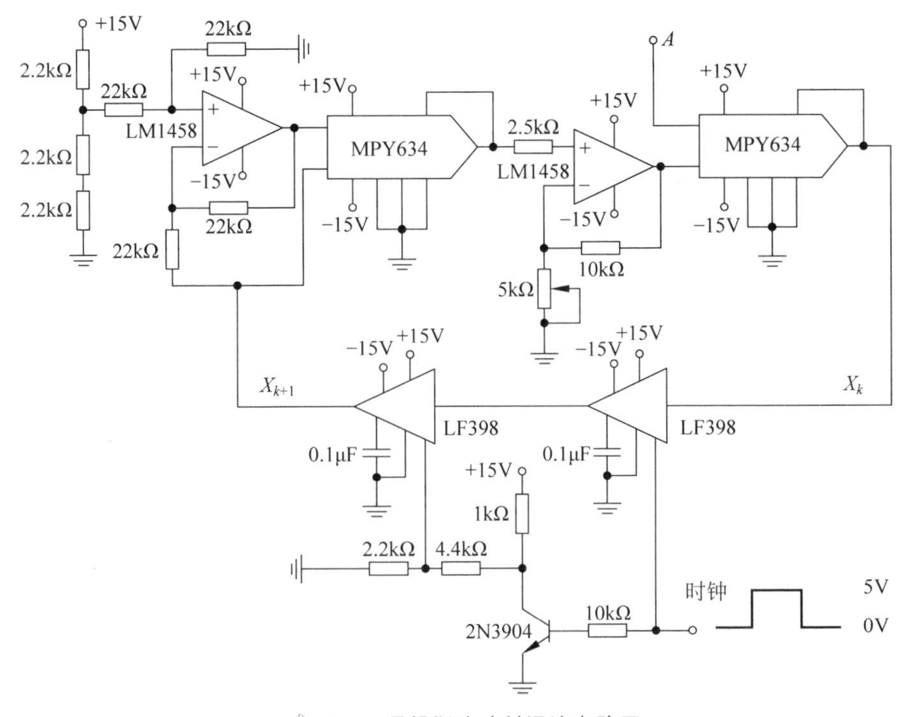

图 3.1.3　逻辑斯谛映射混沌电路图

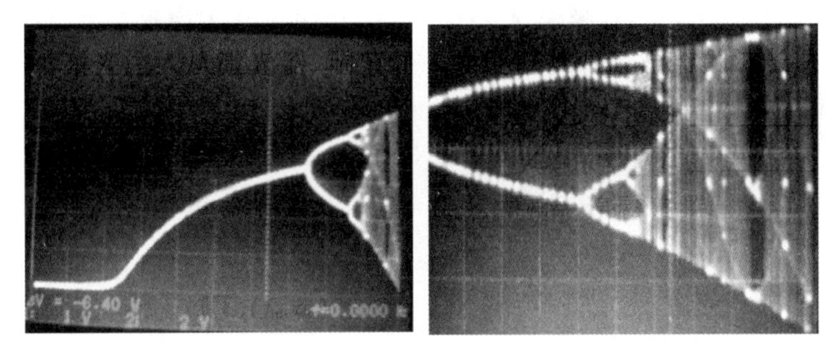

图 3.1.4　逻辑斯谛映射混沌电路(Suneel,2006)

(a) 分岔图; (b) 分岔的局部放大图

式中,$x_n \in (0,1)$,μ 为系统的状态控制参数。帐篷混沌映射可用图 3.1.5 所示的电路实现(Zhang T F et al.,2015)。

3.1.4　多涡卷混沌映射电路

多涡卷混沌吸引子的理论设计与电路实现一直得到国内外研究者的广泛关注(Yu et al.,2006; Lü et al.,2006)。多涡卷混沌吸引子的主要特点是具有更复杂的混沌动力学行为和更多的密钥参数,在保密通信中具有重要应用价值。J. Suykens 等

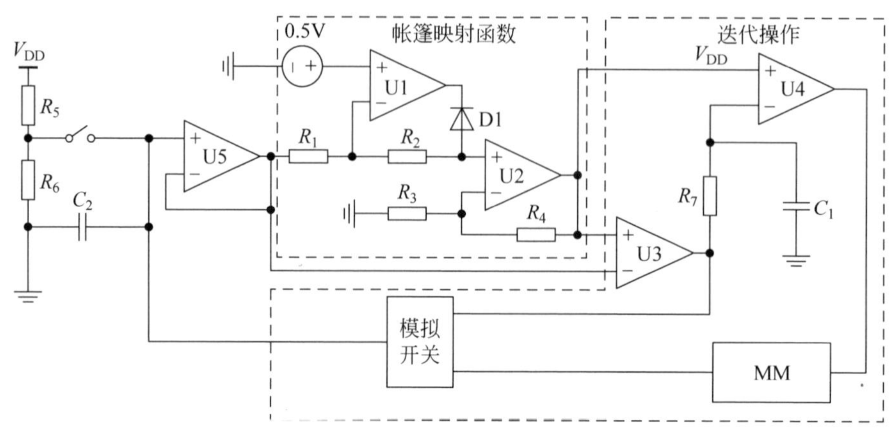

图 3.1.5　帐篷映射混沌电路图

最先提出了多涡卷蔡氏混沌吸引子的概念，并在蔡氏电路引入双涡卷混沌吸引子(Suykens et al.,1991)，而 P. Arena 等利用实验对这一概念进行了验证(Arena et al.,1996)。M. E. Yalcin 等通过蔡氏电路产生了单方向三涡卷和五涡卷混沌吸引子(Yalcin et al.,2002)。

目前，多涡卷混沌系统使用的非线性函数主要有多分段线性函数、锯齿波、三角波、阶梯波、时滞序列、饱和序列、三角函数、双曲函数、指数函数、绝对值函数、调制函数和符号函数等。基于这些非线性函数，混沌系统中可以产生多涡卷混沌吸引子，如利用分段线性函数，即在蔡氏电路中的非线性电阻的分段线性特性中引入多个折点，构造一个非线性电阻电路，通过调节该电阻，即可产生出多个涡卷的混沌吸引子。此外，基于现场可编程门阵列(FPGA)搭建出的多涡卷混沌电路，不受模拟设备频率等因素的限制，可以产生出涡卷更多、频率更高的混沌信号。

如式(3.1.5)所示的混沌系统：

$$\begin{cases}\dot{x}=y\\ \dot{y}=z\\ \dot{z}=-ax-by-cz+d_1f(x;\alpha,k,h,p,q)\end{cases}\tag{3.1.5}$$

式中，$0.0001<a,b,c,d_1<1.0000$，$f(x;\alpha,k,h,p,q)$是饱和序列。设步长为Δt，初始值为x_0、y_0、z_0，利用前向欧拉公式将式(3.1.5)转换为

$$\begin{cases}x_{n+1}=x_n+\Delta t y_n\\ y_{n+1}=y_n+\Delta t z_n\\ z_{n+1}=z_n+\Delta t(-ax_n-by_n-cz_n+d_1f(x;\alpha,k,h,p,q))\end{cases}\tag{3.1.6}$$

根据式(3.1.6)，利用硬件描述语言在 FPGA 搭建出的混沌电路如图 3.1.6 所示。图 3.1.7 为该电路实验产生的 50 个涡卷混沌吸引子图(Tlelo-Cuautle et al.,2016)。

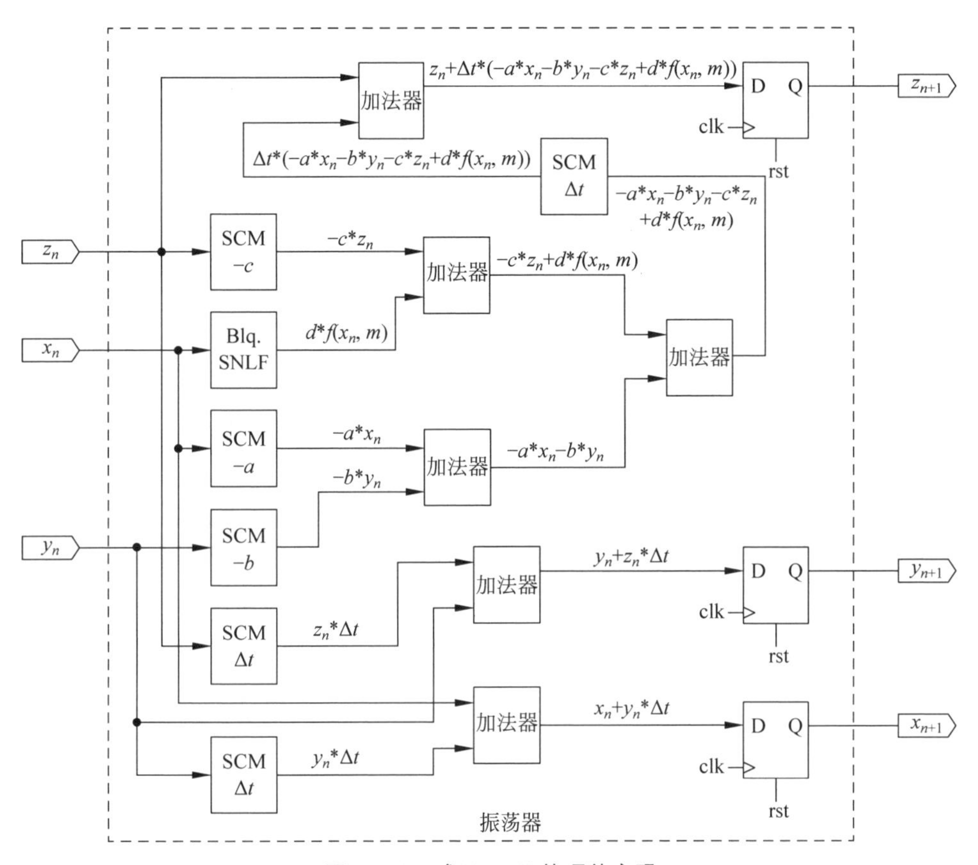

图 3.1.6 式(3.1.6)的硬件实现

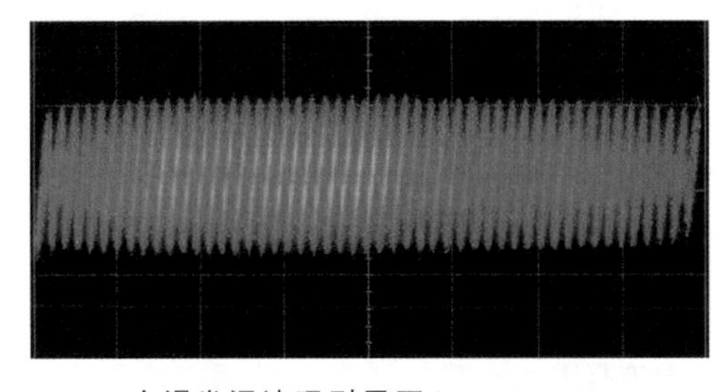

图 3.1.7 50个涡卷混沌吸引子图(Tlelo-Cuautle et al.,2016)

3.2 基于非线性器件的混沌电路

3.2.1 蔡氏混沌电路

蔡氏电路(Chua's circuit)由美国加州大学的蔡少棠(Leon O. Chua)教授发现

(Chua et al. ,1986)。蔡氏电路能够产生复杂的动力学行为,是最简单和最有效的混沌振荡电路之一,目前已在信息处理、保密通信、神经网络等领域得到广泛应用。如图 3.2.1 所示,典型的蔡氏电路是由一个线性电阻 R、一个线性电感 L、两个线性电容 C_1 和 C_2 以及一个分段线性电阻 R_N(通常称为蔡氏二极管)构成的三阶自治动态电路,其状态方程如式(3.2.1)所示。

$$\begin{cases} \dfrac{\mathrm{d}V_{C_1}}{\mathrm{d}t} = \dfrac{1}{RC_1}(V_{C_2} - V_{C_1}) - \dfrac{1}{C_1}f(V_{C_1}) \\ \dfrac{\mathrm{d}V_{C_2}}{\mathrm{d}t} = \dfrac{1}{RC_2}(V_{C_2} - V_{C_2}) - \dfrac{1}{C_2}I_L \\ \dfrac{\mathrm{d}I_L}{\mathrm{d}t} = -\dfrac{1}{L}V_{C_2} \end{cases} \tag{3.2.1}$$

式中,V_{C_1} 和 V_{C_2} 分别是线性电容 C_1 和 C_2 两端的电压,I_L 为流过线性电感的电流,$f(V_{C_1})$是一个描述分段线性电阻 R 的三段线性分段函数,其函数形式如下:

$$f(V_{C_1}) = \begin{cases} G_b V_{C_1} + E(G_a - G_b), & V_{C_1} > E \\ G_a V_{C_1}, & |V_{C_1}| \leqslant E \\ G_b V_{C_1} - E(G_a - G_b), & V_{C_1} < -E \end{cases} \tag{3.2.2}$$

式中,G_a 和 G_b 是折线斜率,E 为折点电压。图 3.2.2 是分段线性电阻特性图。

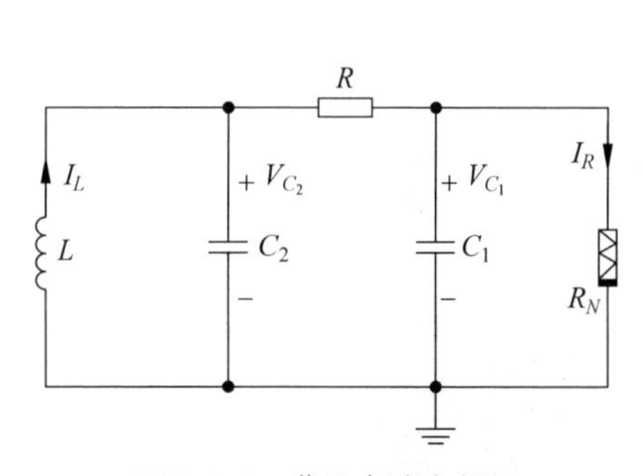

图 3.2.1　蔡氏电路方框图

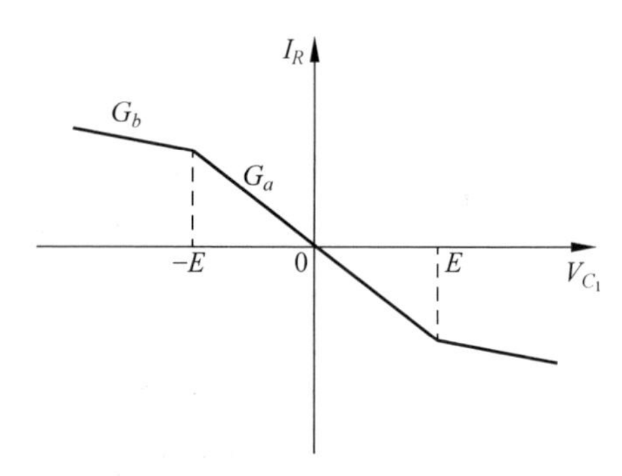

图 3.2.2　分段线性电阻特性图

为了便于分析,对上述方程作如下变换:

$$x = \frac{V_{C_1}}{E},\quad y = \frac{V_{C_2}}{E},\quad z = \frac{RI_L}{E},\quad t = \frac{RC_2}{\tau},$$

$$a = \frac{C_2}{C_1},\quad b = \frac{R^2C_2}{L},\quad m_0 = RG_a,\quad m_1 = RG_b \tag{3.2.3}$$

得到归一化方程为

$$
\begin{cases}
\dfrac{\mathrm{d}x}{\mathrm{d}\tau}=a(y-x-f(x)) \\
\dfrac{\mathrm{d}y}{\mathrm{d}\tau}=x-y+z \\
\dfrac{\mathrm{d}z}{\mathrm{d}\tau}=-by
\end{cases}
\tag{3.2.4}
$$

式中，$f(x)=m_2x+0.5(m_1-m_2)(|x+E|-|x-E|)$。

a、b、m_1、m_2 的变化，综合反映了蔡氏电路中实际元件参数的变化。例如当 $a=10$，$b=15$，$m_1=-8/7$，$m_2=-5/7$，$E=1$ 时，上述电路可以得到如图 3.2.3 所示的双涡卷混沌吸引子。

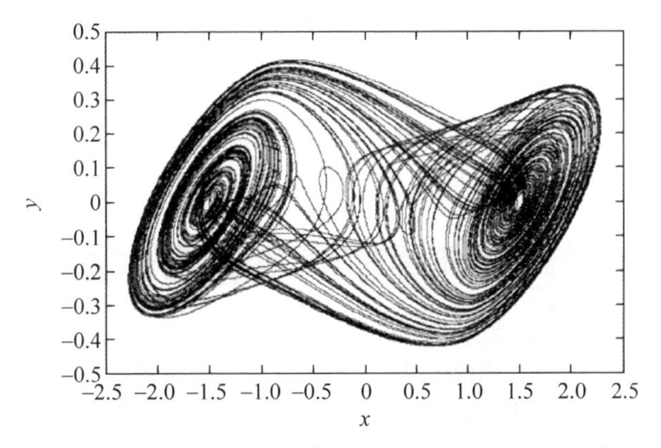

图 3.2.3　蔡氏混沌电路产生的双涡卷混沌吸引子图(徐浩，2013)

蔡氏电路中分段线性电阻是其产生混沌态的关键，非线性电阻实现方式有很多种，其中最方便的是通过运算放大器来实现，图 3.2.4 的方框中给出了利用 2 个放大器和 6 个线性电阻构建的非线性电阻(Kennedy，1992)。

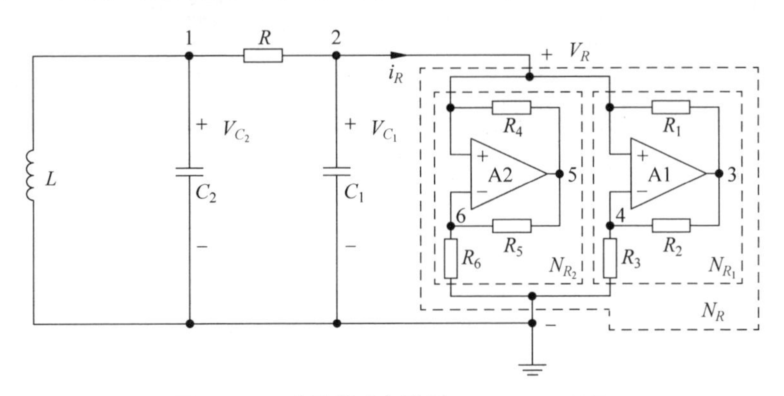

图 3.2.4　典型蔡氏电路图(Kennedy，1992)

此外，采用不同的非线性器件和非线性函数，或者改变电路的结构，可以得到不同变形结构的蔡氏电路。例如：禹思敏、吕金虎等通过在三阶蔡氏电路中的电感支路串入一个负电阻、电容、电感和电阻组成的 π 型子电路，构建出五阶、六阶、七阶蔡氏电路，并利用 FPGA 搭建了七阶蔡氏电路。图 3.2.5 为高阶蔡氏电路图（禹思敏 等，2007），图中负电阻 $-R_1$ 的引入对于构建高阶蔡氏电路起到了关键作用，通过双掷开关 K_1 和 K_2 的切换，可分别构建五阶、六阶、七阶蔡氏电路。图 3.2.6 为观测到的七阶蔡氏电路中混沌吸引子的实验结果（禹思敏 等，2007）。

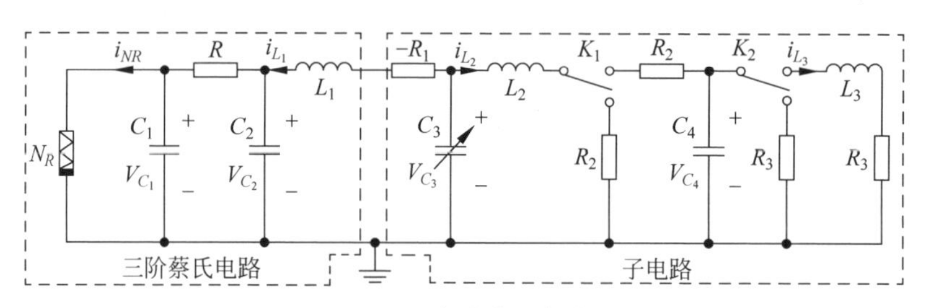

图 3.2.5　高阶蔡氏电路图

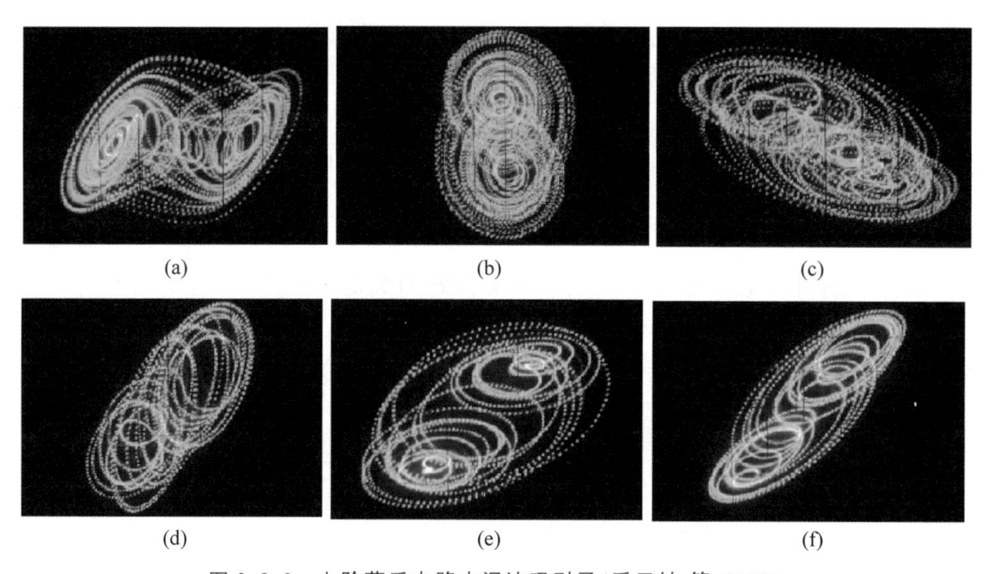

图 3.2.6　七阶蔡氏电路中混沌吸引子（禹思敏 等，2007）

(a) x-y 平面相图；(b) y-z 平面相图；(c) z-w 平面相图；
(d) w-u 平面相图；(e) u-v 平面相图；(f) v-s 平面相图

蔡氏电路有着极其丰富的混沌现象，能产生倍周器分岔、单涡卷、双涡卷等十分丰富的动力学现象，同时蔡氏电路易于实现混沌的同步与控制，因此在保密通信工作中具备更好的应用价值。

3.2.2 考毕兹混沌电路

考毕兹(Colpitts)电路是一种电容三点式反馈振荡电路。在传统的应用中,人们利用考毕兹振荡电路产生稳定、高质量的正弦信号。直到1994年,爱尔兰都柏林大学的Kennedy M. P. 首次发现考毕兹振荡电路可以在混沌振荡状态工作(Kennedy,1994)。由于这种电路具备高频工作潜力,同时具有低功耗、结构简单、易于实现等优点,因此成为产生微波混沌信号的最有前景的方案之一。

考毕兹电路和蔡氏电路在电路拓扑结构以及动力学特性上存在一定的相似(Sarafian et al.,1995),但两者用于产生混沌振荡的非线性部分存在根本差异。考毕兹电路是利用三极管的非线性特性来产生混沌振荡的,随着微波三极管工作频率的提高,以及对电路结构的不断改进,使得混沌信号的频率不断提高(Shi et al.,2006)。

标准考毕兹电路主要是由三极管Q_1、电感L、电容C_1和C_2构成,电路结构如图3.2.7(a)所示。其中,三极管Q_1作为电路中的非线性增益器件,是该电路产生混沌振荡的核心,其等效模型如图3.2.7(b)所示,可以用一个线性受控源I_E和一个非线性负阻R_E组成。压控非线性电阻R_E的驱动点特性可以用下式表示:

$$I_E = f(V_{BE}) = I_S[\exp(V_{BE}/V_T) - 1] \tag{3.2.5}$$

式中,I_S为三极管的反向饱和电流,V_{BE}为基极和发射极电压,V_T为热电压,室温下约为26mV。

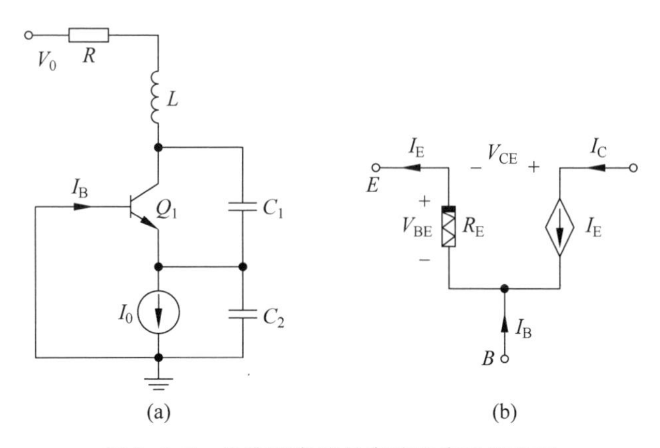

图3.2.7 标准型考毕兹电路的实验装置图

将流经电感L、电容C_1和C_2上的电流和电压I_L、V_{C_1}、V_{C_2}作为状态变量,则标准考毕兹电路的状态方程可以表示为

$$
\begin{cases}
C_1 \dfrac{\mathrm{d}V_{C_1}}{\mathrm{d}t} = -f(-V_{C_2}) + I_L \\
C_2 \dfrac{\mathrm{d}V_{C_2}}{\mathrm{d}t} = I_L - I_0 \\
L \dfrac{\mathrm{d}I_L}{\mathrm{d}t} = -V_{C_1} - V_{C_2} + V_0 - I_L R
\end{cases}
\tag{3.2.6}
$$

上式的平衡工作点为

$$
\begin{pmatrix} V_{C_1} \\ V_{C_2} \\ I_L \end{pmatrix} = \begin{pmatrix} f^{-1}(I_0) - I_0 + V_0 \\ -f^{-1}(I_0) \\ I_0 \end{pmatrix}
\tag{3.2.7}
$$

式中，$f^{-1}(\cdot)$是$f(\cdot)$的反函数，根据式(3.2.5)可得

$$
f^{-1}(x) = V_{\mathrm{T}} \ln\left(\frac{x}{I_{\mathrm{S}}} + 1\right)
\tag{3.2.8}
$$

设式(3.2.7)为坐标原点，引入如下变换：

$$
\begin{cases}
x_1 = (V_{C_1} - f^{-1}(I_0) + I_0 - V_0)/V_{\mathrm{T}} \\
x_2 = (V_{C_2} - f^{-1}(I_0))/V_{\mathrm{T}} \\
x_3 = (I_L - I_0)/I_0 \\
\tau = t\omega_0
\end{cases}
\tag{3.2.9}
$$

其中，考毕兹电路的角频率为

$$
\omega_0 = 2\pi f_0 = \sqrt{(C_1 + C_2)/LC_1C_2}
\tag{3.2.10}
$$

则考毕兹电路的归一化状态方程可以表示为

$$
\begin{pmatrix} \dot{x}_1 \\ \dot{x}_2 \\ \dot{x}_3 \end{pmatrix} = \begin{pmatrix} \dfrac{g}{Q(1-k)}\left[-\left(\dfrac{I_0 - I_{\mathrm{S}}}{I_0}\right)\right] n(x_2) + x_3 \\ \dfrac{g}{Qk} x_3 \\ -\dfrac{Qk(1-k)}{g}(x_1 + x_2) - \dfrac{1}{Q} x_3 \end{pmatrix}
\tag{3.2.11}
$$

式中，$n(x_2) = \exp(-x_2) - 1$，g、Q、k 定义为

$$
\begin{cases}
g = \dfrac{I_0 L}{V_T R(C_1 + C_2)} \\
Q = \omega_0 L/R \\
k = C_2/(C_1 + C_2)
\end{cases}
\tag{3.2.12}
$$

参数 g、Q、k 分别表示振荡器的开环增益、无载谐振回路品质因素、无量纲比值。系统的动态特性与 g 和 Q 的取值有关，k 仅会引起状态变量尺度上的变化(史治国，

2006)。设计考毕兹混沌电路,需要选择合适的 g 和 Q,使方程(3.2.11)具有混沌解。

观察考毕兹电路输出的混沌信号,发现在频谱图中基本频率 f_0(即最简不稳定周期轨道的频率)附近会出现一个局部峰值,在高于 f_0 的频率区间,该峰值逐渐衰减直至可以忽略不计。引入上限频率 f^*,用来表征电路输出混沌信号的频谱分布,输出混沌信号频谱主要分布在直流到 f^* 之间。对大量具有不同基本频率的考毕兹电路输出的混沌信号频谱的仿真分析可知,f^* 与 f_0 满足经验公式: $f^*=1.1f_0$。

对于设定的 f^*,选择合适的 g 和 Q,从式(3.2.10)、式(3.2.12)和上述经验公式可导出考毕兹电路满足混沌振荡条件的电路元件参数:

$$\begin{cases} C_1=(1-k)\dfrac{1.1I_0Q}{2\pi V_T g f^*} \\ C_2=\dfrac{1.1kI_0Q}{2\pi V_T g f^*} \\ L=\dfrac{1.1V_T g}{2\pi k^2 I_0 Q f^*} \\ R=\dfrac{V_T g}{k^2 I_0 Q^2} \end{cases} \tag{3.2.13}$$

当 f^* 较高时,需要考虑三极管的寄生电路效应。三极管的寄生电容包括:发射极电容 C_e、集电极电容 C_c 和反馈电容 C_{re}。此时 C_1 和 C_2 表示为

$$\begin{cases} C_1=(1-k)\dfrac{1.1I_0Q}{2\pi V_T g f^*}-C_c-C_{re} \\ C_2=\dfrac{1.1kI_0Q}{2\pi V_T g f^*}-C_e-C_{re} \end{cases} \tag{3.2.14}$$

当产生吉赫兹量级的混沌信号时,三极管的电路模型将变得更复杂,此时不能用式(3.2.5)来表示,且电路中除了要考虑三极管的寄生电容,还要考虑封装电容和引线电感的影响。

在实际电路中,考虑到电流源价格高且结构复杂,因此在标准的考毕兹混沌电路中用一个电阻和负电压源替代。此外,用电感和电容组成滤波电路可以将电路中直流电源与交流振荡相互隔离。振荡电路通过耦合电容与一个射极跟随器相连,输出信号经过耦合电容与测试仪器相连。振荡信号经两次耦合后连接到测试仪器中的目的是:①减小仪器负载效应对电路振荡状态的影响;②满足测试仪器输入无直流分量的要求。如图3.2.8是考毕兹混沌电路的实验装置图,电路的主要振荡元件参数取值如下:$L=15\text{nH}$,$C_1=C_2=10\text{pF}$,$R_e=100\Omega$,$R=10\Omega$。直流电压 V_1 固定在1.8V时,调节 V_2 的大小,实验发现,电路呈现一系列非线性振荡状态,如图3.2.9所示。

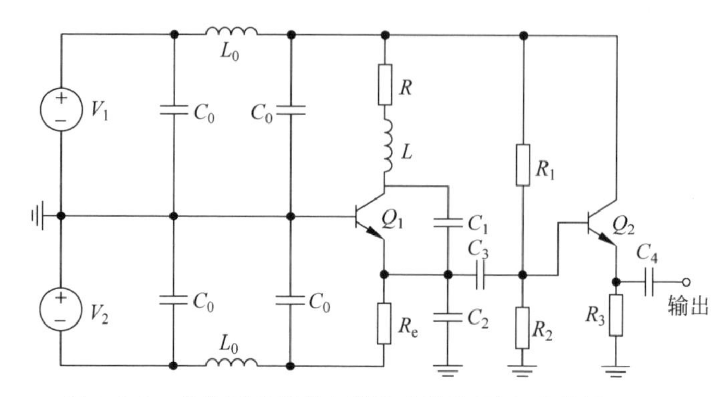

图 3.2.8 标准型考毕兹电路的实验装置图(李静霞,2013)

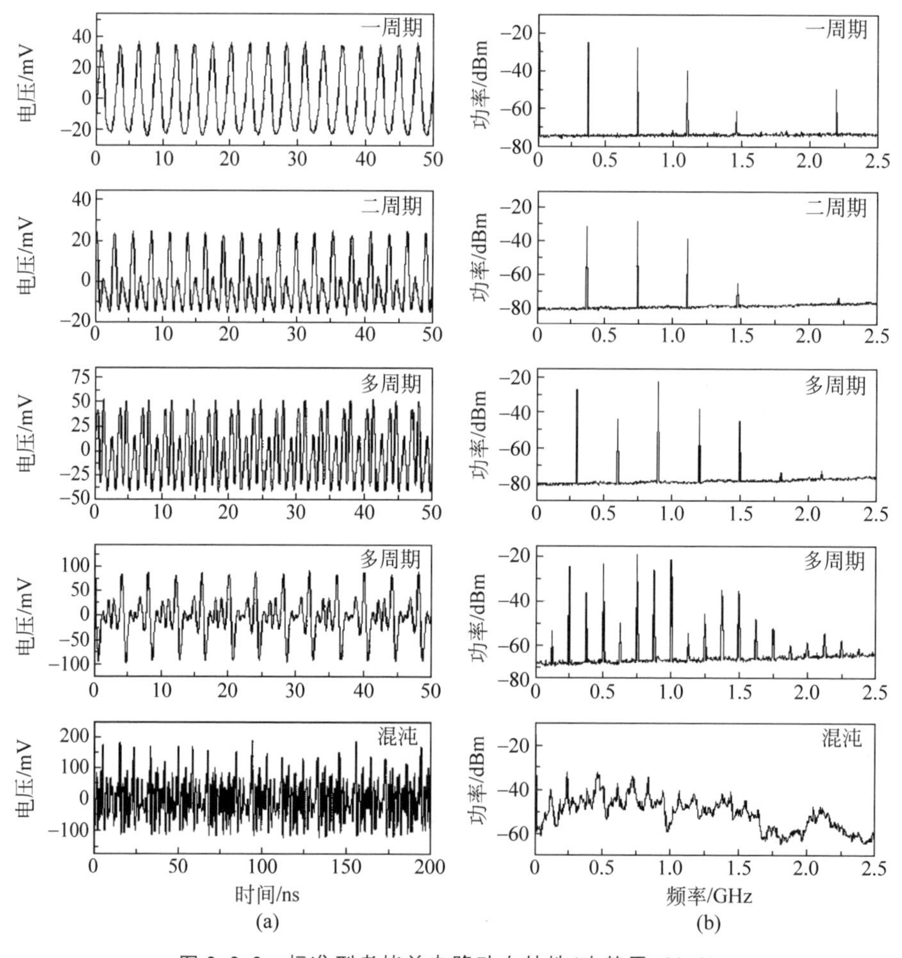

图 3.2.9 标准型考毕兹电路动态特性(李静霞,2013)

对于上述结构的考毕兹混沌电路已有详细的研究。通过使用不同大小的电感和电容,可以获得不同基频频率的混沌信号。然而研究发现,基于上述结构的考毕兹混沌电路,所产生的混沌信号的基频频率不会超过所使用三极管截止频率的十分之一。这是因为在标准考毕兹混沌电路中,三极管的基极与地连接,当电路工作在高频振荡状态时,三极管的集电极将通过集电极-基极之间的寄生电容短路接地,从而破坏电路的振荡状态。频率越高,寄生电容对电路的振荡状态影响越大。

为了进一步提高混沌信号的频率,立陶宛维尔纽斯半导体物理研究所的 Tamasevicius A. 等对标准型考毕兹混沌电路进行改进(Tamasevicius et al.,2004),将电感从三极管的集电极移至基极,同时串联一个电阻,消除了高频时三极管集电极通过集电极-基极之间寄生电容对地短接这一影响。改进型考毕兹混沌电路的结构图如图 3.2.10 所示,图中,C_{CB} 是三极管集电极-基极之间的寄生电容。与标准型的考毕兹混沌电路相比,基于改进型的考毕兹混沌电路可以使混沌信号的基频频率提高到三极管截止频率的 0.2 倍。

Tamasevicius A. 研究组还提出两级型考毕兹混沌电路(Kengne et al.,2012)。电路的结构如图 3.2.11 所示,它与标准型考毕兹混沌电路和改进型考毕兹混沌电路的结构相比,在三极管 Q_1 后又串联了一个三极管 Q_2,同时增加了一个电容 C_3。三极管 Q_2 在这里作为一个电流源来使用。基于这种结构的考毕兹混沌电路,产生的混沌信号的最高基频频率是三极管截止频率的 3/10。

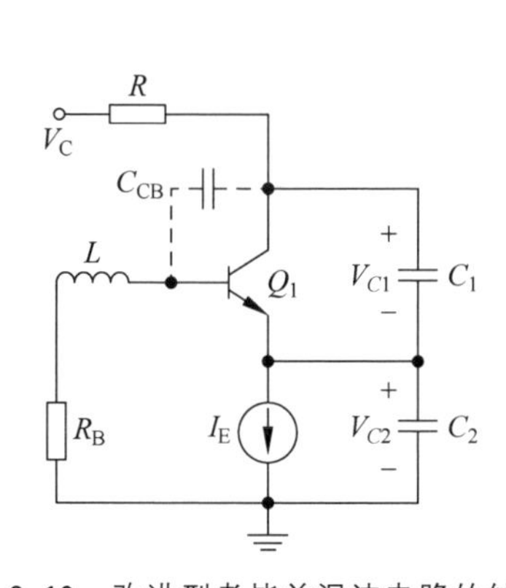

图 3.2.10　改进型考毕兹混沌电路的结构图

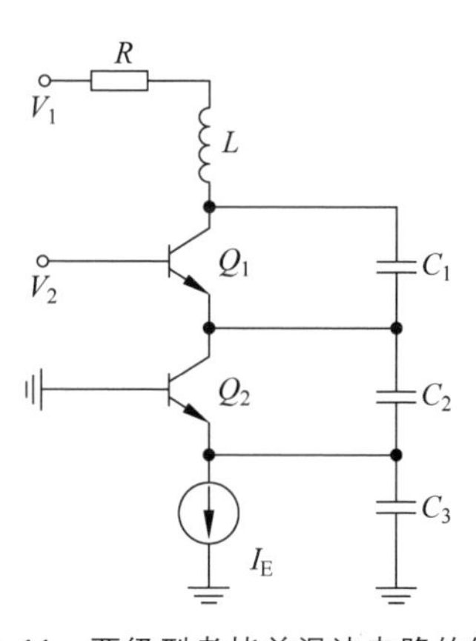

图 3.2.11　两级型考毕兹混沌电路的结构图

在此,对三种常见考毕兹混沌电路:标准型考毕兹混沌电路、改进型考毕兹混沌电路、两级型考毕兹混沌电路进行详细的对比研究(李静霞,2013)。通过对比三种电路输出信号的波形图、频谱图和相图,可清楚地看出它们之间的差别。电路仿真中使用的三极管的型号为 BFG520XR,其截止频率为 9GHz。

图 3.2.12 和图 3.2.13 分别给出了三种电路工作在不同振荡频率时的时序图和频谱图。从左到右分别为标准型、改进型和两级型考毕兹电路输出，从上至下则分别对应于电路工作频率为 500MHz、2GHz、3GHz 的情况。从图中可以看到：当电路的振荡频率约为 500MHz 时，三种电路均可以工作在混沌振荡状态；当振荡频率为 2GHz 时（约为三极管截止频率的 2/10），由于三极管集电极-基极之间寄生电容的影响，标准型的考毕兹电路已经不能工作在混沌振荡状态。而改进型考毕兹电路和两级型考毕兹电路此时仍然可以工作在混沌振荡状态；继续提高振荡频率至 3GHz（约为三极管截止频率的 3/10），此时，仅有两级型的考毕兹电路可以工作在混沌状态，其他两种电路都工作在周期振荡状态。

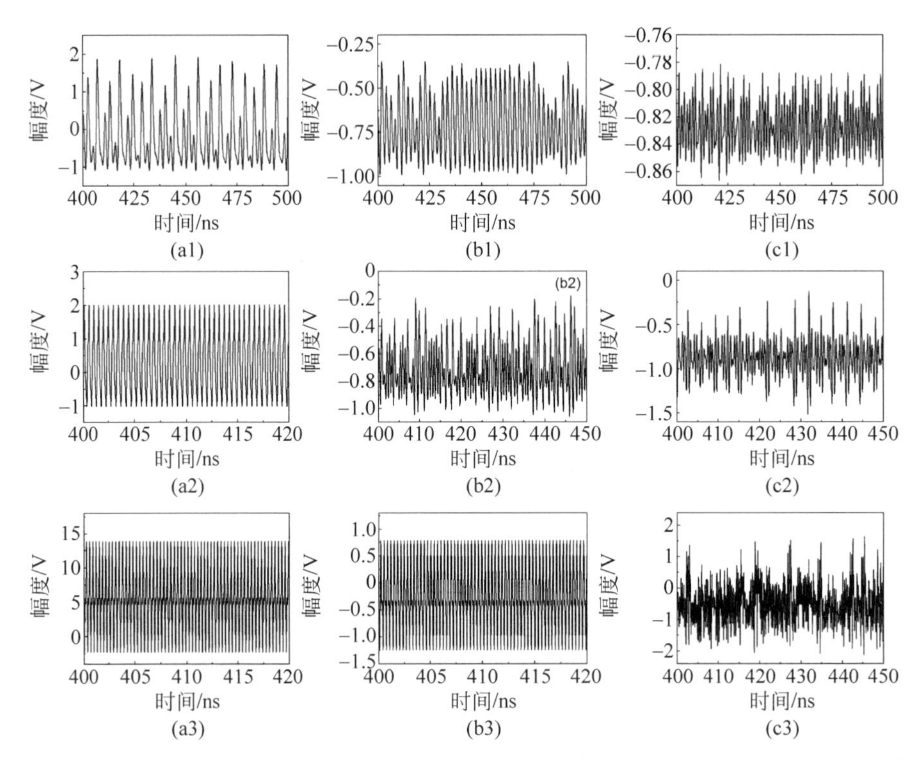

图 3.2.12　标准型考毕兹电路(a1)～(a3)，改进型考毕兹电路(b1)～(b3)，两级型考毕兹电路(c1)～(c3)在不同频率下的波形

2007 年，另外一种基于考毕兹电路的混沌电路被提出（Lindberg et al.，2007）。该电路是将标准型考毕兹电路中与三极管集电极串联的线性电阻更换为一个串联的二极管和电感，如图 3.2.14 所示。额外引入的电感 L_1 有效地改善了三极管集电极-基极、基极-发射极电容的寄生效应。二极管 D 的作用为消除电感 L_1 和 L_2 之间的相互干扰，同时在电路中起到了负阻效应。基于这种结构的考毕

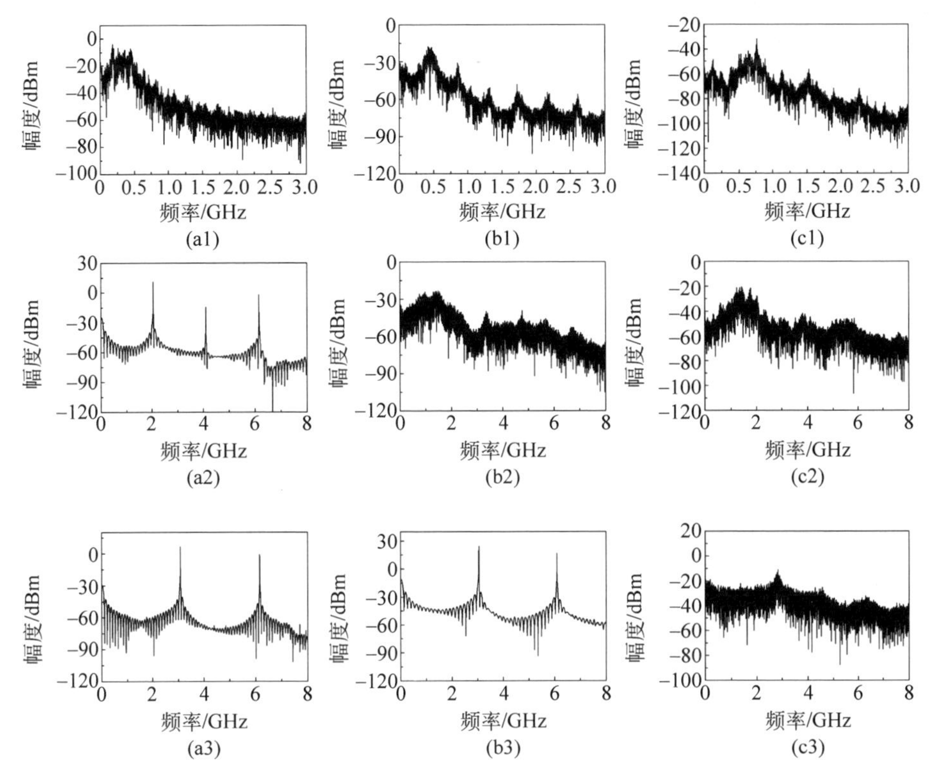

图 3.2.13　标准型考毕兹电路(a1)～(a3)，改进型考毕兹电路(b1)～(b3)，两级型考毕兹电路(c1)～(c3)在不同频率下的频谱图

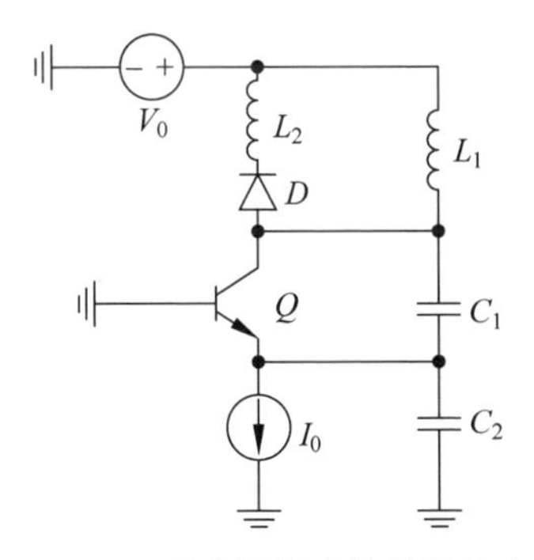

图 3.2.14　差分平衡考毕兹混沌电路

兹混沌电路，产生的混沌信号的最高基频频率是三极管截止频率的 6/10。

此外，一些其他种类的考毕兹混沌电路，如类考毕兹电路混沌振荡器(Elwakil et al.，1999)、Devaney 考毕兹混沌电路(O'Cairbre et al.，1997)、耦合超混沌考毕兹电路(Čenys et al.,2003；杨琨 等,2011；李辉,2008)等也陆续被提出。人们通过对电路的改进使其能在更高的频段工作,同时使混沌信号的频谱更加平坦。

3.2.3 布尔混沌电路

布尔(Boolean)混沌是一种在自治布尔网络(autonomous Boolean network,ABN)中发现的混沌现象。2009年,美国杜克大学的Zhang R.等发现由逻辑门器件构成的简单ABN可以产生出复杂动力学行为,包括宽带混沌(DC-2GHz),他们将这种幅值呈二值变化(高低两个电平)、相位呈随机变化的新型混沌命名为"Boolean Chaos",即布尔混沌(Zhang R et al.,2009)。近年来,布尔混沌已在超宽带雷达、高精度时域反射仪、高速随机数发生器中获得广泛应用研究(Zhang J G et al.,2015；Xu et al.,2017；马荔 等,2018)。

布尔网络(Boolean network,BN)最早由C. C. Walker和W. R. Ashby提出(Walker et al.,1966)。简单来说,BN就是一系列相互作用的节点,每个节点只有两种状态——"开"(on或1)和"关"(off或0)。在某个时刻,每个节点只能处于这两种状态中的某一种；每个节点下一时刻的状态是由相邻节点的状态决定的。它们以相邻节点的状态为输入,经过一系列的逻辑运算得到本节点的新状态(Kauffman,1969)。运算中使用的逻辑操作符包括：与(AND)、或(OR)、非(NOT)、异或(XOR)等。布尔网络自提出以来一直受到人们的关注,并广泛运用于包括细胞分化、免疫反应、生物进化、神经网络以及基因调控等众多领域。

布尔网络可分为同步自治布尔网络和自治布尔网络,其中同步自治布尔网络已得到广泛研究与应用,例如线性反馈移位寄存器等。而区分同步自治布尔网络和自治布尔网络的依据是网络的状态更新方式：同步布尔网络的更新是离散的,其数学表达形式为迭代映射,在实验中通常使用带有时钟的逻辑电路来实现；自治布尔网络的更新是连续的,其数学表达式通常为微分方程或布尔延迟方程,在实验中使用无同步时钟的逻辑电路来实现。

布尔延迟方程(Boolean delay equations,BDEs)和分段线性微分方程是两类用于自治布尔网络建模的数学工具。BDEs最早由M. Ghil等提出(Ghil et al.,1985),其形式如下：

$$X_i(t)=\Lambda_i[X_{i1}(t-\tau_{i1}),X_{i2}(t-\tau_{i2}),\cdots,X_{iN}(t-\tau_{iN})],\quad i=1,2,\cdots,N \tag{3.2.15}$$

式中,$X_i\in B=\{0,1\}(1\leqslant i\leqslant N)$,每个$X_i$的值都依赖于时间$t$并取决于上一时刻的$X_i$,$\tau_{ij}(1\leqslant i\leqslant N,1\leqslant j\leqslant N)$代表了信号在节点间的传输时间,$\Lambda_i$为布尔函数运算。

分段线性微分方程最早由 L. Glass 等提出(Glass et al.,1998),其形式如式(3.2.16)和式(3.2.17)所示:

$$\frac{\mathrm{d}x_i}{\mathrm{d}t}=-x_i+\Lambda_i(X_{i1}(t),X_{i2}(t),\cdots,X_{iK}(t)),\quad i=1,2,\cdots,N \tag{3.2.16}$$

式中,$\Lambda_i(\cdot):\{0,1\}^K\rightarrow\{0,1\}$ 为布尔函数运算,$\{X_i\}_{i=1}^N$ 代表布尔状态。该方程描述了连续状态变量 $\{x_i\}_{i=1}^N$ 随时间的演化过程。根据阈值条件,可以计算出其布尔状态:

$$X(t)=\begin{cases}1, & x(t)\geqslant 0.5\\ 0, & x(t)<0.5\end{cases} \tag{3.2.17}$$

可以用简单的指数函数求得式(3.2.16)的解析解,如式(3.2.18)所示:

$$x_i(t)=x_i(t_j)\mathrm{e}^{-(t_i-t_j)}+\Lambda_i(X_{i1}(t_j),X_{i2}(t_j),\cdots,X_{iK}(t_j))(1-\mathrm{e}^{-(t_i-t_j)}) \tag{3.2.18}$$

式中,$t\in[t_j,t_j+1]$。

图 3.2.15(a)展示了一个由三节点组成的自治布尔网络(Zhang R et al.,2009; Zhang J G et al.,2015)。网络中的每个节点都具有两个输入端和两个输出端,其中节点 1 的两个输出端分别连接至节点 2 和节点 3 的输入端,而其输入分别来自节点 2 和节点 3 的输出端;节点 2 和节点 3 的输入则分别来自自身反馈和节点 1 的输出。图中,τ_{12}、τ_{21}、τ_{22}、τ_{13}、τ_{31} 和 τ_{33} 分别表示 3 个节点之间信号的传输延迟,每个节点执行的布尔函数运算分别为:节点 1、节点 2 执行逻辑异或运算(XOR),节点 3 执行逻辑同或运算(也称为异或非运算 XNOR)。

利用分段线性微分方程对该自治布尔网络进行数学建模,如式(3.2.19)所示:

$$\begin{cases}\tau_{\mathrm{LP1}}\dot{x}_1(t)=-x_1(t)+X_2(t-\tau_{12})\oplus X_3(t-\tau_{13})\\ \tau_{\mathrm{LP2}}\dot{x}_2(t)=-x_2(t)+X_1(t-\tau_{21})\oplus X_2(t-\tau_{22}) \quad, \quad i=1,2,3\\ \tau_{\mathrm{LP3}}\dot{x}_3(t)=-x_3(t)+X_1(t-\tau_{31})\oplus X_3(t-\tau_{33})\oplus 1\end{cases} \tag{3.2.19}$$

$$X_i(t)=\begin{cases}1, & x_i(t)>x_{\mathrm{th}}\\ 0, & x_i(t)\leqslant x_{\mathrm{th}}\end{cases} \tag{3.2.20}$$

式中,$\oplus$表示 XOR 布尔函数运算,x_{th} 为布尔网络输出为“0”或“1”的阈值,$\tau_{\mathrm{LP}i}$ 为节点 i 的滤波系数。

对于该自治布尔网络,可以方便地利用电子逻辑门器件完成其物理实现,其电路原理图和实验装置图分别如图 3.2.15(b)和(c)所示。在实验中,节点(XOR 和 XNOR 逻辑门)之间使用印刷电路板上的导线进行连接,为了实现对节点间信号传输时间的调控,还可以在节点间插入由多个逻辑门级联(如级联的非门电路)组成的延迟线；该延迟线的时间调控范围取决于级联电路中逻辑门的个数和其供电电压。(注：在级联逻辑门器件数量固定的情况下，依然可以通过改变器件的供电电压来实现信号延时时间的调节。)

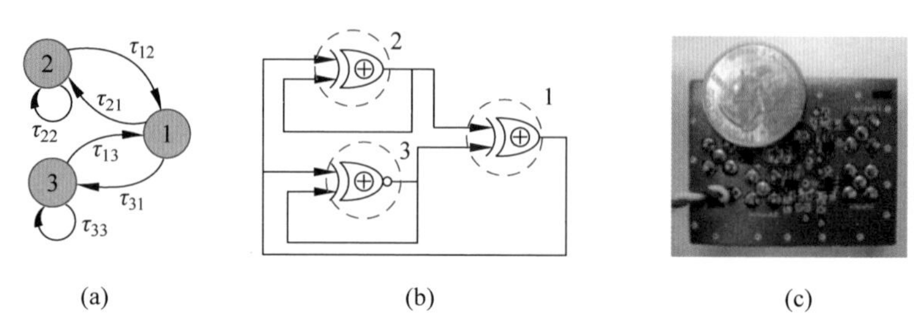

图 3.2.15 自治布尔网络(Rosin et al.,2014)

(a) 三节点自治布尔网络拓扑图；(b) ABN 对应的逻辑电路原理图；
(c) ABN 对应的电路实验装置

图 3.2.16(a)和(b)分别展示了三节点自治布尔网络电路处于混沌振荡状态时，其输出布尔混沌信号的时序和频谱图(Zhang R et al.,2009)。布尔混沌信号功率谱从直流一直扩展到 1.3GHz 左右(−10dB 带宽)，具有显著的超宽带特性。布尔混沌的时序信号表现低电平(0V)和高电平(3V)之间的连续转换(具有二值性，对应布尔状态“1”和“0”)，其转换时间没有周期性和明显的规则，呈现混沌变化。Cavalcante 等认为电子逻辑门器件的非理想特性(如类 S 门的激活函数和被称为退化的记忆效应等)导致了混沌的产生(Cavalcante et al.,2010)。Rosin D. P. 等指出 ABN 自身存在不稳定机制，即在一个拓扑结构固定的网络中，当节点数量超过阈值时，网络会出现从稳定状态到混沌的转变(Rosin et al.,2014)。总之，在节点间信号传播时延、节点非线性以及网络拓扑结构的相互作用下，自治布尔网络可以产生频谱宽阔平坦、大幅度的布尔混沌。

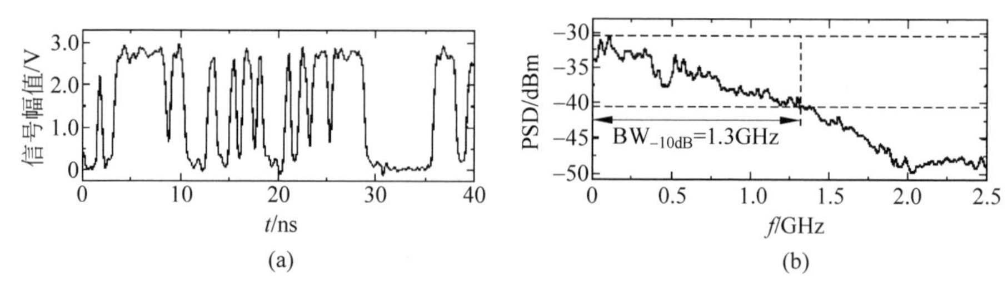

图 3.2.16 布尔混沌的时序波形与频谱图(Zhang R et al.,2009)

(a) 由图 3.2.15(b)所述系统产生的布尔混沌波形；(b) −10dB 带宽为 1.3GHz

通过调节节点之间的信号延迟，如图 3.2.15(b)所述系统中还可以展现出更多的动力学特性，包括周期态、倍周期态以及混沌状态，其时序分岔图如图 3.2.17

所示。图中点带状区域（如 d 区域）表示系统进入了混沌状态；此外，还存在一些空白带，这些空白带由若干曲线段组成，这些空白带称为混沌区域中的周期窗口，如 a、b、c 区域（Zhang R et al.，2009；Zhang J G et al.，2015）。

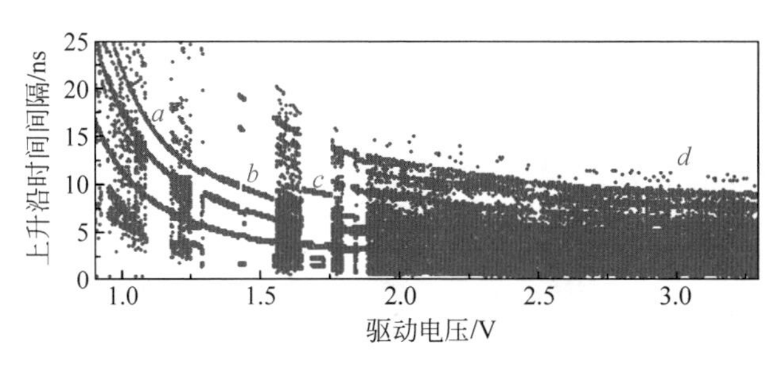

图 3.2.17　布尔混沌分岔图

图 3.2.18 分别展示了自治布尔网络系统分别处于图 3.2.17 中 a、b、c、d 四个区域时输出信号的时序、频谱和自相关曲线。从图中可以发现，当处于 a、b、c 区域时，系统输出的是周期信号，其频谱表现为离散谱；而处于 d 区域时，系统输出布尔混沌信号，其频谱表现为连续谱，布尔混沌信号的自相关曲线为 δ 冲激函数形状。

本节根据轨道跟踪法中的小数据法，计算了上述自治布尔网络电路的最大李雅普诺夫指数，具体计算步骤如下。

（1）采集一段 $40\mu s$ 的混沌电压时间序列 $V(t)$，并通过和阈值（$V_{CC}/2$）比较将其转换成布尔变量 $x(t)\in\{0,1\}$：当 $V(t)<V_{CC}/2$ 时，$x(t)=0$，当 $V(t)>V_{CC}/2$ 时，$x(t)=1$；其中，V_{CC} 是逻辑异或门和同或门的工作电压。

（2）参考文献（Zhang R et al.，2009）计算了布尔距离函数 $d(s)$：

$$d(s)=\frac{1}{T}\int_{s}^{s+T}x(t'+t_a)\oplus(t'+t_b)\mathrm{d}t' \tag{3.2.21}$$

式中，$\oplus$代表逻辑异或运算，$s\in[0,kT_0]$为步长，t_a 和 t_b 为任意两个时刻，对于给定的 $\delta>0$、$T=T_0$，t_a 和 t_b 的取值应使 $d(0)<\delta$ 成立。

（3）计算 $\langle\ln d(s)\rangle$，$\langle\cdot\rangle$代表取平均。

（4）根据最大李雅普诺夫指数定义可知，其几何意义为量化初始轨道随指数发散特征演化的参量，可以得到

$$d(s)=d(0)\mathrm{e}^{\lambda_{ab}s} \tag{3.2.22}$$

式中：$d(s)$代表相邻两点 a、b 经过 s 个离散步长的距离；$d(0)$代表相邻两点 a、b 的初始距离，对两边求导得到 $\ln d(s)=\ln d(0)+\lambda_{ab}s$。根据该公式，计算最大李雅普诺夫指数的结果为 $\lambda_{ab}=[\ln d(s)-\ln d(0)]/s$。

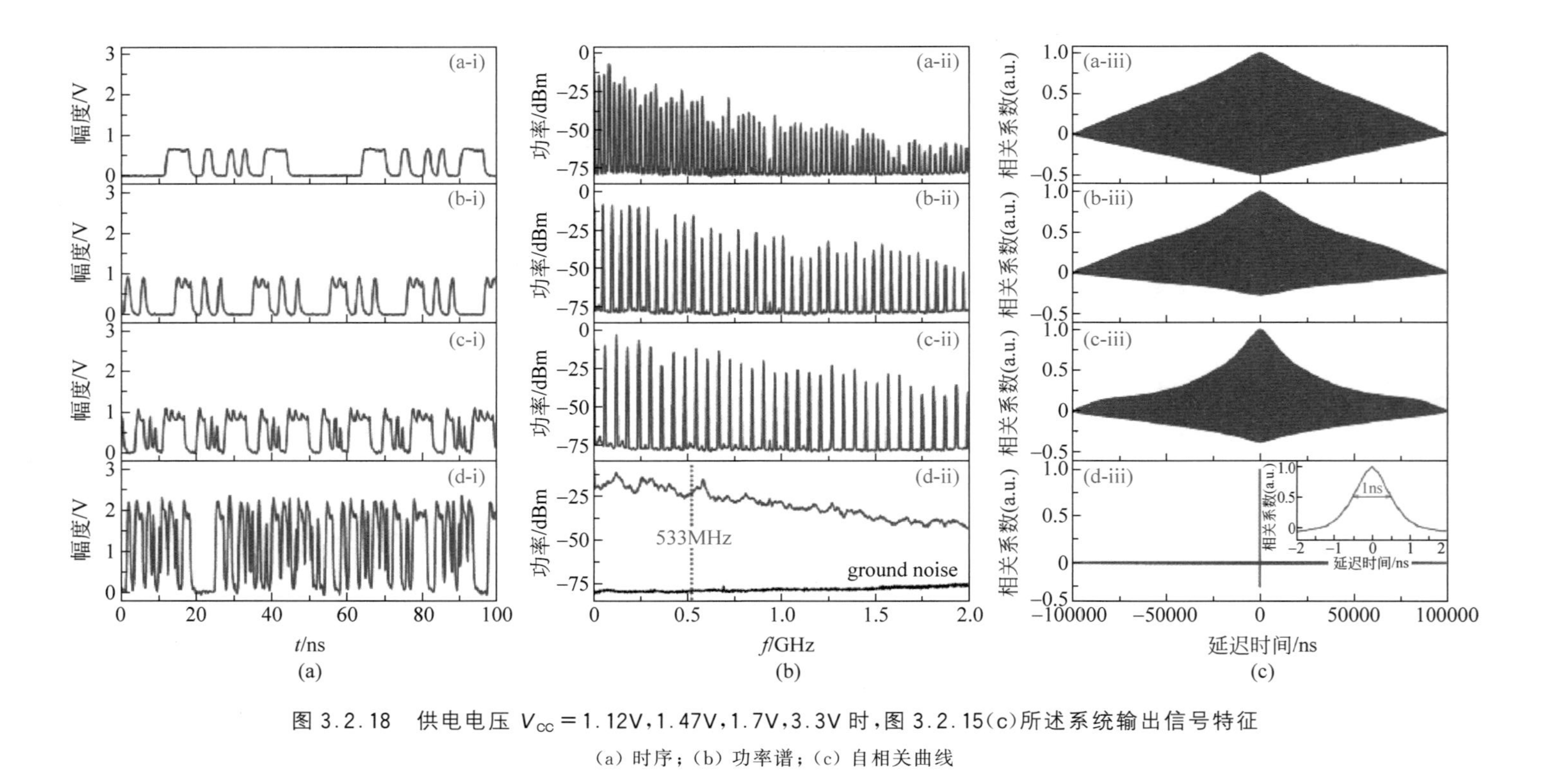

图 3.2.18 供电电压 V_{CC}=1.12V,1.47V,1.7V,3.3V 时,图 3.2.15(c)所述系统输出信号特征

(a) 时序;(b) 功率谱;(c) 自相关曲线

选取 $T_0=10\text{ns}$，$\delta=0.01$，振荡器输出信号的最大李雅普诺夫指数 $\lambda_{ab}=0.16\text{ns}^{-1}$，最大李雅普诺夫指数值为正值，表明了输出振荡信号的混沌特性。

3.2.4　忆阻器混沌电路

1971年，蔡少棠教授理论上预测了忆阻器的存在，并为之命名。蔡教授分析电流、电压、电荷和磁通量之间的关系，发现联系电流和电压关系的基本器件为电阻，联系电流和磁通量关系的基本器件是电感，联系电荷和电压关系的基本器件是电容。他提出疑问：联系电荷和磁通量关系的基本器件是什么？通过推测和分析，他发现这个器件的行为应该像一个具有记忆功能的非线性电阻，因此将其命名为忆阻器，其关系表达式如下：

$$\begin{cases} W(\phi)=\dfrac{\mathrm{d}q(\phi)}{\mathrm{d}\phi} \\ M(q)=\dfrac{\mathrm{d}\phi(q)}{\mathrm{d}q} \end{cases} \tag{3.2.23}$$

式中，ϕ 为磁通量，q 为电荷量，$M(q)$为由电荷控制的忆阻器，$W(\phi)$为由磁通量控制的忆阻器。

2008年，惠普实验室 Stanley Williams 研发团队在研究二氧化钛的电学性质时，偶然发现了其具有某些特殊的电学性质，由此第一次发现了忆阻器的实物模型，并对其基本电学性质进行实验，结果证明这一模型与蔡少棠教授提出的忆阻器理论十分吻合(Strukov et al.，2008)。

简单地讲，忆阻器就是一种可由外加电压控制其电阻变化的、具有记忆功能的可变电阻器，是一个有正负极的“开关二极管”，当忆阻器两极被加上一定的正向电压时，忆阻器的电阻会减小，通过的电流较大，相当于开关接通(开)；而忆阻器两极被加上一定的反向电压时，忆阻器的电阻会增大，通过的电流很小，相当于开关断开(关)。由此可见，忆阻器具有像晶体管那样的开关特性。更为重要的是，在忆阻器的外加电压消失(断电)后，其电阻值仍将保持不变——也就是说其阻值处于一种“冻结”的状态，之前外加电压对忆阻器阻值状态所产生的影响，会被“记录”下来，并在断电后能一直保持下去，这就是忆阻器所具有的十分奇特的“记忆特性”。理论上，利用忆阻器的这种开关记忆特性，就可以存储数字化的信息，例如正向电压产生并保持的低电阻(“开”状态)，反向电压产生并保持的高电阻(“关”状态)，就可以用于二进制编码。

忆阻器的另外一个特点，是可以具有“数字”和“模拟”两种工作模式——忆阻器可以通过低阻(开)、高阻(关)两种记忆状态的切换来分别存储1、0数字信息，即忆阻器件的“数字工作模式”；此外，忆阻器还可在外加电压控制下，被切换到介于低阻与高阻之间的多种不同的中间阻值记忆状态。因此在精确电压控制下，可利用这些中间阻值记忆状态存储和处理模拟信息，例如可用其多个中间阻值状态表示介于(0,1)之间的各种中间值(例如0.1、0.6、0.9等)，这种多态记忆就是忆阻器的“模拟工作模式”。

忆阻器的特性曲线如图3.2.19所示，图(a)是荷控忆阻器的特性曲线，图(b)是磁控忆阻器的特性曲线。

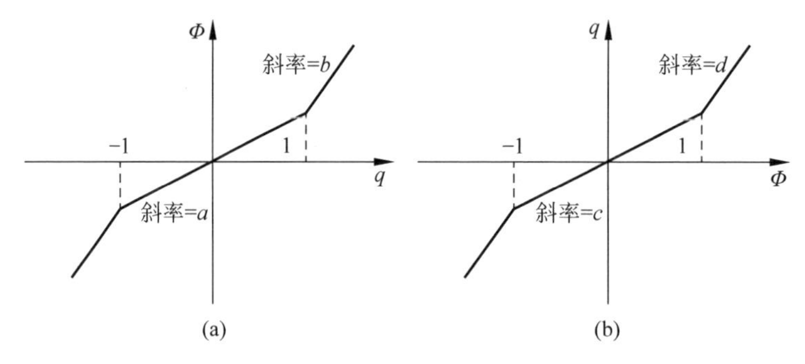

图3.2.19 忆阻器特性曲线

忆阻器的发现和实现具有重大科学意义，有望彻底改变现代电路和信息处理方法。HP实验室的科技发明被美国《时代》杂志评为“2008年全球50项最佳发明”、被美国《连线》杂志评为“2008年全球十大科技突破”。这充分说明忆阻器研究的重要性，它在当今科学与工程领域具有很高的研究价值和应用前景，至此掀起了世界范围内的研究高潮。图3.2.20为HP实验室忆阻器的物理实现模型和结构图(Williams,2008)。

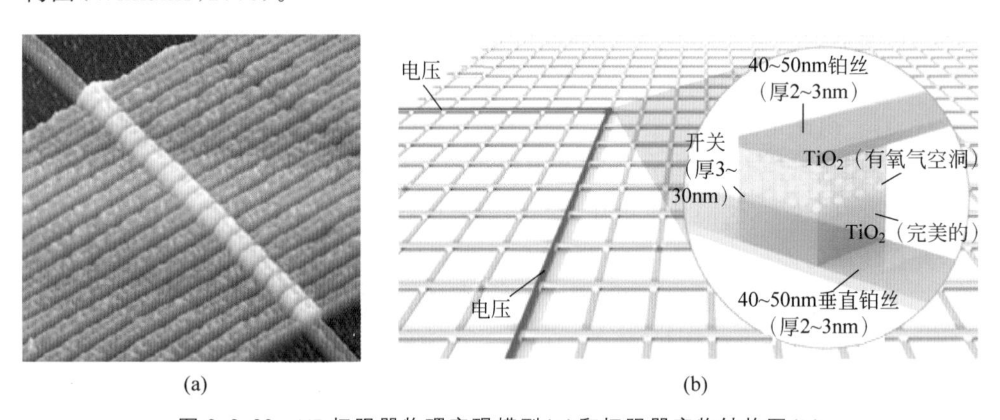

图3.2.20 HP忆阻器物理实现模型(a)和忆阻器实物结构图(b)

众所周知，通过在电路中引入一个非线性器件可以构造出混沌电路，而忆阻器作为一个新出现的非线性元件，可以实现混沌信号的产生。基于忆阻器构成的混沌电路，产生的混沌信号具有非常复杂的拓扑结构，安全性能会更高。因此基于忆阻器构造混沌电路得到了研究人员的极大关注(Itoh et al.，2008；包伯成 等，2011)。

当忆阻器器件尚处于实验室阶段时，为了便于研究忆阻器及其相关应用，常采用基本的电子器件模拟忆阻器的电学特性进行研究。2009 年，Bharathwaj Muthuswamy 第一次给出了如何建立基于忆阻器的混沌电路，其基本思想就是将分段线性模型的忆阻器替换蔡氏电路中的非线性电阻，对其进行了基本的动力学分析，结果表明基于忆阻器的混沌电路具有比典型蔡氏电路更为复杂的混沌特性(Muthuswamy et al.，2009)。2010 年，他改用二次光滑忆阻器模型，并将其应用于蔡氏电路，进行了实验和仿真研究，结果相互吻合(Muthuswamy，2010a)。同年，Bharathwaj Muthuswamy 与蔡少棠共同提出了一个目前为止结构最为简单的三阶忆阻混沌电路，该电路结构简单，由一个电感、一个电容、一个忆阻器串联而成，生成了单涡卷的混沌吸引子(Muthuswamy et al.，2010b)。图 3.2.21 和图 3.2.22 分别给出了这个电路的原理图和结果图。国内研究者们也做了相关工作的研究，如 2010 年包伯成等利用光滑磁控特性曲线的忆阻器和负电导替换蔡氏电路中的非线性电阻，得到了一个基于忆阻器的振荡电路(Bao et al.，2010)。虞厥邦等基于蔡氏电路和具有分段线性、二次 $q(\varphi)$ 特性的忆阻器数学模型构造了多个忆阻器混沌系统(Sun et al.，2009)。

M. Itoh 和蔡少棠(Itoh et al.，2008)在蔡氏混沌电路的基础上应用忆阻器元件替换传统的蔡氏二极管的方法来构造忆阻器混沌电路，该忆阻器元件的特性是单调上升且分段线性，这样构造的电路，混沌电路方程如式(3.2.24)所示：

$$\begin{cases} C_1 \dfrac{\mathrm{d}V_1}{\mathrm{d}t} = i_3 - W(\varphi)V_1 \\ L \dfrac{\mathrm{d}i_3}{\mathrm{d}t} = V_2 - V_1 \\ C_2 \dfrac{\mathrm{d}V_2}{\mathrm{d}t} = -i_3 + GV_2 \\ \dfrac{\mathrm{d}\varphi}{\mathrm{d}t} = V_1 \end{cases} \tag{3.2.24}$$

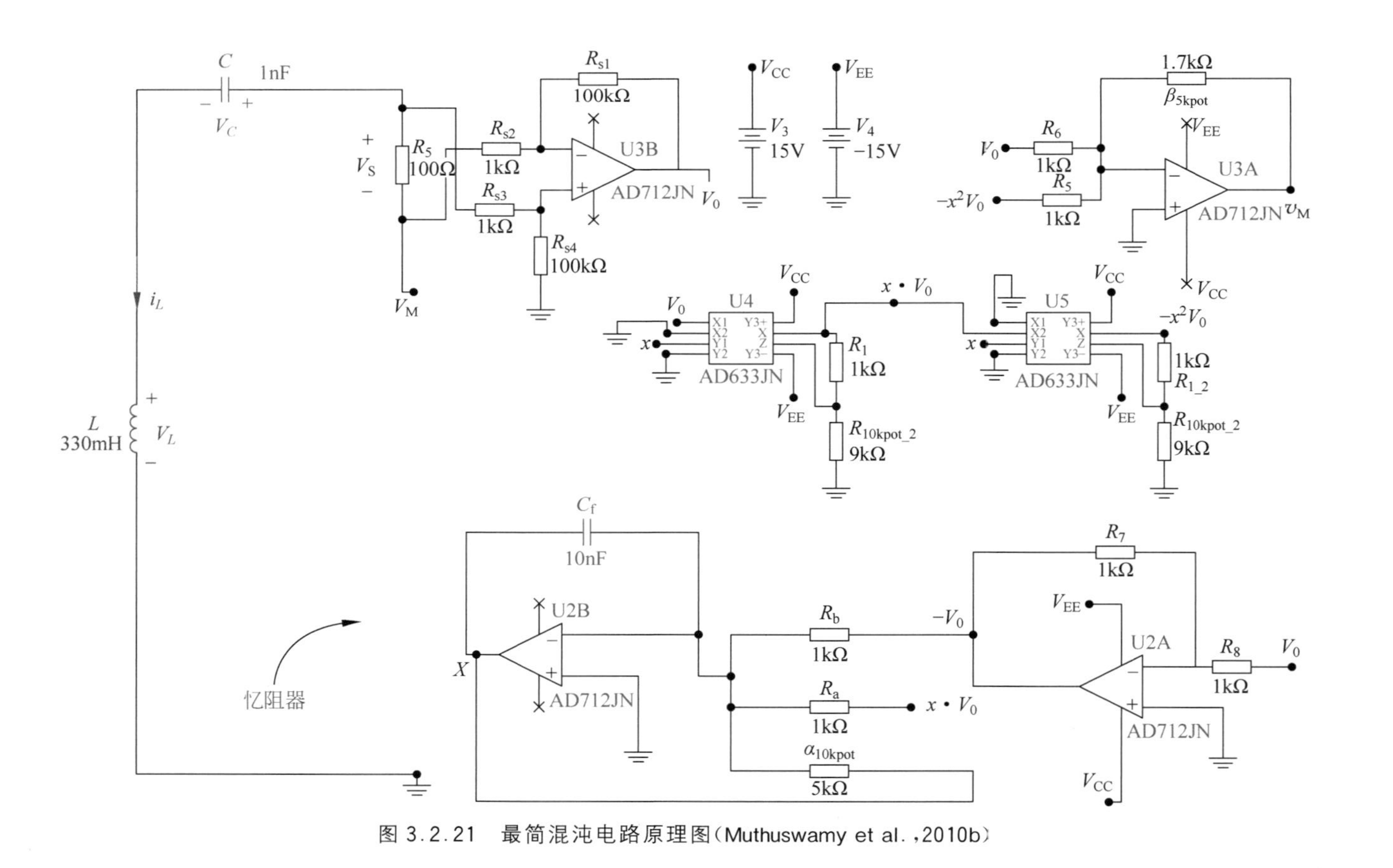

图 3.2.21 最简混沌电路原理图(Muthuswamy et al.,2010b)

电路图如图3.2.23所示，该混沌电路系统的混沌吸引子如图3.2.24所示。

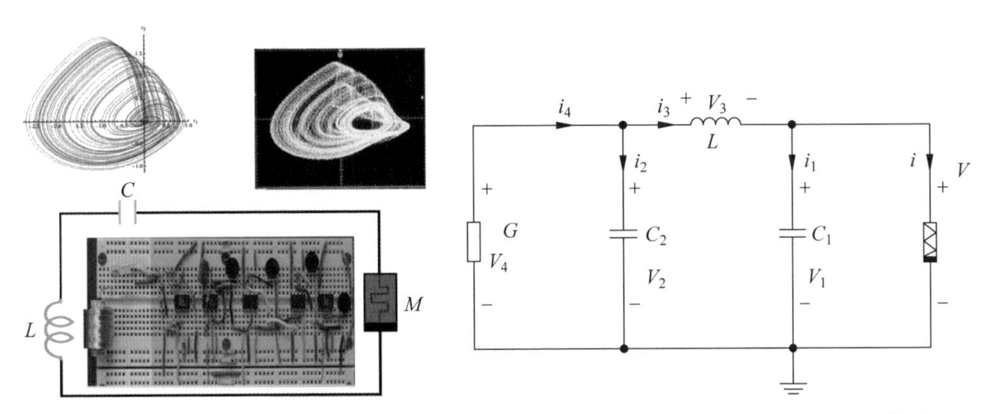

图3.2.22　最简混沌电路（Muthuswamy et al.，2010b）

图3.2.23　Itoh和蔡少棠构造的混沌电路

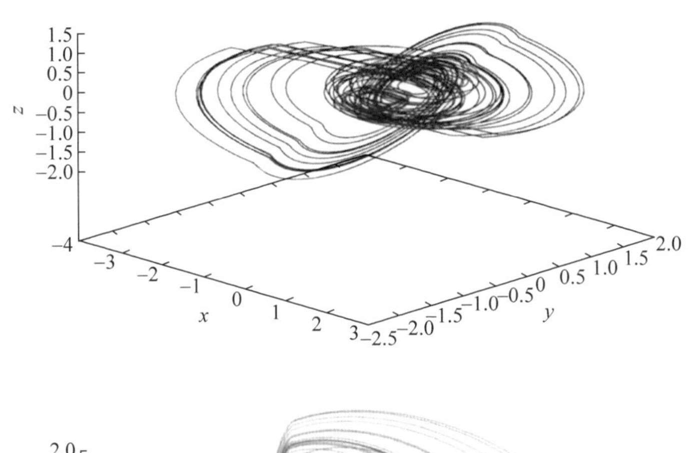

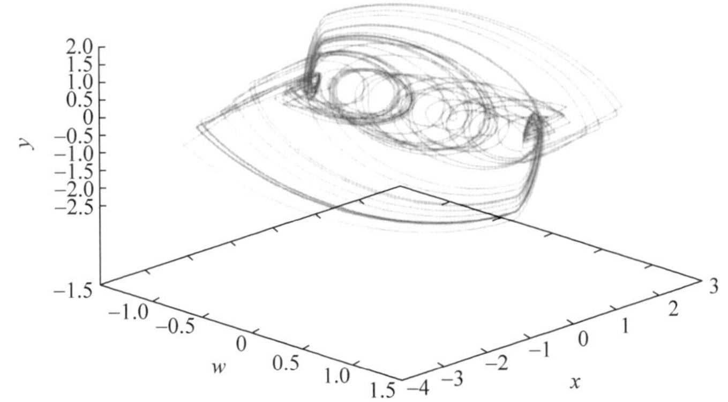

图3.2.24　Itoh和蔡少棠构造的混沌电路混沌吸引子

忆阻器混沌电路有着与一般混沌系统不同的动力学特性，除了随电路参数变化，还极端依赖于忆阻器的初始状态，这正是忆阻元件具有记忆性这一其他元件不具备的独特性所致，越来越多的研究者进行忆阻器与混沌的综合研究以产生更加复杂的混沌信号。

参考文献

李辉，2008. 超宽带混沌通信技术的研究[D]. 南京：南京理工大学.

李静霞，2013. 微波混沌电路及在测距技术中的应用[D]. 太原：太原理工大学.

马荔，张建国，李璞，等，2018. 基于自治布尔网络的高速物理随机数发生器研究[J]. 中南大学学报(自然科学版)，49(284)：124-128.

史治国，2006. 微波混沌电路及其在通信中的应用[D]. 杭州：浙江大学.

徐浩，2013. 蔡氏多涡卷电路和 Colpitts 混沌电路的研究与设计[D]长沙：湖南大学.

杨琨，宋耀良，2011. 基于考毕兹振荡器的宽带混沌电路设计[J]. 现代电子技术，34(23)：81-84.

禹思敏，吕金虎，2007. 高阶蔡氏电路及其 FPGA 实现[C]. 张家界：第 26 届中国控制会议.

ARENA P，BAGLIO S，FORTUNA L，et al，1996. State controlled CNN：A new strategy for generating high complex dynamics[J]. IEICE Transactions on Fundamentals of Electronics，Communications and Computer Sciences，79(10)：1647-1657.

BAO B C，XU J P，LIU Z，2010. Initial state dependent dynamical behaviors in a Memristor based chaotic circuit[J]. Chinese Physics Letters，27(7)：070504.

CAVALCANTE H L D S，GAUTHIER D J，SOCOLAR J E S，et al，2010. On the origin of chaos in autonomous Boolean networks[J]. Philosophical Transactions of the Royal Society A：Mathematical，Physical and Engineering Sciences，368(1911)：495-513.

CHUA L，KOMURO M，MATSUMOTO T，1986. The double scroll family[J]. IEEE Transactions on Circuits and Systems，33(11)：1072-1118.

CUOMO K M，OPPENHEIM A V，1993. Circuit implementation of synchronized chaos with applications to communications[J]. Physical Review Letters，71(1)：65-68.

ČENYS A，TAMAŠEVIČIUS A，BAZILIAUSKAS A，et al，2003. Hyperchaos in coupled Colpitts oscillators[J]. Chaos，Solitons & Fractals，17(2)：349-353.

ELWAKIL A S，KENNEDY M P，1999. A family of Colpitts-like chaotic oscillators[J]. Journal of the Franklin Institute，336(4)：687-700.

GHIL M，MULLHAUPT A，1985. Boolean delay equations. II. Periodic and aperiodic solutions [J]. Journal of Statistical Physics，41：125-173.

GLASS L，HILL C，1998. Ordered and disordered dynamics in random networks[J]. Europhysics Letters，41(6)：599.

ITOH M，CHUA L O，2008. Memristor oscillators[J]. International Journal of Bifurcation and Chaos，18(11)：3183-3206.

KAUFFMAN S A，1969. Metabolic stability and epigenesis in randomly constructed genetic nets [J]. Journal of Theoretical Biology，22(3)：437-467.

KENGNE J, CHEDJOU J C, KENNE G, et al, 2012. Dynamical properties and chaos synchronization of improved Colpitts oscillators[J]. Communications in Nonlinear Science and Numerical Simulation, 17(7): 2914-2923.

KENNEDY M P, 1992. Robust op amp realization of Chua's circuit[J]. Frequenz, 46(3-4): 66-80.

KENNEDY M P, 1994. Chaos in the Colpitts oscillator[J]. IEEE Transactions on Circuits and Systems I: Fundamental Theory and Applications, 41(11): 771-774.

LINDBERG E, TAMAŠEVIČIUS A, MYKOLAITIS G, et al, 2007. Towards threshold frequency in chaotic Colpitts oscillator [J]. International Journal of Bifurcation and Chaos, 17(10): 3449-3453.

LÜ J, CHEN G, 2006. Generating multiscroll chaotic attractors: theories, methods and applications[J]. International Journal of Bifurcation and Chaos, 16(04): 775-858.

MUTHUSWAMY B, 2010a. Implementing memristor based chaotic circuits[J]. International Journal of Bifurcation and Chaos, 20(5): 1335-1350.

MUTHUSWAMY B, CHUA L O, 2010b. Simplest chaotic circuit[J]. International Journal of Bifurcation and Chaos, 20(5): 1567-1580.

MUTHUSWAMY B, KOKATE P P, 2009. Memristor-based chaotic circuits[J]. IETE Technical Review, 26(6): 417-429.

O'CAIRBRE F, MAGGIO G M, KENNEDY M P, 1997. Devaney chaos in an approximate one-dimensional model of the Colpitts oscillator[J]. International Journal of Bifurcation and Chaos, 7(11): 2561-2568.

ROSIND P, RONTANID, GAUTHIER D J, 2013. Ultrafast physical generation of random Numbers using hybrid Boolean networks[J]. Physical Review E, 87(4): 040902.

SARAFIAN G, KAPLAN B Z, 1995. Is the Colpitts oscillator a relative of Chua's circuit[J]. IEEE Transactions on Circuits and Systems I: Fundamental Theory and Applications, 42(6): 373-376.

SHI Z, RAN L, CHEN K, 2006. Simulation and experimental study of chaos generation in microwave band using Colpitts circuit[J]. Journal of Electronics(China), 23(3): 433-436.

STRUKOV D B, SNIDER G S, STEWART D R, et al, 2008. The missing memristor found[J]. Nature, 453(7191): 80.

SUN W H, LI C F, YU J B, 2009. A memristor based chaotic oscillator, International Conference on Communications[C]. Chengdu: Circuits and Systems: 955-957.

SUNEEL M, 2006. Electronic circuit realization of the logistic map[J]. Sadhana, 31(1): 69-78.

SUYKENS J, VANDEWALLE J, 1991. Quasilinear approach to nonlinear systems and the design of n-double scroll($n=1,2,\cdots$)[J]. IEE Proceedings G(Circuits, Devices and Systems), 138(5): 595-603.

TAMASEVICIUS A, BUMELIENE S, LINDBERG E, 2004. Improved chaotic Colpitts oscillator for ultrahigh frequencies[J]. Electronics Letters, 40(25): 1569-1570.

TLELO-CUAUTLE E, PANO-AZUCENA A D, RANGEL-MAGDALENO J J, et al, 2006. Generating a 50-scroll chaotic attractor at 66 MHz by using FPGAs [J]. Nonlinear

Dynamics,85(4):2143-2157.

WALKER C C,ASHBY W R,1966. On temporal characteristics of behavior in certain complex systems[J]. Kybernetik,3(2):100-108.

WILLIAMS S R,2008. How we found the missing memristor[J]. IEEE Spectrum,45(12):8-35.

XU H,LI Y,ZHANG J,et al,2017. Ultra-wideband chaos life-detection radar with sinusoidal wave modulation[J]. International Journal of Bifurcation and Chaos,27(13):1730046.

YALÇIN M E, SUYKENS J A K, VANDEWALLE J, et al, 2002. Families of scroll grid attractors[J]. International Journal of Bifurcation and Chaos,12(1):23-41.

YU S,LÜ J,TANG W K S,et al,2006. A general multiscroll Lorenz system family and its realization via digital signal processors[J]. Chaos: An Interdisciplinary Journal of Nonlinear Science,16(3):033126.

ZHANG J G,XU H,WANG B J,et al,2015. Wiring fault detection with Boolcan-chaos timc domain reflectometry[J]. Nonlinear Dynamics,80(1-2):553-559.

ZHANG R,CAVALCANTE H L D S,GAO Z,et al,2009. Boolean chaos[J]. Physical Review E,80(4):045202.

ZHANG T F,LI S L,GE R J,et al,2015. A chaotic pulse sequence generator based on the tent map[J]. IEICE Electronics Express,12(16):20150530.

半导体激光器基础

半导体激光器是产生光学混沌信号的常用器件，本章将对半导体激光器基础知识进行简单介绍，以便读者更好地理解第5章内容。其中，4.1节介绍半导体激光的基本原理及构成，4.2节介绍半导体激光器的物理特性，4.3节介绍几种常用类型的半导体激光器。

4.1 半导体激光器原理与结构

半导体激光器是以单晶半导体材料为工作物质的激光器，其三要素(增益介质、谐振腔、泵浦)的实现皆与单晶半导体材料本身的特性密切相关。半导体材料指导电能力介于导体和绝缘体之间的材料，广泛应用于电子器件、光电子器件、集成电路等制备。半导体激光器的光学增益来自于半导体材料内部电子和空穴的复合发光，其谐振腔通常由半导体材料端面或内部折射率调制构成，绝大部分半导体激光器的泵浦方式为直接电泵浦。

图4.1.1为典型的半导体激光器结构，中间条纹层及两侧灰色层为半导体材料，条纹层为有源层，电子空穴复合发光发生在这一层；上下灰色层为包层，包层折射率低于有源层，从而使光场主要分布在有源层中。如图4.1.1(b)所示，半导体激光器一般将上包层制备为脊形结构，脊的正下方有源层折射率高于两层有源层，这样使光场主要分布在脊形正下方区域；上下金色层为金属电极层，半导体材料与上金属电极层中间大部分区域有一层绝缘层(黑色)，只在脊顶部没有绝缘层，形成电注入窗口，从而电流只在脊条区域流过形成光学增益。一般半导体材料上层为p型，上层电极为正极，半导体材料下层为n型，下层电极为负电极。

图4.1.1(a)中，激光器芯片左右两端面构成激光谐振腔，两端面之间距离为腔

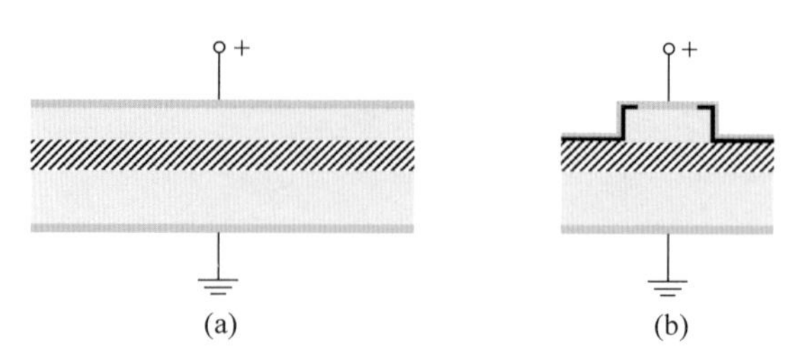

图 4.1.1 典型半导体激光器结构示意图

(a) 侧向截面图；(b) 正向截面图

长，当上下电极施加电流时，有源区内自发辐射光子，其中大部分自发辐射光子会由于光损耗而耗散掉，只有传播方向垂直于两端面且波长满足谐振条件（腔长等于半波长的整数倍）的光子，由于谐振和受激辐射增益，这一类光子的数量会越来越多，最终形成稳定的激光模式，产生激光。下面对上述半导体激光器的三要素进行详细介绍。

4.1.1 半导体材料及光学增益

半导体材料的种类很多，目前，能够成熟应用的主要是Ⅳ族半导体材料和Ⅲ-Ⅴ族半导体材料，Ⅳ族材料主要是硅（Si）和锗（Ge），Ⅲ-Ⅴ族材料包括氮化镓（GaN）、砷化镓（GaAs）、磷化铟（InP）、锑化镓（GaSb）等二元Ⅲ-Ⅴ族化合物，以及三元、四元甚至五元Ⅲ-Ⅴ族化合物。

半导体材料存在价带和导带，如图 4.1.2(a)所示，导带能量高于价带能量，价带与导带中间存在禁带，即半导体材料中的电子能量不可能落在禁带中。在绝对零度下，价带中能级全部充满电子，而导带中无电子；室温下，部分价带中的电子跃迁至导带中，这样在导带底部存在了可自由移动的电子，价带顶部留下了电子空位，形成了可自由移动的空穴。当存在泵浦时，导带电子和价带空穴数量不断增加，同时，电子和空穴复合产生光子，增加和复合消耗相平衡，使电子和空穴数量维持在一定值。复合产生光子的能量等于电子和空穴能级差，等于或稍大于材料带隙 E_g，可知半导体材料发光的波长 λ 与材料带隙 E_g 满足关系：

$$h\frac{c}{\lambda} \approx E_g \tag{4.1.1}$$

式中，h 为普朗克常量，c 为真空中的光速。因此，半导体激光器的工作波段取决于有源区材料的带隙，GaN 或 AlN 衬底上的Ⅲ族氮化物材料用作紫外到蓝绿光波段，GaAs 衬底上的Ⅲ族砷、磷化物材料用作红光到近红外 1.1μm 波段，InP 衬底上的Ⅲ族砷、磷化物材料用作 1.1μm 到 2μm 波段，GaSb 衬底上的含 Sb Ⅲ-Ⅴ族化合物材料用作 2μm 到 3μm 波段。

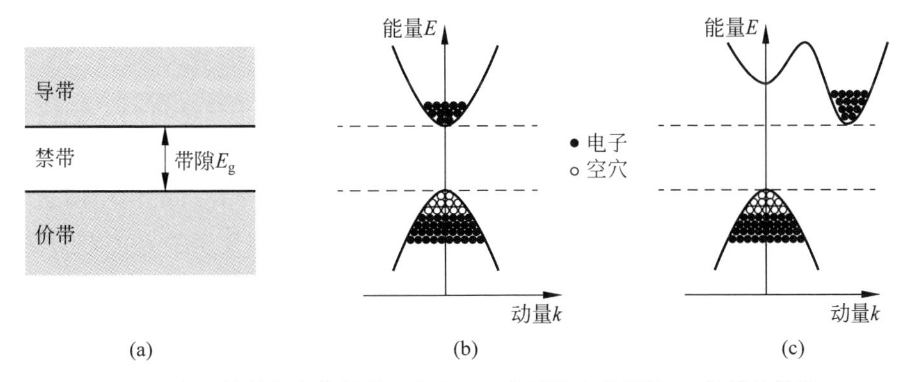

图 4.1.2　半导体材料中的能带示意图(a),典型的直接带隙(b)和间接带隙(c)半导体的动量 k 空间能带示意图

Si、Ge 材料无法用于激光器制备,这是因为 Si、Ge 材料是间接带隙半导体材料,而制备激光器要求材料为直接带隙材料。图 4.1.2(b)和(c)给出了典型的直接带隙和间接带隙动量 k 空间能带结构。直接带隙材料中电子和空穴具有相同的动量 k,电子和空穴直接复合发光;间接带隙材料中电子和空穴的动量 k 不同,电子和空穴复合发光过程需要额外吸收或释放一个声子,这就导致符合发光效率大大降低。因此,间接带隙半导体材料不适用于制备发光器件。

半导体材料中的发光过程有自发辐射和受激辐射两种,如图 4.1.3(a),(b)所示。自发辐射中,导带电子自发地向下跃迁至价带,与价带中的空穴发生复合并辐射出光子。自发辐射跃迁是以一定的概率随机发生的,因此自发辐射光是不相干的,光子具有不同的频率、相位和辐射方向。受激辐射中,当半导体材料中已有光子存在时,一定频率或能量的光子会诱导电子跃迁发光,辐射出的光子与已有光子具有相同的频率、相位和辐射方向。受激辐射是一个光子与一个电子-空穴对相互左右,产生两个光子的过程,且两个光子与原有光子具有完全相同的状态,因此,受激辐射具有光放大作用。半导体中的电光转化过程,除了发光过程,还存在光受激吸收过程,如图 4.1.3(c)所示。

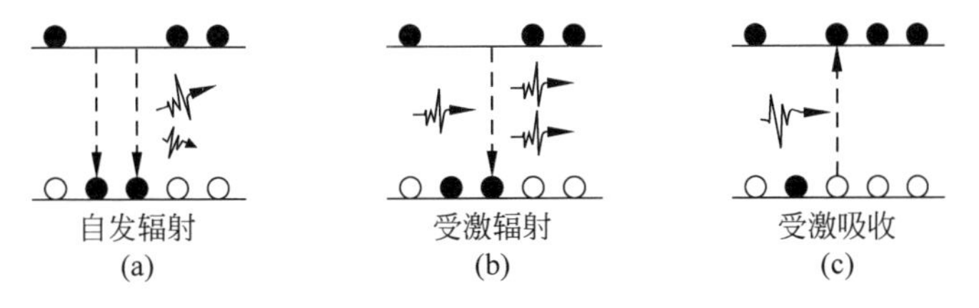

图 4.1.3　半导体中的电光转化过程

激光产生的过程,可视为光子在受激辐射作用下,不断消耗电子-空穴对,1 到 2,2 到 4,……,不断被放大的过程,过程中伴随着光子的传输和电子-空穴对的消

耗。因此,需要谐振腔将光子局限在半导体材料有源区中来回传输,同时泵浦不断产生新的电子-空穴对,才能支撑激光的产生。

直接电泵浦发光是半导体激光器的优势之一。单一的半导体材料是无法在电泵浦下产生电子-空穴对的,最早的半导体激光器是通过构建半导体 pn 结,在电泵浦下,pn 结附近会产生大量电子-空穴对,从而支撑激光的产生。pn 结由两层不同掺杂类型的半导体材料构成,如图 4.1.4(a)所示,左侧 p 型掺杂半导体材料层中,空穴数量远多于电子;右侧 n 型掺杂半导体材料层中,电子数量远多于空穴。在两种材料层界面处附近,由于扩散作用,左侧空穴进入右侧与电子复合,右侧电子进入左侧与空穴复合,形成载流子耗尽层,耗尽层无自由载流子存在,此时,p 型一侧材料失去空穴而带负电荷,n 型一侧材料失去电子而带正电荷,在耗尽层中产生内电场,方向由 n 型层向 p 型层,对电子和空穴扩散具有阻碍作用。当内建场电势差与扩散势差相平衡时,耗尽层稳定下来。图 4.1.4(b)给出了在形成 pn 结之前两种类型材料的能带结构,E_c 和 E_v 分别标注导带底和价带顶,左边为 p 型材料能带,价带中存在大量自由空穴,费米能级如图中 E_{Fp} 标注的虚线所示;右边为 n 型材料能带,导带中存在大量自由电子,费米能级如图中 E_{Fn} 标注的虚线所示。形成 pn 结之后的能带结构如图 4.1.4(c)所示,两种材料的费米能级拉平,导致两种材料中导带和价带存在势差,等于耗尽层内电场电势差。可知,pn 结耗尽层内电场势差等于 p 型材料费米能级与 n 型材料费米能级之差。此时,pn 结耗尽层中,电子和空穴数量都很少。当在 pn 结两端施加正向电场(p 型层为正,n 型层为负)时,能带结构如图 4.1.4(d)所示。在外电场作用下,内电场被部分抵消,耗尽层中同时存在数量较多的电子和空穴,电子-空穴复合发光,产生光增益。

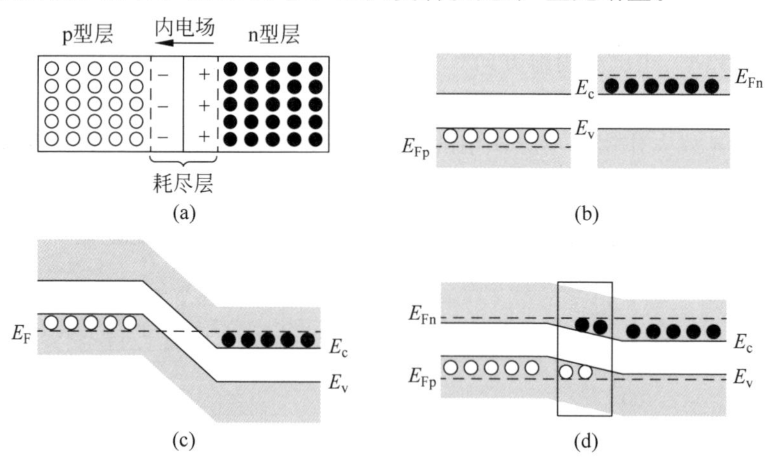

图 4.1.4 pn 结

(a) 空间结构示意图;(b) p 型材料和 n 型材料能带结构;(c) 无偏置 pn 结能带结构;(d) 正向偏置下 pn 结能带结构

早期，基于同质 pn 结的半导体激光器，阈值电流很高，需要在低温下才能工作，主要原因是 pn 结中电子-空穴对的密度较低，光增益强度不高。异质 pn 结中，结两侧不仅导电类型不同，且所使用的半导体材料也不同，这样能够提高势垒，从而使 pn 结电子-空穴对的数量增加，提高光增益密度。然而，即使采用异质 pn 结能使半导体激光器阈值电流密度降低一个量级，工作温度提高至室温，但是电光转化效率仍然很低，只能工作在脉冲驱动下。

真正将半导体激光器推向实用化的是 GaAs/AlGaAs 材料的高质量外延和双异质结结构的出现。1970 年，苏联和美国科学家同时研制出双异质结半导体激光器，实现了室温连续波工作。值得一提的是，同样是 1970 年，美国康宁公司研制出低损耗光纤，两项里程碑式的工作，开启了光纤通信的时代。GaAs/AlGaAs 双异质结结构如图 4.1.5(a)所示，一层 p 型 GaAs 材料夹在 p 型 AlGaAs 和 n 型 AlGaAs 中间，GaAs 层厚度一般为 100nm 左右。在无偏置时，其能带结构和载流子分布与 pn 结类似，只是 p 型 GaAs 层中的空穴浓度高于 p 型 AlGaAs 层。当在双异质结两端施加正向电场(p 型层为正，n 型层为负)时，能带结构如图 4.1.5(b)所示，在外电场作用下，GaAs 层中同时存在大量的电子-空穴对，从而大大提高了半导体激光器有源区的光增益。除了光学增益强，双异质结还构造了垂直外延方向的波导结构，由于 GaAs 材料的折射率高于 AlGaAs 材料，这样就能够使激光模场限制在 GaAs 有源层中。

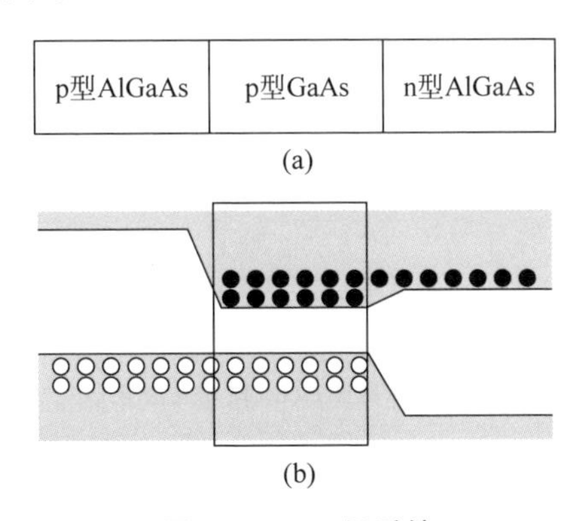

图 4.1.5　双异质结

(a) 结构示意图；(b) 正向偏置下双异质结能带结构及载流子分布

此后，半导体激光器进入飞速发展的时代。在双异质结基础上，提出分别限制双异质结，进一步提高了有源区电子-空穴对数量，改善了光学限制作用；设计出折射率耦合和增益耦合侧向光波导结构，对载流子和光子实现两个维度上的限制，提高光电转化效率；在半导体材料中制备出分布反馈(DFB)光栅，研制出单模工作的半导体激光器；利用多量子阱甚至多层量子点有源区代替体材料 GaAs 有源区，进一步提高半导体激光器电光转化效率及温度特性；将半导体激光器材料体系由 GaAs 衬底上的 GaAs/AlGaAs，拓展至 InP 衬底上的 InGaAsP 和 InAlGaAs 材料体系，乃至应变量子阱材料，将激光波长由红光拓展至整个近红外波段；突破性地研制出量子级联激光器和带间级联激光器，利用多量子阱中的子带能级，将半导体激光器的波长拓展至中远红外乃至太赫兹波段。

4.1.2 半导体激光谐振腔

作为激光器三要素之一，谐振腔构造对于半导体激光器的实现和性能提升至关重要。Ⅲ族砷化物和磷化物材料作为半导体激光器研制的主要材料体系，不仅具有优良的电光转化特性，其沿[110]晶面系的自然解理特性，也为半导体激光器谐振腔构造提供了天然的方便性。图 4.1.6(a)中所示的左右两端面通常就是自然解理得到的[110]晶面，两端晶面严格平行，从而构成最基础的激光谐振腔——法布里-珀罗(FP)腔。

FP 腔结构如图 4.1.6(a)所示，光在两个严格平行的反射面之间来回反射，两个反射面的反射率分别为 R_1 和 R_2。当满足驻波条件时，即腔长 L 等于半波长的整数倍，正向光和反向光相干加强，形成稳定的谐振腔模式。有源区中，谐振腔模式的光强要远高于其他的光模式，因此，绝大部分光增益集中于谐振腔模式上，产生谐振腔模式的激光。

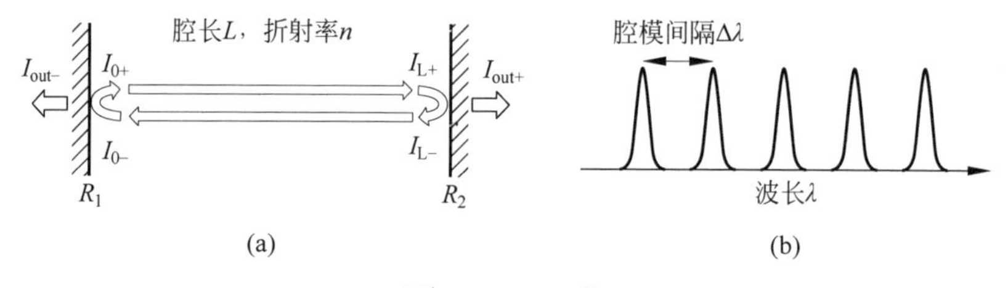

图 4.1.6 FP 腔

(a) 结构示意图；(b) 模式光谱分布

驻波条件可写为式(4.1.2)，其中，λ 为光的真空波长，n 为折射率，m 为正整数。

$$L = m\lambda/2n \tag{4.1.2}$$

当 FP 腔的腔长 L 确定时，由式(4.1.2)可知谐振腔模式的波长。通常半导体激光器的腔长 L 远大于波长 λ，m 取不同值时，不同的谐振腔模式呈等间隔分布，如图 4.1.6(b)所示，腔模间隔 $\Delta\lambda$ 远小于有源区增益光谱范围，多个模式能够落在增益光谱范围内，因此 FP 腔半导体激光器通常为多波长输出。腔模间隔 $\Delta\lambda$ 的数值如式(4.1.3)，该式可用于分析 FP 腔光谱分布，也可利用测得的光谱反推 FP 腔的腔长。

$$\Delta\lambda \approx \frac{\lambda^2}{2nL} \tag{4.1.3}$$

FP 半导体激光器中，自发辐射将为激光提供原始光子，谐振腔模式的光子将在来回反射受激辐射放大过程中，强度不断增强，最终形成稳定的激光模式。如图 4.1.6(a)所示，设左端腔面处为坐标 0 点，右端腔面处坐标为 L，稳定激光模式的正向光在 0 点处强度为 I_{0+}，向右正向传输过程中，被不断放大，在 L 点处强度为 I_{L+}，部分反射得到反向光在 L 点处的强度 I_{L-}，向左传输被放大，在 0 点处强度为 I_{L-}，经部分反射得到 I_{0+}。上述各强度满足方程组(4.1.4)所示的关系，其中，g 为增益系数，α 为半导体材料对光的吸收损耗系数。在两个端面处，部分光透射输出，形成激光器的光输出。

$$\begin{cases} I_{L+} = I_{0+}\,\mathrm{e}^{(g-\alpha)L} \\ I_{L-} = I_{L+}\,R_2 \\ I_{0-} = I_{L-}\,\mathrm{e}^{(g-\alpha)L} \\ I_{0+} = I_{0-}\,R_1 \end{cases} \tag{4.1.4}$$

除 FP 腔，分布反馈(DFB)腔也是半导体激光器常用的谐振腔类型。DFB 腔通过在多层半导体材料的其中一层中制备周期性结构，形成折射率调制而得到。DFB 半导体激光器中，光反馈分布在整个谐振腔中，而不是只发生在端面处。DFB 半导体激光器的波长 λ 与布拉格光栅周期 Λ 存在关系：

$$m\lambda = 2n\Lambda \tag{4.1.5}$$

通常 DFB 腔半导体激光器中的光栅周期 Λ 与波长 λ 数量级相同，当 Λ 确定时，不同 m(m 为正整数)取值对应的模式波长无法同时落在增益光谱范围内，因此，DFB 腔半导体激光器为单波长输出。实际上 DFB 激光器还容易由于模式简并，表现为双波长输出，详细介绍见 4.3.2 节。

此外，半导体激光器的谐振腔还可以是分布拉格反射(DBR)腔、垂直腔、微腔等其他类型，本节不做更多介绍。

4.1.3　半导体激光器阈值条件

泵浦是激光器产生激光的必须要素，泵浦的作用是向半导体激光器中不断注入电子-空穴对，以补偿受激辐射对电子-空穴对的消耗，维持粒子数反转状态。泵浦强度越大，能支持的受激辐射增益越强。当低于阈值时，表现为增益系数 g 不断增大；当高于阈值时，表现为总体光增益 G 和激光器功率 P 增大。

以 FP 激光器为例，将方程组(4.1.4)中四个方程联立，可得 FP 激光器的阈值条件

$$g_{\mathrm{th}} = \alpha + \frac{-\ln(R_1 \cdot R_2)}{2L} = \alpha + \alpha_{\mathrm{m}} \tag{4.1.6}$$

其中，g_{th} 为阈值增益系数，α 为波导吸收损耗系数，α_m 为腔面损耗系数。推而广之，激光器的阈值条件可描述为增益等于损耗。α_m 与两端面反射率相关，因此可通过端面镀膜来调控半导体激光器腔面损耗。必须指出，腔面损耗并不是越小越好，虽然小的 α_m 能够减小 g 和阈值电流，但是半导体激光器的激光输出正是通过腔面损耗的方式实现的。也就是说 α_m 过小，将导致激光器输出功率过小，导致激光器无法使用。

半导体激光器中，当电流为 0 时，增益系数 g 为 0。电流增大，g 的值随之增大。当 $g<\alpha$ 时，只表现为自发辐射；当 $\alpha\leqslant g<\alpha+\alpha_m$ 时，表现为超辐射；当 $g=\alpha+\alpha_m$ 时，达到阈值条件，刚刚达到阈值条件时的电流值即阈值电流；电流继续增大，g 的值将不再继续增大，此即半导体激光器中的增益饱和效应。继续增加的电流，将使半导体激光器的腔内光场和输出功率不断增大。

4.2 半导体激光器物理特性

半导体激光器产生激光的过程，从能量守恒角度出发，可理解为注入电流转化为电子-空穴对，电子-空穴复合发光，为激光器谐振模式提供增益，产生的光子在腔内谐振，部分被吸收，部分辐射到谐振腔外，形成激光输出。整个过程可以用速率方程进行描述。下面对半导体激光器的速率方程进行描述，进而介绍半导体激光器的稳态和动力学物理特性。

4.2.1 速率方程

半导体激光器的速率方程如下：

$$\begin{cases}\dfrac{\mathrm{d}N}{\mathrm{d}t}=\dfrac{J}{qV}-\dfrac{g(N-N_{tr})S}{1+\varepsilon S}-\dfrac{N}{\tau_N}\\[2ex]\dfrac{\mathrm{d}S}{\mathrm{d}t}=\dfrac{\Gamma g(N-N_{tr})S}{1+\varepsilon S}-\dfrac{S}{\tau_p}+\Gamma\beta\dfrac{N}{\tau_N}\end{cases}\tag{4.2.1}$$

N 和 S 分别为电子-空穴对数和光子数，方程组(4.2.1)中两个式子分别描述电子-空穴对数和光子数随时间的变化。式中，J 表示注入电流密度，q 是电子电荷，V 是有源区体积，τ_n 和 τ_p 分别表示电子-空穴对寿命和光子寿命，g 表示增益系数，N_{tr} 是透明载流子密度，ε 是增益压缩因子，Γ 是光限制因子，β 是自发辐射因子。

方程组(4.2.1)第一个方程中，等号右边第一项描述注入电流提供的电子-空穴对数增量，第二项描述受激辐射过程对电子-空穴对的消耗，第三项描述受激辐射外，电子-空穴对的自然消耗；第二个方程中，等号右边第一项描述受激辐射提供的光子数增量，第二项描述腔内光子数的损耗，第三项描述自发辐射提供的光子数增量，通常第三项数值很小，通常在研究激光器噪声特性或噪声对动力学特性的影响时，考虑该自发辐射噪声项。

4.2.2　稳态特性

当半导体激光器工作在稳定状态时，即电子-空穴对数和光子数均不随时间变化，方程组(4.2.1)左边等于 0，可通过求解方程得到稳定的电子-空穴对数和光子数。当电流小于阈值电流时，即 $J<J_{\mathrm{th}}$ 时，$N=J\tau_N/qV$，$S=0$；当 $J\geqslant J_{\mathrm{th}}$ 时，$N=J_{\mathrm{th}}\tau_N/qV$，$S=\tau_P(J-J_{\mathrm{th}})/qV$。由此，我们可知半导体激光器的功率-电流($P$-$I$)曲线，如图 4.2.1 中实线所示，当电流 I 超过阈值电流 I_{th} 时，激光器输出功率 P 随 I 线性增大，P-I 曲线斜率 $\mathrm{d}P/\mathrm{d}I$ 称为斜率效率。然而，激光器功率不可能无限增大，实际上的 P-I 曲线通常如图 4.2.1 中虚线所示，当经过一段功率线性增大的区间之后，斜率效率不断减小，功率 P 逐渐达到最大值后开始降低。这是由于随着电流的增大，半导体激光器有源区产生的热量越来越多，无法有效耗散掉的热量导致有源区温度升高，进而电子-空穴注入效率下降，光损耗同时增大，导致斜率效率和输出功率饱和。这种由于有源区热效应导致的输出功率饱和称为热饱和，常见于半导体激光器中。

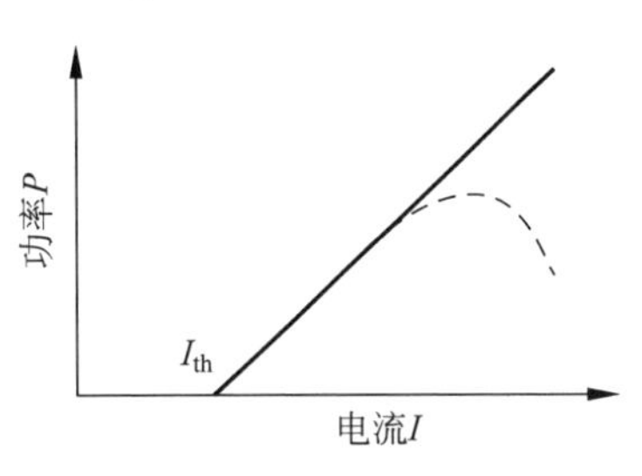

图 4.2.1　半导体激光器功率-电流曲线图

除了 P-I 特性，半导体激光器的输出光谱、近场、远场及偏振特性也是研究人员关注的稳态特性。介绍这些特性，需首先解释一个专有名词——模式。激光器模式是指光场在空间上的特定分布规律，只有在三个空间维度都具有相同的光场分布，才是同一个模式。半导体激光器中，为了更加清楚地描述激光模式，常常分为纵模和横模，纵模指光场沿谐振腔轴向(传播方向)的分布规律，横模指光场沿垂直于传播方向的分布规律。横模分布又分为平行外延方向和垂直外延方向。此外还需考虑激光的偏振状态。数学上，可用 $\boldsymbol{E}(x,y,z,p)$ 描述一个激光模式，其中，$\boldsymbol{E}$ 为光矢量，z 为谐振方向，x 和 y 即横模方向，x、y、z 三个空间位置为连续参数空间中的任意取值，p 为偏振状态，只能取到 TE 或 TM 两个值。

半导体激光器中的纵模，表现为输出光谱。FP 腔半导体激光器通常具有多个纵向分布规律不同的纵模，表现为输出光谱中包含多个波长，如图 4.2.2(a)所示；DFB 腔半导体激光器中只具有一个纵模，表现为输出光谱为单波长光谱，如图 4.2.2(b)所示。

半导体激光器中的横模，表现为光束近场和远场。激光输出腔面处的光场分布

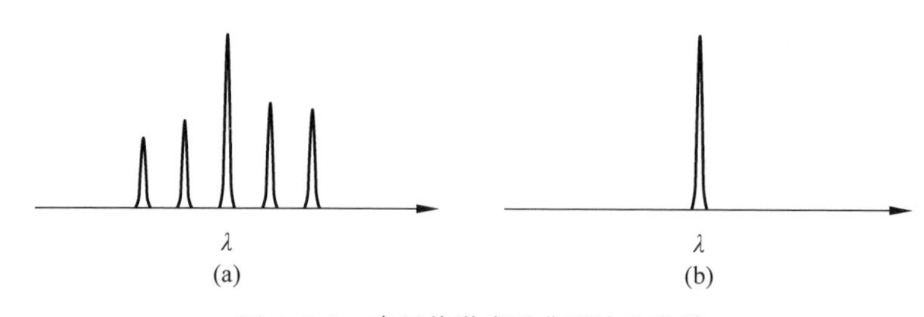

图 4.2.2　半导体激光器典型输出光谱

(a) FP 腔半导体激光器；(b) DFB 腔半导体激光器的典型输出光谱

规律即近场 $\boldsymbol{E}(x,y,z=z_0)$，远场则描述输出光束在角空间的能量分布 $\boldsymbol{E}^2(\theta_x,\theta_y)$，远场可以由近场通过傅里叶变换得到。朴素的理解，半导体激光器的输出光束特性取决于横模分布。横模除了区分为单横模和多横模，还要区分为不同类型的横模，如基横模、一阶横模和高阶横模。

半导体激光器的偏振特性取决于增益和谐振腔的偏振选择作用。例如，中红外量子级联半导体激光器中，由于只存在 TM 偏振的增益，其输出激光一定是 TM 偏振的；又如，近红外脊型波导半导体激光器中，由于脊型波导的偏振选择作用，一般为 TE 偏振。

4.2.3　动力学特性

动力学特性是指半导体激光器中的参数随时间变化的特性。典型的动力学状态有：①半导体激光器接通电流的瞬间，电子-空穴对浓度和输出光强的变化；②电流调制下，半导体激光器输出光强的变化；③外部光扰动下的各种非线性动力学特性等。本节只介绍前两点，包括混沌动力学特性在内的非线性动力学特性，在第 5 章进行详细介绍。

半导体激光器通电的瞬间，电子-空穴对浓度和输出光强随时间变化曲线如图 4.2.3 所示。电流接通后，载流子浓度迅速增大，当载流子浓度等于阈值载流子浓度时，光子数开始上升；随着光子数上升，对载流子的消耗使载流子浓度在达到最大值后开始回落，回落至阈值载流子浓度时，光子数量达到最大值；载流子浓度继续下降，光子数量不断减小。可以看出，载流子浓度和光子数量呈延时交替振荡状态，相互作用下，形成了如图 4.2.3 所示的类阻尼振荡现象。在这个短暂的过程中，阻尼振荡具有一定的频率，称为弛豫振荡频率 f_{RO}。

弛豫振荡现象普遍存在于半导体激光器中，其物理根源是半导体激光器中载流子和光子的相互作用。弛豫振荡频率 f_{RO} 取决于半导体激光器本身参数，对于调制相应特性和外光扰动非线性动力学特性具有较大影响。高 f_{RO} 有利于提高调制响应带宽和产生激光混沌信号的带宽。因此，可以通过提高 f_{RO} 的方法，实现对

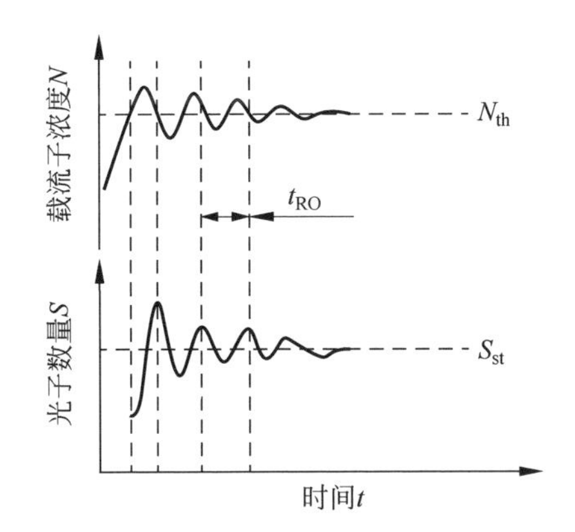

图 4.2.3　半导体激光器上电到稳定过程中的光子和载流子演化

半导体激光器调制响应带宽和混沌带宽的增强。

实际应用中,可通过对注入半导体激光器电流进行调制的方式实现对半导体激光器输出的直接调制。在半导体激光器的直接调制方案中,调制信号被加载到泵浦电流上,而后注入激光器。调制的电流会引起腔内载流子变化,同时也会影响腔内激子吸收峰与腔体的谐振波长,实现对输出光强和波长的调制。在该过程中,会出现多模运行、啁啾和开启延迟时间等效应。对于传输距离超过几十千米的长距离传输,这些效应将会十分严重,需使用稳定单模运行的 DFB 激光器作为光源。

4.3　常用半导体激光器类型

随着半导体激光器的不断发展,各种类型的半导体激光器被研制出来并应用于特殊的场景。半导体激光器分类的依据多种多样,本节介绍几种常用谐振腔类型的半导体激光器。

4.3.1　FP 半导体激光器

FP 半导体激光器具有制备过程简单、电光转化效率高等优点,可应用于激光泵浦、激光雷达、多通道光谱测量等领域。面向不同的应用场景,FP 半导体激光器制备中需进行有针对性的参数设计,主要参数有脊波导宽度、FP 腔腔长、腔面反射率。

脊波导宽度设计选取中,需对输出光束质量和激光功率进行综合考虑。例如 1550nm 波长的半导体激光器,为了保证基横模工作,要求脊波导宽度小于 3μm,而如此窄的脊,意味着无法注入较大电流,限制激光器输出功率的提升。在泵浦源应用中,对激光器输出光束质量要求较低,主要要求大功率激光输出,因此,常采用

100μm 左右的脊波导宽度。之所以不采用更宽的脊波导宽度，原因在于：①考虑与多模光纤的高效率光耦合，采用更宽的脊波导，虽然有可能进一步提高激光功率，但是会牺牲光纤耦合效率；②激光散热特性，采用更宽的脊波导，将影响半导体激光器的散热性能，反而不利于大功率激光的实现；③相比于超宽脊波导方案，实际应用中更常用大功率激光巴条的方案。

FP 腔长的提升同样能够提高激光器的注入电流，实现大功率激光输出。然而，FP 腔长度越长，激光器斜率效率越低，经理论分析和实验总结，大功率半导体激光器一般采用 1.5～2.5mm 的腔。FP 激光器也常用于短距离光通信中，为了实现高的调制响应带宽，FP 腔长小于 300μm，同时为了实现与单模光纤的高效耦合，还要求脊波导宽小于 3μm。这种窄脊、短腔 FP 半导体激光器也常用在混沌信号产生中。我们认为，通过增加这种激光器的腔长至 1.5mm，能够将 FP 腔激光器的多模拍频频率降低至 28GHz，从而为混沌信号产生过程引入新的频率成分，增加所产生混沌信号的混沌带宽。关于 FP 半导体激光器产生混沌激光器的方法和结果可见 5.6.1 节。

FP 腔激光器的两个端面均有激光输出，但是实际应用中往往只能利用半导体激光器的一端功率，造成了功率浪费。通过在 FP 腔激光器的一端蒸镀高反射（HR）膜，另一端蒸镀增透（AR）膜，能够使激光器的大部分功率从一端出射。同时 AR 膜的使用，能够大大提高长腔长 FP 腔激光器的斜率效率，增强激光输出性能。

4.3.2 DFB 与 DBR 半导体激光器

单纵模工作的半导体激光器具有稳定性高、长距离信号传输受色散影响小的优点，是长距离光纤通信的优良光源。为了实现半导体激光器的单纵模工作，采用 DFB 腔或者 DBR 腔是常用方案。

DFB 和 DBR 半导体激光器的结构示意图如图 4.3.1 所示，两者在结构上具有很大的相似性，均通过在半导体材料其中一层制备布拉格光栅，形成折射率调制，但是两者具有截然不同的选模机理。

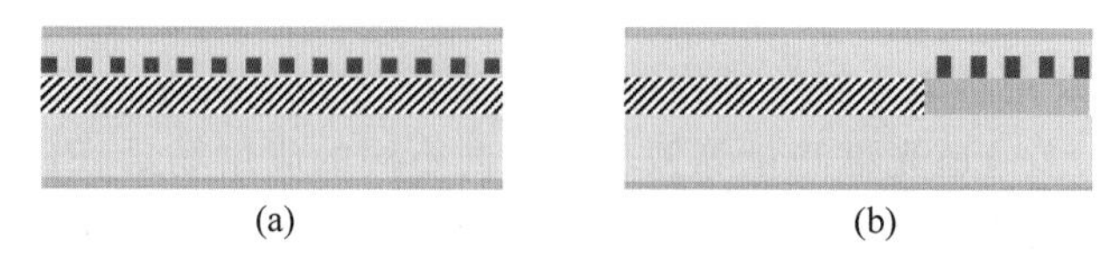

图 4.3.1 单纵模半导体激光器结构示意图
(a) DFB；(b) DBR

图 4.3.2 给出了布拉格光栅的透射和反射曲线，DFB 半导体激光器的选模机理是分布反馈作用，选取光栅带边高透过率模式形成谐振；而 DBR 半导体激光器的选模机理是利用布拉格光栅高反射率光子禁带的滤波作用，滤除 FP 腔的其他

模式，实现单模。因此从机理上，DBR腔可以认为是FP腔的变种谐振腔。按照上述选模机理可知，DFB光栅具有两个等效的带边模式，从而容易出现双模工作的状态，DBR腔在波长调谐的过程中，容易出现两个甚至多个FP模式都在反射谱范围内的情况，导致模式跳变的发生。

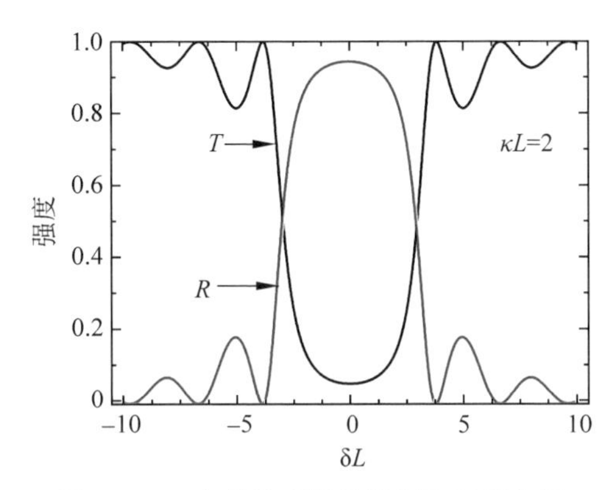

图4.3.2　布拉格光栅的透射和反射曲线

为了抑制DFB半导体激光器的双模工作状态，已有以下方法被提出：①在DFB腔两端分别蒸镀HR膜和AR膜；②采用1/4相移光栅或者等效相移光栅(Utaka et al.，1984；Ono et al.，1987)；③采用啁啾光栅；④利用增益耦合机制(Nakano et al.，1989)。

4.3.3　垂直腔面发射激光器

垂直腔面发射激光器(VCSEL)的概念最早由日本东京工业大学的Kenichi Iga教授于1988年提出，他们最初的想法是获得一种从垂直腔面方向发射的激光(Iga et al.，1988)。VCSEL结构如图4.3.3所示，由两个具有较高反射率的DBR和中间的有源层构成。DBR由具有高低折射率材料交替生长而成。为了实现较高的反射率，底部DBR一般由多达30层不同折射率材料组成，实现的反射率可超过99%。顶层兼顾腔体谐振与出射光强的要求，一般由超过20层的折射率材料构成，反射控制在70%～80%。中间有源层一般为多量子阱材料，厚度通常为百纳米量级(Carlson et al.，1990)。

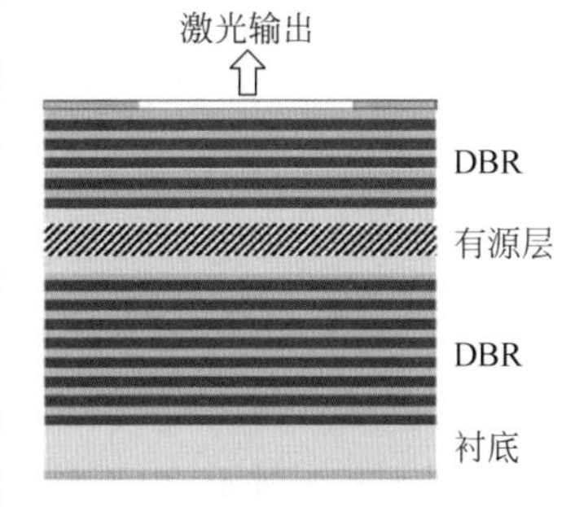

图4.3.3　垂直腔面发射半导体激光器结构示意图

从图4.3.3可以看出，激光沿法线传播到外延层的表面。当给激光器施加泵浦电流时，有源层载流子浓度升高，光子密度增大，激光器开始振荡。腔内光子将被两个端面反射，在其中折返传输。普通 DFB 激光器腔体长度在 300μm，相比之下 VCSEL 的腔长只有它们的几十分之一，光子在腔内受到的单程增益也小很多。因此，如果要实现同样的激发阈值，就需要更高的端面反射率，所以 VCSEL 的两个端面反射率普遍很高。由于 VCSEL 的腔长足够短，对应的纵模间隔就会很大。例如，腔体材料的折射率为 3.5，长度为 3μm，激光器出射波长在 1500nm 附近时，自由光谱区(纵模间隔)达到约 30nm。该数值远远超过材料的增益谱线宽，在增益波长范围内只存在单个纵模，激光器可稳定处于单模运行状态。

基于其结构与工作原理，VCSEL 激光器具有以下特点：①稳定的单模运行状态；②较低的阈值电流以及相对应的驱动电流，输出光强可达毫瓦量级，降低了运行功耗及匹配电路的要求；③输出光斑发散角度较小，易与当前所用的光纤系统集成，无需复杂的光束整形与耦合装置；④调制带宽可达 40GHz，能量转化率高；⑤工作温度范围大，可满足军工级要求；⑥寿命长，性能稳定，可在连续与脉冲模式下切换工作；⑦尺寸只有几十微米，可集成为一维列状或二维面型阵列，满足不同场景需求。

4.3.4 微腔半导体激光器

微腔半导体激光器是指激光器中所用腔体的尺度在光波长量级的激光器。前面提到的 FP 激光器和 DFB 激光器，其腔体的尺寸普遍远超光波长的量级。回音壁模式(whispering gallery mode)光学微腔是一类应用十分广泛的谐振腔，且其尺寸通常在微米量级，处于光波长同一量级。基于回音壁微腔实现的激光器是目前最为常见的微腔激光器，下面予以介绍。

回音壁模式最早被发现于声学领域，人们发现在教堂的圆形穹顶上，声波可以沿着内壁进行全反射传输，其衰减很小，这种模式被称为回音壁模式。20 世纪 60 年代，贝尔实验室将回音壁模式引入光学领域，首次制作出光学回音壁微腔(Garrett et al.,1961)。其局域光原理如图 4.3.4 所示。

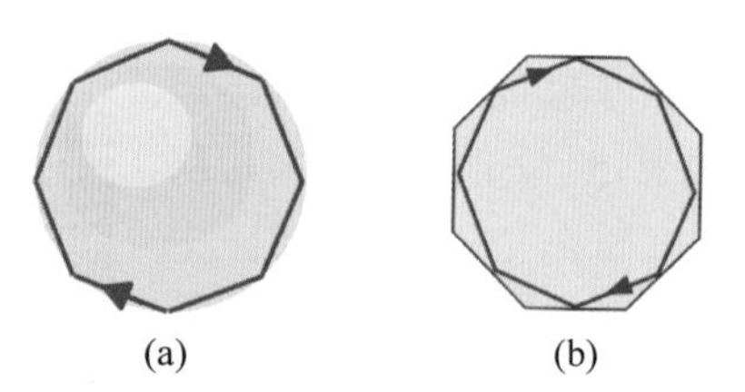

图 4.3.4 圆形回音壁模式微腔(a)与多边形回音壁微腔(b)结构示意图

如图 4.3.4 所示，由于材料折射率高于环境折射率，当光耦合进入腔内，满足一定入射角度的光线会在腔体与外部环境界面处发生全反射。由于腔体的旋转对称性，这部分光能量被腔体界面多次全反射。此时，如果腔内光波长满足腔体的谐振条件,即腔内一周光程为光波长的整数倍,光子将在腔内产生相干增强,形成回音壁模式。多边形腔体也有类似效果,光子也可在界面产生全反射,只是由于多边形腔体只具有固定角度的旋转对称性,所以其中存在的回音壁模式也是多边形分布。

由于回音壁模式的形成机制,光在其中传输时的损耗很小,大部分损耗来源于腔体材料吸收、表面不平整带来的散射以及耦合装置带来的耦合损耗。通常回音壁模式具有极高的品质因数(Q 值),如在二氧化硅微球腔中,Q 值可超过 10^9(Spillane et al.,2002)。同时,由于腔内存在的模式都是由相干增强造成的,所以回音壁模式也伴随着很小的模式体积。多边形腔体的 Q 值相较圆形回音壁微腔略低,但仍远高于其他类型腔体。基于这些特点,回音壁微腔具有极窄的谐振线宽和极高的能量密度。更窄的线宽意味着更高的敏感性,而更高的能量密度能够更容易激发各种非线性效应。近年来,回音壁微腔在传感探测和非线性效应激发领域受到广泛研究。

更高的 Q 值也意味着更低的激发阈值和更窄的出射线宽。回音壁模式的 Q 值可远高于 FP 腔,所以基于回音壁微腔制备激光器成为研究热点。如图 4.3.5 所示为圆形回音壁模式微腔激光器和多边形回音壁模式微腔激光器。

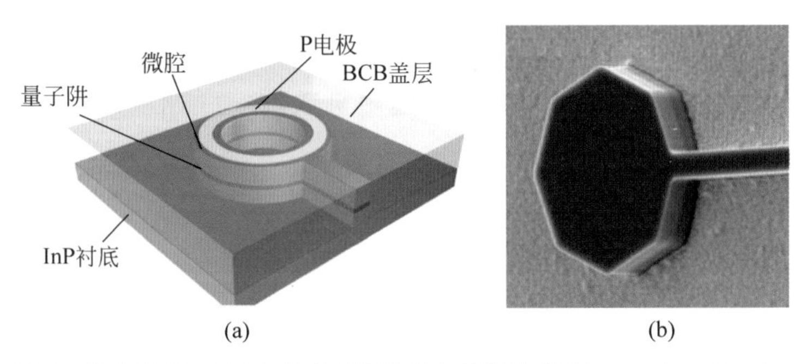

图 4.3.5　圆形(a)和多边形(b)回音壁模式微腔半导体激光器(Zou et al.,2013; Lv et al.,2014)

圆形腔具有更高的 Q 值,可以水平出射激光。不过由于其旋转对称性,不利于定向耦合。虽然有些研究证明可以通过对微腔进行变形或添加缺陷来打破其旋转对称性,实现定向出射的效果,但这会极大地降低腔体的 Q 值,影响阈值和激光线宽。多边形结构腔体同样可以激发高 Q 的回音壁模式,其中的回音壁模式是一种驻波。可通过在微腔的一侧集成直波导来实现定向输出效果。通常波导与微腔连接的区域是腔内回音壁模式较弱的位置,这样可以尽可能减少对回音壁模式的影响,维持腔内高 Q 模式的存在。

相较于 FP 腔或 DFB 腔激光器,微腔激光器中的模式是圆周型闭合光路,腔中模式的量子数(自由度)更多,模式分布更为复杂。除了不同的纵模,还有径向模式。如果腔体厚度较大，还会存在极向模式。这也就造成了在微腔激光器中模式更稠密，可实现双模甚至多模输出。通过改变腔体的形状与结构，如使用弧边代替直边，或添加环形电极，如图 4.3.6 所示。可实现单模与双模切换，也可实现双模间隔的调谐(Long et al.,2015)。

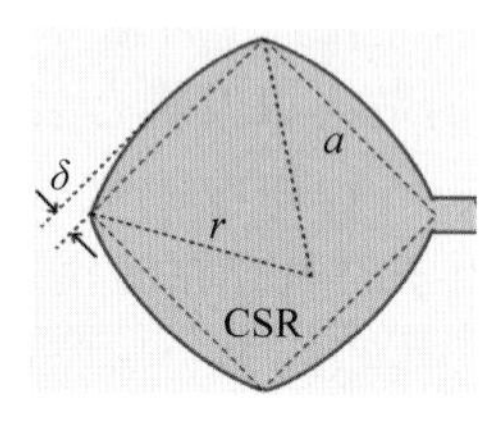

图 4.3.6　可调间隔的双波长弧边正方形微腔激光器结构示意图(Long et al.,2015)

除作为微波源，微腔激光器还可以通过多模干涉进入混沌态，作为随机数发生器。通过改变六边形微腔的弧边形状，可使激光器处于多模输出状态，且模式间隔也可进行调控。当改变电流时，激光器的出射光谱也会随之变化。在多模出射时，腔内各个模式间会产生拍频，这会造成腔内能量的涨落。能量的涨落使得载流子密度发生变化，而载流子变化又会影响各模式的光能量。由于载流子与光能量的相互作用，在合适的泵浦下，系统会进入混沌态。此时，出射的光强具有混沌时序，经过光电转换并量化后可作为随机数。2017 年，中国科学院半导体研究所黄永箴教授等基于此方案可产生 10GHz 的高速随机数，并通过了 NIST 测试(Xiao et al.,2017)。

参考文献

张亚标，肖永川，王超，等，2020. 一种带温度参量的半导体激光器速率方程仿真求解[J]. 光电器件，41(1)：50-58.

ARENA P, BAGLIO S, FORTUNA L, et al, 1996. State controlled CNN: A new strategy for generating high complex dynamics[J]. IEICE Transactions on Fundamentals of Electronics, Communications and Computer Sciences, 79(10): 1647-1657.

CARLSON N W, EVANS G A, BOUR D P, et al, 1990. Demonstration of a grating surface-emitting diode laser with low-threshold current density[J]. Appl. Phys. Lett., 56: 16.

CAVALCANTE H L D S, GAUTHIER D J, SOCOLAR J E S, et al, 2010. On the origin of chaos in autonomous Boolean networks[J]. Philosophical Transactions of the Royal Society A: Mathematical, Physical and Engineering Sciences, 368(1911): 495-513.

CUOMO K M, OPPENHEIM A V, 1993. Circuit implementation of synchronized chaos with applications to communications[J]. Physical Review Letters, 71(1): 65-68.

GARRETT C, KAISER W, BOND W, 1961. Stimulated emission into optical whispering modes of spheres[J]. Phys. Rev. ,124: 1807.

IGA K,KOYAMA F,KINOSHITA S,1988. Surface emitting semiconductor lasers[J]. IEEE J. Quantum Electron,24: 1845.

LONG H,HUANG Y Z,MA X W,et al,2015. Dual-transverse-mode microsquare lasers with tunable wavelength interval[J]. Optics Letters,40(15): 3548-3551.

LV X M,HUANG Y Z,YANG Y D,et al,2014. Influences of carrier diffusion and radial mode field pattern on high speed characteristics for microring lasers [J]. Physics Rev. A, 104: 161101.

LÜ J, CHEN G, 2006. Generating multiscroll chaotic attractors: theories, methods and applications[J]. International Journal of Bifurcation and Chaos,16(4): 775-858.

NAKANO Y,LUO Y,TADA K,1989. Facet reflection independent, single longitudinal mode oscillation in a GaAlAs/GaAs distributed feedback laser equipped with a gain-coupling mechanism[J]. Appl. Phys. Lett. ,55: 1606.

ONO Y, TAKANO S, MITO I, et al, 1987. Phase-shifted diffraction-grating fabrication using holographic wavefront reconstruction[J]. Electron. Lett. ,23: 57.

SHI Z, RAN L, CHEN K, 2006. Simulation and experimental study of chaos generation in microwave band using Colpitts circuit[J]. Journal of Electronics(China),23(3): 433-436.
ROSIND P,RONTANID,GAUTHIER D J,2013. Ultrafast physical generation of random Numbers using hybrid Boolean networks[J]. Physical Review E,87(4): 040902.

SPILLANE S M, KIPPENBERG T J, VAHALA K J, 2002. Ultralow-threshold Raman laser using a spherical dielectric microcavity[J]. Nature,415: 621-623.

SUYKENS J,VANDEWALLE J,1991. Quasilinear approach to nonlinear systems and the design of n-double scroll($n=1,2,3,4,\cdots$)[J]. IEE Proceedings G(Circuits,Devices and Systems), 138(5): 595-603.

TLELO-CUAUTLE E, PANO-AZUCENA A D, RANGEL-MAGDALENO J J, et al, 2006. Generating a 50-scroll chaotic attractor at 66 MHz by using FPGAs [J]. Nonlinear Dynamics,85(4): 2143-2157.

UTAKA K,AKIBA S,SAKAI K,et al,1984. λ/4-shifted InGaAsP/InP DFB lasers by simultaneous holographic exposure of positive and negative photoresists[J]. Electron. Lett. ,20: 1008.

XIAO Z X,HUANG Y Z,YANG Y D,et al,2017. Single-mode unidirectional-emission circular-side hexagonal resonator microlasers[J]. Optics Letters,42(7): 1309-1312.

YALÇIN M E, SUYKENS J A K, VANDEWALLE J, et al, 2002. Families of scroll grid attractors[J]. International Journal of Bifurcation and Chaos,12(1): 23-41.

YU S,LÜ J,TANG W K S,et al,2006. A general multiscroll Lorenz system family and its realization via digital signal processors[J]. Chaos: An Interdisciplinary Journal of Nonlinear Science,16(3): 033126.

ZOU L X, LV X M, HUANG Y Z, et al, 2013. Mode analysis for unidirectional emission AlGaInAs/InP octagonal resonator microlasers[J]. IEEE J. of Selected Top. Quan. Electron. , 19(4): 1501808.

第5章

半导体激光器产生混沌

5.1 引言

5.1.1 激光器分类

根据哈肯(Haken)的半经典理论,描述激光器发出激光的麦克斯韦-布洛赫(Maxwell-Bloch)方程可简化为复电场、电偶极矩和反转粒子数三个变量耦合的非线性方程组(方程(5.1.1)~方程(5.1.3))。该方程组与洛伦茨方程具有相同形式,也被称为洛伦茨-哈肯(Lorenz-Haken)方程(Haken,1975)。这种同构性预示着激光器自身可能产生洛伦茨型混沌(Haken,1985)。

$$\frac{\mathrm{d}\bar{E}(t)}{\mathrm{d}t}=\mathrm{i}\frac{c}{2\eta}\bar{P}(t)-\frac{1}{2T_{\mathrm{ph}}}\bar{E}(t) \tag{5.1.1}$$

$$T_2\frac{\mathrm{d}\bar{P}(t)}{\mathrm{d}t}=-(1-\mathrm{i}\delta)\bar{P}(t)+\mathrm{i}\bar{E}(t)w(t) \tag{5.1.2}$$

$$T_1\frac{\mathrm{d}w(t)}{\mathrm{d}t}=w_0-w(t)+\frac{\mathrm{Im}\left[\bar{E}^*(t)\bar{P}(t)\right]}{I_{\mathrm{sat}}} \tag{5.1.3}$$

其中,T_{ph}、T_2 和 T_1 分别是光子数、电偶极矩、反转粒子数的衰减时间。

根据上述三个变量衰减速率的大小,可将激光器分为三类(Arecchi et al.,1984; Tredicce et al.,1985):A类激光器、B类激光器和C类激光器。

C类激光器中电偶极矩、反转粒子数和电场的衰减速率处于同一量级。激光的动力学状态由电偶极矩、反转粒子数和复电场三个变量耦合的微分方程组来描述。C类激光器一般具有低 Q 因子,当其泵浦电流超过某个值时激光器输出变得不稳定并表现出混沌振荡。常见的C类激光器有红外气体激光器、远红外激光器。

B类激光器中电偶极矩衰减得比反转粒子数和电场快，即 $T_2 \ll T_{ph}$、T_1。激光的动力学状态由反转粒子数和复电场两个变量耦合的微分方程组来描述。复电场方程可以分解为振幅方程和相位方程。其中相位方程对其他变量没有影响，所以系统仍然可以用两个微分方程来表征，即这类激光器本身是稳定的。然而，在引入外部扰动后激光器获得了额外的自由度。如果场振幅方程和相位方程通过扰动相互耦合，则必须用三个变量的速率方程来描述激光器。此时的激光器很容易演化成一个混沌系统。常见的B类激光器有 CO_2 激光器、光纤激光器、半导体激光器等。

A类激光器中 T_2 和 T_1 远远小于 T_{ph}，激光的动力学状态仅由复电场的微分方程来描述。它们是三类激光器中最稳定的，常具有高 Q 因子。对于A类激光器，引入两个或者多个额外的自由度时激光器系统也可表现出不稳定状态。氩离子激光器、染料激光器属于A类激光器。

C类激光器自身可产生混沌振荡，例如研究者已经在自由运行的 NH_3 激光器实验观察到混沌振荡(Weiss et al.,1985)。B类及A类激光器本身处于稳定状态，需要外部扰动才可能产生混沌振荡。其中，B类激光器的典型代表为半导体激光器。本章我们将聚焦于半导体激光器的混沌产生。

5.1.2　半导体激光器产生混沌典型方法

半导体激光器相较于其他激光器存在两个显著特点：第一是半导体激光器的有源腔的端面反射率较低(约为0.3)，外部光扰动很容易通过有源腔端面进入激光器有源区；第二是半导体激光器的线宽增强因子 α 在3～7(其他激光器的这一值几乎为零)，场相位和载流子密度之间容易发生耦合。因此，半导体激光器很容易被外部扰动破坏稳定并表现出混沌行为。典型的外部扰动包括光反馈、光注入、电流调制和光电反馈四种。其原理图如图5.1.1所示。

光反馈是指激光器的一部分输出光经过外部镜面反射后回到激光器。反馈光可通过反馈强度 κ_f 和时间延迟 τ_f 调控。反馈强度为反馈光与激光器输出光的幅度或功率之比，时间延迟为光在反馈回路中传播对应的时间。最简单的光反馈是平面镜反射形成的延时反馈。Lang 和 Kobayashi 建立了描述光反馈半导体激光器的速率方程模型，称为 Lang-Kobayashi 方程。

光注入是指一台激光器(主激光器)的一部分输出光作为外部扰动注入另一台半导体激光器(从激光器)。主要的控制参量为注入强度和光频失谐。注入强度为注入光与从激光器输出光的幅度或功率之比，光频失谐为主激光器与从激光器的光频差。注入光可以是连续光，也可以是调制光或者混沌光。T. Sacher 数值预测

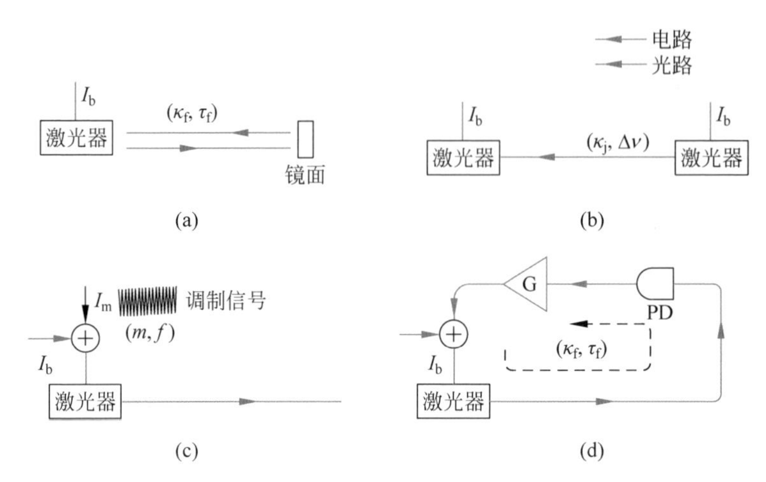

图 5.1.1 半导体激光器产生混沌的典型结构

(a) 光反馈；(b) 光注入；(c) 电流调制；(d) 光电反馈

了光注入半导体激光器能产生混沌(Sacher et al.，1992；Annovazzi-Lodi et al.，1994)，T. B. Simpson 实验证明(Simpson et al.，1994；Simpson et al.，1995)了光注入半导体激光器遵循倍周期路径进入混沌。

电流调制是指直接调制半导体激光器的偏置电流。控制参量为调制深度 m 和调制频率 f。在大调制深度且调制频率接近激光器弛豫振荡频率时，可观察到不稳定性和混沌振荡(Hori et al.，1988)。

光电反馈是指将激光器的输出光经过光电探测器转化为电信号，叠加在激光器的驱动电流上形成反馈。光电反馈存在正反馈和负反馈两种情况。光电反馈实际上调制了驱动电流，反馈强度则相当于调制深度。

光反馈和光注入方法具有全光结构。反馈或注入的扰动光将直接作用于激光器腔内的光场。光电反馈通过调制激光器的泵浦电流影响激光器的载流子密度，进而引发光子数密度和光场相位的动态变化。

5.1.3 本章内容安排

半导体激光器进入混沌的路径及其混沌振荡特征，与激光器类型和外部扰动方式相关。考虑到 DFB 半导体激光器输出为单纵模，是比较简单和常用的半导体激光器，因此，5.2 节～5.4 节将基于 DFB 半导体激光器详细地介绍光反馈、光注入及光电反馈等混沌产生方法，并从频域、光谱及时域的角度分析激光混沌的特征。光反馈 DFB 半导体激光器产生的混沌中存在时延特征，时延特征限制着混沌保密通信的安全性及物理随机数的随机性。在 5.2 节的最后给出了典型的时延特征抑制方案。混沌带宽是混沌信号的典型特征之一，决定着混沌保密通信速率、物理随机数生成速率及混沌密钥分发速率等。5.5节将介绍基于离散器件的混沌带宽的扩展方法。除了DFB半导体激光器,近年来一些其他类型的半导体激光器的混沌动力学现象也受到研究关注,例如垂直腔面发射半导体激光器(VSCEL)的偏振开关现象、微腔激光器的多模混沌等。5.6节将介绍其他类型半导体激光器的混沌产生。面向实际应用,混沌激光产生系统的集成化是必由之路,5.7节简要地总结了现有集成混沌激光器的研究进展。

5.2 光反馈DFB半导体激光器

本节基于DFB半导体激光器讨论了光反馈激光器产生激光混沌。首先给出光反馈激光器产生混沌的典型实验装置及理论模型,通过线性稳定性分析阐明光反馈结构中不稳定性产生的原因。在此基础上给出了长腔反馈及短腔反馈时进入混沌的路径,并简要介绍了长腔反馈导致的低频起伏(LFF)及短腔反馈产生的规则脉冲包络(RPP)现象。进一步分析了光反馈激光器产生混沌振荡的特征,介绍了时延特征及其抑制方式。

5.2.1 典型实验装置

构建光反馈半导体激光器实验装置的关键在于反馈光路设计,包括反馈强度、反馈时延的调控。根据传输介质不同,存在自由空间和光纤两种反馈光路构成方式,如图5.2.1所示。图5.2.1(a)是一种典型的自由空间光反馈装置。激光器发出的光束需要经过准直透镜变成平行光束,再经过分束器分为两路,一路作为输出光,另一路被反射镜反射进入激光器谐振腔形成光反馈。反馈光路上放置一个中性密度滤光片作为光衰减器,调节反馈强度。激光器输出端面与反馈镜面之间构成的光学无源腔,通常被称为外腔;光反馈激光器有时也被称为外腔反馈激光器。图5.2.1(b)是另外一种典型的自由空间光反馈装置。该装置中,激光器发出的线偏振光经过半波片后被偏振分束器分成反馈光和输出光,两者偏振正交。反馈光是激光器一个偏振正交分量,反馈强度可以通过旋转半波片(改变偏振方向)进行调节。

对于尾纤输出的半导体激光器,通常采用光纤器件构成反馈光路。光纤外腔可采用直线形和环形两种典型结构,如图5.2.1(c)和(d)所示。直线型外腔由光纤反射镜实现光反馈,环形外腔由光环行器构建一个反馈回路实现反馈。光纤外腔内需要放置三个无源器件:光纤耦合器,分出一部分光作为系统输出;偏振控制器,位置靠近激光器,用于调控反馈光偏振态使其与激光器匹配;可变光衰减器,置于耦合器后面的反馈线路上,用于调控反馈强度。对于环形外腔,可以在环形腔

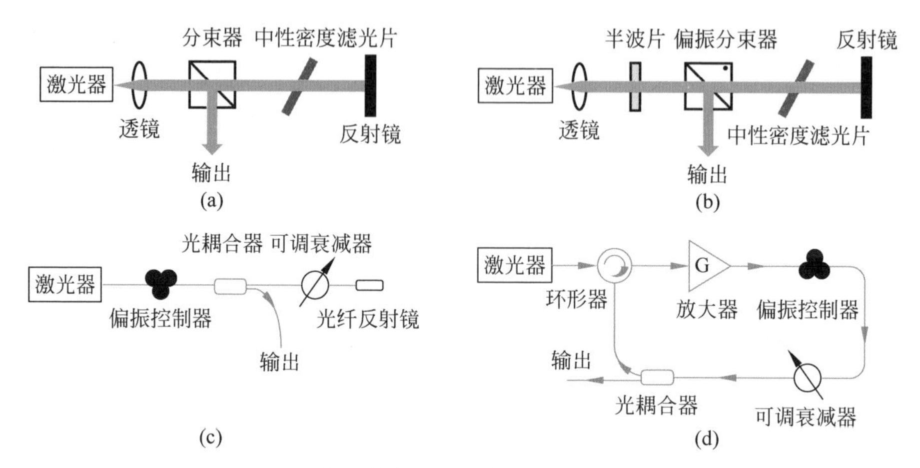

图 5.2.1 光反馈半导体激光器产生混沌典型装置

(a),(b) 自由空间;(c),(d) 光纤结构

内加入光放大器,配合光衰减器增大反馈强度调节范围。

相比而言,自由空间外腔反馈装置可以实现短腔反馈,并且可以利用精密位移器精确调控腔长,因而有利于实验上观测和研究丰富的激光器动力学行为。光纤外腔则难以实现短腔反馈。由分立的光纤无源器件连接而成的光纤反馈外腔,长度通常达米量级,即使混合集成情况下,光纤反馈外腔长度仅缩短至约 30cm (Syvridis et al. ,2009)。

5.2.2 理论模型

光反馈半导体激光器的速率方程模型,是数值研究激光器非线性动力学特性的重要依据。本节主要介绍光反馈半导体激光器速率方程及主要参数关系。

光反馈半导体激光器的光反馈系统的速率方程模型可通过修正 4.2.2 节讨论的孤立激光器的速率方程得到。本节只考虑在方程中引入反馈,噪声项将不再提及。假设激光器发射光场及外部反馈器件响应函数的幅度均随时间缓慢变化,发射光场为 $E(t)\mathrm{e}^{\mathrm{i}\omega_0 t}$,反馈光复电场为 $F(t)\mathrm{e}^{\mathrm{i}\omega_0 t}$,其中 ω_0 为激光器静态时的中心频率,光反馈半导体激光器的速率方程模型如下:

$$\frac{\mathrm{d}E(t)}{\mathrm{d}t}=\frac{1}{2}(1+\mathrm{i}\alpha)\Gamma G_N\{N(t)-N_{\mathrm{th}}\}E(t)+\frac{\kappa_{\mathrm{f}}}{\tau_{\mathrm{in}}}F(t) \tag{5.2.1}$$

$$\frac{\mathrm{d}N(t)}{\mathrm{d}t}=\frac{I}{eV}-\frac{N(t)}{\tau_N}-G_N\{N(t)-N_0\}\mid E(t)\mid^2 \tag{5.2.2}$$

式(5.2.1)等号右侧第二项表示反馈项,

$$F(t)=\int_{-\infty}^{t}r(t'-t)E(t')\mathrm{d}t \tag{5.2.3}$$

式中 $r(t)$ 为外部反馈器件的响应函数。对于镜面光反馈，$F(t)$ 的表达式为

$$F(t)=E(t-\tau_f)\exp(-i\omega_0\tau_f) \tag{5.2.4}$$

将外部反射镜视作一个腔镜，镜面反馈半导体激光器可等效为一个三腔镜激光器模型，如图5.2.2所示。激光器有源谐振腔称为内腔，激光器前端面到外部反射镜之间的无源部分称为外腔。从该模型亦可推导出镜面反馈半导体激光器的速率方程，即著名的Lang-Kobayashi方程(Lang et al.,1980)。由于相位与其他变量耦合，随时间变化的相位在光反馈激光器系统中具有重要的作用。此外，在实际的数值计算与分析中，复电场的微分方程被分离成振幅 $A(t)$ 和相位 $\phi(t)$ 两个方程，速率方程组可表示为式(5.2.5)～式(5.2.7)。

$$\frac{dA(t)}{dt}=\frac{1}{2}\Gamma G_N[N(t)-N_{th}]A(t)+\frac{\kappa_f}{\tau_{in}}A(t-\tau_f)\cos\theta(t) \tag{5.2.5}$$

$$\frac{d\phi(t)}{dt}=\frac{\alpha}{2}\Gamma G_N[N(t)-N_{th}]-\frac{\kappa_f}{\tau_{in}}\frac{A(t-\tau_f)}{A(t)}\sin\theta(t) \tag{5.2.6}$$

$$\frac{dN(t)}{dt}=\frac{I}{eV}-\frac{N(t)}{\tau_N}-G_N[N(t)-N_0]A^2(t) \tag{5.2.7}$$

$$\theta(t)=\omega_0\tau_f+\phi(t)-\phi(t-\tau_f) \tag{5.2.8}$$

其中：$\kappa_f=(1-r_2^2)r_3/r_2$，为幅度反馈系数，表示前端面($r_2$)处进入腔内的反馈光与腔内同方向激光的电场幅度之比；τ_f 为反馈延迟时间，是光在激光器与反射镜之间的往返时间。κ_f/τ_{in} 称为反馈速率，单位是 s^{-1}。$\tau_{in}=2nl/c=2nl/v_g$ 为光在有源腔内的往返时间，n 和 l 为有源腔折射率和长度，c 和 v_g 分别为真空中的光速和腔内光的群速度。$G_N=g_Nv_g$ 为增益系数，$g_N=\partial g/\partial N$ 为微分增益。Γ 为激光器有源腔的光场限制因子。V 为有源腔体积，$e=1.602\times10^{-19}$C，为电子电荷量。激光器处于非线性动态振荡时，有可能会出现光功率 $p=A^2$ 较高的脉冲，产生增益饱和效益。因此，可以在速率方程中引入增益饱和系数 ε，即给增益系数 G_N 乘以因子 $[1+\varepsilon A(t)^2]-1$。

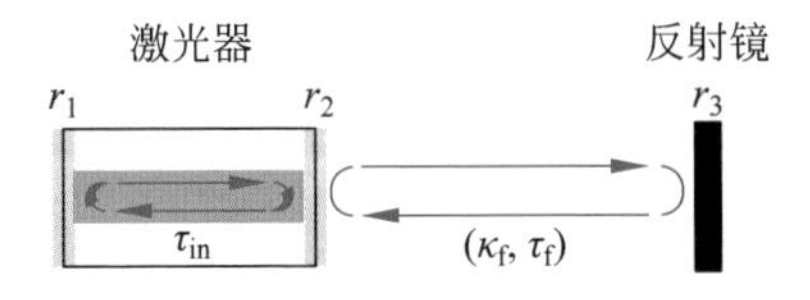

图5.2.2 三腔镜激光器模型

r_1 为激光器左端面反射率；r_2 为激光器右端面反射率；r_3 为外部镜面反射率；κ_f 为幅度反馈系数；τ_f 为时间延迟；τ_{in} 为激光器谐振腔内部往返时间

τ_N 是载流子寿命，$\tau_N^{-1}=A_{nr}+BN+CN^2$，$A_{nr}$ 是缺陷复合系数，B 是自发辐射复合系数，C 是俄歇复合系数。α 是半导体激光器的线宽增强因子，典型值在3～7，

其表达式如下：

$$\alpha = -2\frac{\omega}{c\Gamma}\frac{\partial n/\partial N}{\partial g/\partial N} \tag{5.2.9}$$

由于折射率和增益分别关联着激光相位和强度，因此 α 表示载流子变化导致的激光相位变化和强度变化的耦合。

激光器的阈值电流为

$$I_{th} = eVN_{th}/\tau_N \tag{5.2.10}$$

式中，N_{th} 为阈值载流子密度，

$$N_{th} = N_0 + 1/(\Gamma G_N \tau_p) \tag{5.2.11}$$

其中 N_0 为透明载流子密度，τ_p 为光子寿命。需要注意的是，方程(5.2.5)～方程(5.2.7)仅为单纵模激光器镜面反馈的速率方程，若更换系统中的激光器或反馈器件，速率方程需根据激光器或反馈器件的特性进行修正。此外，上述速率方程是典型的延时微分方程，可用龙格-库塔法数值求解(Press et al.，1986)。

5.2.3 稳态及线性稳定性分析

1. 稳态分析

半导体激光器处于定态时，光场强度、载流子及激光模式频率将不随时间变化。此时，方程(5.2.5)～方程(5.2.7)满足如下定态条件：$dA(t)/dt=0$，$dN(t)/dt=0$，$d\phi(t)/dt=\Delta\omega_s=\omega_s-\omega_0$。假设对应的定态解为 $A(t)=A_s$，$\phi(t)=(\omega_s-\omega_0)t$，$N(t)=N_s$，则(Tromborg et al.，1984，1987；Agrawal et al.，1993)

$$\Delta\omega_s = \omega_s - \omega_0 = -\frac{\kappa_f}{\tau_{in}}[\alpha\cos(\omega_s\tau_f) + \sin(\omega_s\tau_f)] \tag{5.2.12}$$

$$A_s^2 = \frac{I/eV - N_s/\tau_N}{G_N(N_s - N_0)} \tag{5.2.13}$$

$$\Delta N_s = N_s - N_{th} = -\frac{2\kappa_f}{\Gamma G_N \tau_{in}}\cos(\omega_s\tau_f) \tag{5.2.14}$$

将方程(5.2.12)变化为如下形式：

$$\omega_s\tau_f - \omega_0\tau_f = -C\sin(\omega_s\tau_f + \arctan\alpha) \tag{5.2.15}$$

式中，

$$C = \kappa_f(\tau_f/\tau_{in})\sqrt{1+\alpha^2} \tag{5.2.16}$$

超越方程(5.2.15)的解为直线 $y_1=\omega_s\tau_f-\omega_0\tau_f$ 和正弦曲线 $y_2=-C\sin(\omega_s\tau_f+\arctan\alpha)$ 的交点。当 $C<1$ 时，正弦曲线的最大斜率小于1，它与斜率为1的直线只存在一个交点，即激光器仅有一个模式，其状态是稳定的。根据式(5.2.16)，这种稳态只能在弱反馈、短外腔的情况下获得。当 $C>1$ 时，方程可能出现多个定态

解，激光器也将相应地出现多模振荡，输出非稳态。

2. 特征方程及弛豫振荡

假设系统在上述定态的邻域内存在微扰，设 $A(t)=A_s+\delta A(t)$，$\phi(t)=\phi_s+\delta\phi(t)=\Delta\omega_s t+\delta\phi(t)$，$N(t)=N_s+\delta N(t)$。代入速率方程(5.2.5)～方程(5.2.7)，可得微扰的线性方程组(Tromborg et al.，1984)

$$\frac{d\delta A(t)}{dt}=\frac{1}{2}\Gamma G_N A_s\delta N(t)-\frac{\kappa_f}{\tau_{in}}\cos(\omega_s\tau_f)[\delta A(t)-\delta A(t-\tau_f)]-\frac{\kappa_f}{\tau_{in}}A_s\sin(\omega_s\tau_f)[\delta\phi(t)-\delta\phi(t-\tau_f)] \tag{5.2.17}$$

$$\frac{d\delta\phi(t)}{dt}=\frac{\alpha}{2}\Gamma G_N A_s\delta N(t)+\frac{\kappa_f}{\tau_{in}}\frac{\sin(\omega_s\tau_f)}{A_s}[\delta A(t)-\delta A(t-\tau_f)]-\frac{\kappa}{\tau_{in}}\cos(\omega_s\tau_f)[\delta\phi(t)-\delta\phi(t-\tau_f)] \tag{5.2.18}$$

$$\frac{d\delta N(t)}{dt}=-2G_N A_s(N_s-N_0)\delta A(t)-\left(G_N A_s^2+\frac{1}{\tau_N}\right)\delta N(t) \tag{5.2.19}$$

将微扰 $\delta A(t)=\delta A_0\exp(\gamma t)$，$\delta\phi(t)=\delta\phi_0\exp(\gamma t)$，$\delta N(t)=\delta N_0\exp(\gamma t)$代入，可得特征方程

$$D(\gamma)=\begin{vmatrix}\gamma+\frac{\kappa_f}{\tau_{in}}K\cos(\omega_s\tau_f) & \frac{\kappa_f}{\tau_{in}}KA_s\sin(\omega_s\tau_f) & -\frac{1}{2}G_N A_s\Gamma \\ -\frac{\kappa_f}{\tau_{in}}\frac{K}{A_s}\sin(\omega_s\tau_f) & \gamma+\frac{\kappa_f}{\tau_{in}}K\cos(\omega_s\tau_f) & -\frac{1}{2}\alpha G_N\Gamma \\ 2A_s G_N(N_s-N_0) & 0 & \gamma+G_N A_s^2+\frac{1}{\tau_N}\end{vmatrix}=0 \tag{5.2.20}$$

式中，$K=1-\exp(-\gamma\tau)$。特征方程整理为

$$D(\gamma)=\gamma^3+2\left[-\Gamma_R+\frac{\kappa_f}{\tau_{in}}K\cos(\omega_s\tau_f)\right]\gamma^2+\left[\omega_R^2-\frac{4\kappa_f K\Gamma_R}{\tau_{in}}\cos(\omega_s\tau_f)+\left(\frac{\kappa_f}{\tau_{in}}K\right)^2\right]\gamma-\frac{2\kappa_f K^2\Gamma_R}{\tau_{in}}+\frac{\kappa_f K\omega_R^2}{\tau_{in}}[\cos(\omega_s\tau_f)-\alpha\sin(\omega_s\tau_f)]=0 \tag{5.2.21}$$

式中，$\Gamma_R=-1/2(G_N A_s^2+\tau_N^{-1})$为定态时光反馈半导体激光器弛豫振荡的阻尼速率，$\omega_R=\sqrt{\Gamma G_N A_s^2\tau_p^{-1}}$ 为定态时弛豫振荡的角频率。

特征方程的解是复数，其虚部表示激光器对微扰的响应频率，实部为相应的阻尼速率，反映模式的稳定性。根据定态方程(5.2.12)～方程(5.2.14)和特征方

程(5.2.21),可数值分析半导体激光器随反馈强度变化时模式及其稳定性的变化。

激光器中的振荡模式可以在角频率 $\Delta\omega_s$ 和载流子密度 ΔN_s 构成的相空间中观察。将方程(5.2.14)代入方程(5.2.12),消除正弦和余弦后可得方程(5.2.22)(Henry,1986)。如图 5.2.3 所示,位于椭圆下半部分的点表示外腔模式,是稳定的振荡频率;上半部分的点表示反模,是不稳定的振荡频率。

$$\left(\Delta\omega_s\tau-\frac{\alpha\tau_f}{2}G_N\Delta N_s\right)^2+\left(\frac{\tau_f}{2}G_N\Delta N_s\right)^2=\left(\frac{\kappa_f\tau_f}{\tau_{in}}\right)^2 \tag{5.2.22}$$

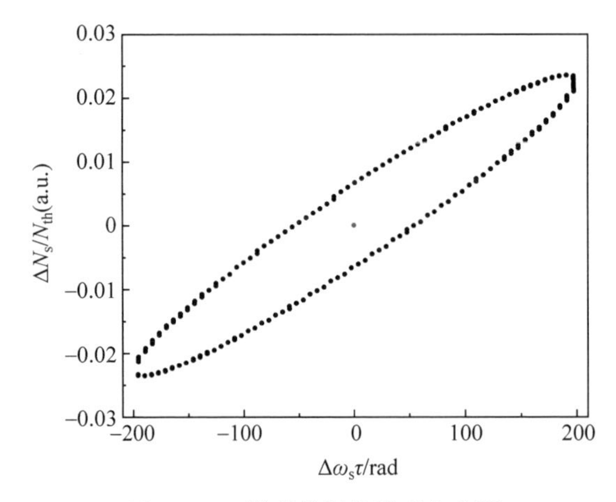

图 5.2.3 激光器振荡模式分布图

将方程(5.2.15)所有项移到方程左边,并将移项后左侧的表达式记为函数 $F(\omega_s)$,可根据 $y=F(\omega_s)$ 与直线 $y=0$ 的交点图解激光器的定态频率。进一步,将特征方程(5.2.21)拆为实部与虚部两个方程,求解满足相应定态频率条件的 $\mathrm{Re}[D(\gamma)]=0$ 和 $\mathrm{Im}[D(\gamma)]=0$ 的根轨迹,两者的交点即特征方程的解,可根据阻尼系数判断稳定性。图 5.2.4(a)为无反馈的定态图解,$F(\omega_s)=\omega_s-\omega_0$ 是一条斜率为 1 的直线,它与虚线相交于 $\Delta\omega_s=0$,定态解 $\omega_s=\omega_0$。图 5.2.4(b)中红色(灰色)和黑色曲线分别是 $\mathrm{Re}[D(\gamma)]=0$ 和 $\mathrm{Im}[D(\gamma)]=0$ 的根轨迹,两者交点的横坐标正是激光器的弛豫振荡频率,此时 $\Gamma_R<0$,表明弛豫振荡是阻尼的,激光器处于稳定状态。

图 5.2.4(c)和(d)显示了反馈强度 $\kappa_f=0.1\%$ 时的定态和相应的线性稳定性图解。此时由于弱反馈,函数 $F(\omega_s)$ 虽出现小幅正弦波动,仍仅存在一个定态解。对比图 5.2.4(d)和(b),可以发现光反馈的作用效果:①减弱弛豫振荡的阻尼速率,②诱发许多新振荡。特别是箭头所指的新振荡,其阻尼是除弛豫振荡之外最弱的,并且其频率接近于外腔往返的谐振频率 $1/\tau_f$。如图 5.2.4(f)所示,当反馈强度增加到 0.2%时,该振荡的频率继续增大,阻尼迅速减弱。随着反馈强度继续增大,

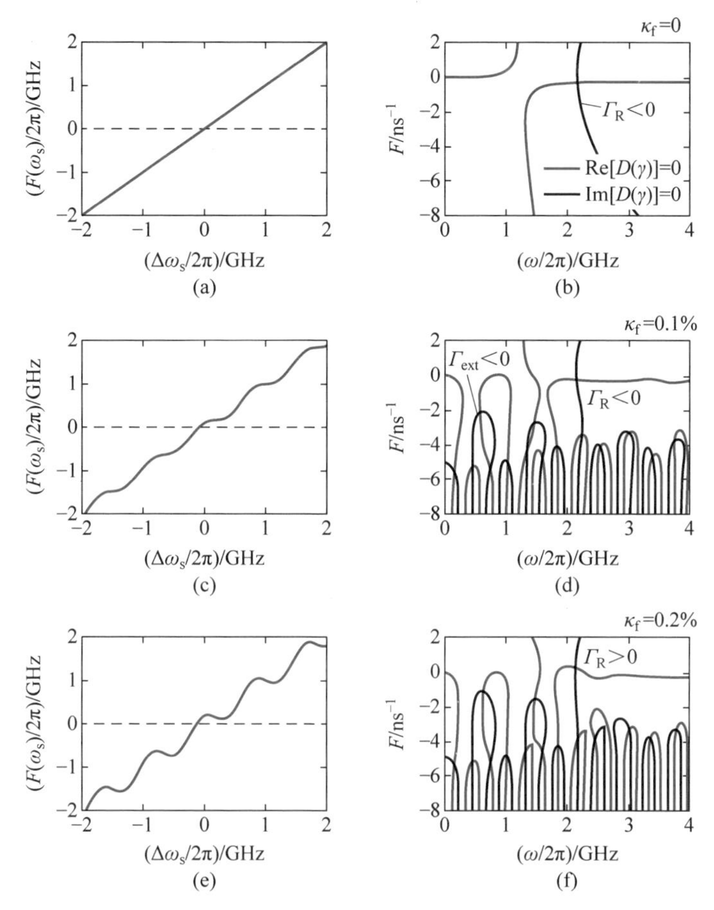

图 5.2.4 不同反馈强度下半导体激光器的定态及相应的线性稳定性分析(王安帮,2014)

(a),(b) $\kappa_f=0$;(c),(d) $\kappa_f=0.1\%$;(e),(f) $\kappa_f=0.2\%$

该振荡频率将逐渐趋于 $1/\tau_f$,因此该振荡由外腔往返谐振引起,其他频率的振荡则由外腔往返频率与弛豫频率通过和频、差频等相互作用而产生。

图 5.2.4(f)还揭示出,激光器的弛豫振荡将随反馈强度增大而率先变为非阻尼振荡。不同于如图 5.2.4(c)所示的定态,此时激光器的定态是不稳定的。由图 5.2.4(e)可预知,激光器即将出现多个定态解或模式,从而演变为非线性动态。

图 5.2.5(a)给出了一个单周期(P1)振荡状态的模式图解。此时激光器存在三个模式,分别记为 A、B、C。模式 A 为激光器主模红移的结果,具有最大的增益;模式 B 和模式 C 则是反馈诱发的新模式。图 5.2.5(b)~(d)分别是 A、B、C 三个模式的稳定性图解。对比可见:①每个模式都存在弛豫振荡和外腔谐振;②每个模式的弛豫振荡阻尼速率都小于外腔谐振的阻尼速率(实际上主模 A 和边模 C 的

弛豫振荡已是非阻尼振荡的）；③如图 5.2.5(b)所示，主模 A 的外腔谐振频率的阻尼已经接近于零，表明它将继弛豫振荡之后第一个成为非阻尼的振荡。理论上，当主模 A 的外腔谐振成为非阻尼振荡时，激光器输出强度中存在两个振荡基频。这预示着在单周期振荡之后进入新的非线性状态。如果两振荡的频率满足谐波成比例时，激光器将出现倍周期现象，甚至出现频率锁定而返回单周期振荡状态。但该现象的产生十分依赖激光器的外部参数设置。更一般的情况是两个振荡基频没有谐波关系，激光器将进入准周期振荡。随着反馈强度的增加，函数 $F(\omega_s)$ 的正弦调制幅度增大，导致更多的模式出现。激光器在这些具有不同振荡特性的模式间的跳变使其输出状态变得复杂直至混沌(Cohen et al.，1988；Helms et al.，1990；Levine et al.，1995)。

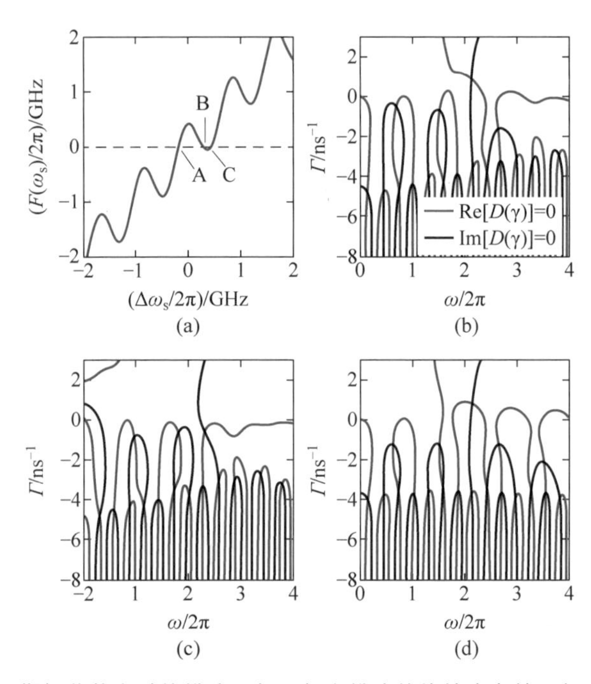

图 5.2.5 单周期振荡状态时的模式图解及相应模式的线性稳定性图解(王安帮，2014)

(a) 激光器处于单周期振荡状态时的定态解；(b)～(d)，图(a)中三个模式 A、B、C 的线性稳定性图解。此时反馈强度 $\kappa_f=0.4\%$

上述线性稳定性分析表明，非阻尼的弛豫振荡和外腔模式是光反馈半导体激光器产生非线性动力学状态的根源。

5.2.4 长外腔反馈进入混沌的路径

根据外腔往返时间 τ_f 和其弛豫振荡周期 τ_R 的关系，可分为长外腔反馈和短外腔反馈两种情况，如图5.2.6所示。当外腔往返时间大于弛豫振荡周期($\tau_f>\tau_R$)时，属于长外腔反馈；当外腔往返时间小于弛豫振荡周期($\tau_f<\tau_R$)时，则属于短外腔反馈。由式(5.2.16)可知，C一定时，外腔往返时间τ_f越大，产生非稳定所需的反馈强度越小，因此长外腔反馈时，激光器产生混沌所需反馈强度较小；而短腔反馈则需要较高的反馈强度。此外，长外腔反馈时存在独特的混沌现象——低频起伏(Mørk et al.,1988；Fischer et al.,1996)，短腔反馈时存在的独特动力学现象为规则脉冲包络(Heil et al.,2001a)。

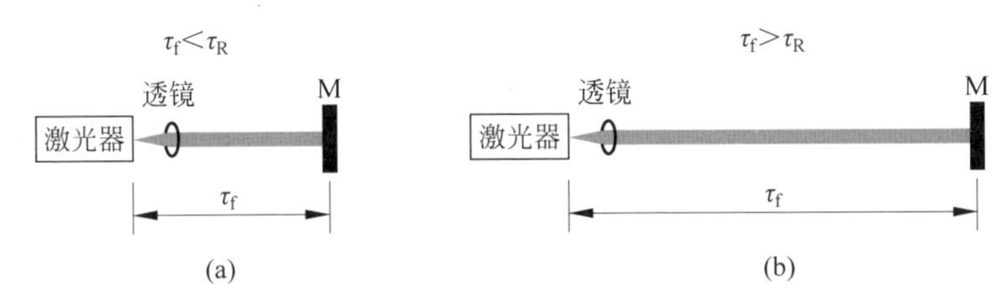

图5.2.6　根据反馈腔对光反馈进行分类的示意图

(a) 短外腔反馈；(b) 长外腔反馈

本节我们将介绍长外腔反馈时，光反馈激光器输出激光的典型动力学状态及其进入混沌的路径。长外腔反馈时有三种典型的进入混沌的路径：准周期路径、倍周期路径及间歇性路径进入混沌。

1. 准周期路径

准周期路径是指随着系统控制参数(一般是反馈强度或者偏置电流)的增大，激光器输出状态由稳态(S)经单周期(P1)、准周期(quasi-period,QP)最终进入混沌态(C)。早在1990年J. Mørk等就观察到了随着反馈强度的增大光反馈半导体激光器经准周期路径进入混沌(Mørk et al.,1990)。图5.2.7给出了基于L-K方程数值模拟得到的分岔图。在反馈强度很弱的S区，激光器的极大值和极小值重

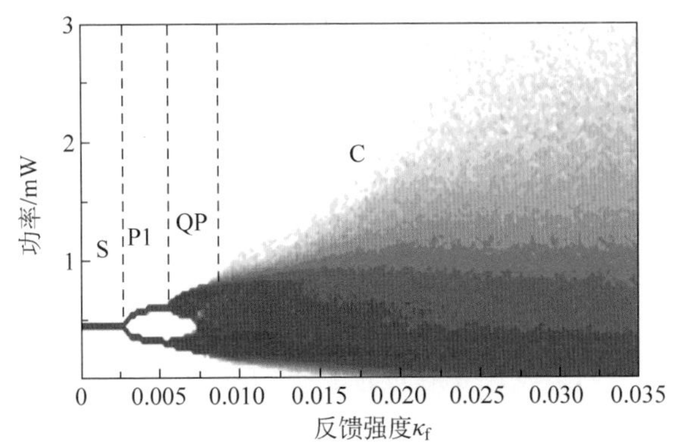

图5.2.7　光反馈DFB激光器随反馈强度κ_f增大的分岔图(王安帮,2014)

合，分岔图表现为一条线，表明激光器输出功率恒定。此种状态称为稳态。随着反馈强度增加，极大值与极小值分开且各自是单值的，此时激光器处于单周期振荡状态。从稳态到单周期振荡状态称为霍普分岔。进一步增大反馈，激光器进入准周期状态，极大值和极小值具有一定分布，但不完全重叠。最后，激光器进入混沌状态，极值分布相互重叠，范围更大。

图 5.2.8(a)给出了无反馈时激光器的稳态输出特性，从频谱和自相关曲线上可观察到激光器的弛豫振荡频率。如图 5.2.8(b)所示，反馈强度较弱时的稳态，其时序图呈一条直线，光谱中仅存在单一的主模，主模频率随着反馈强度的增大而红移，频谱中会在弛豫振荡频率附近出现光谱分量，相图上表现为一个点。相较于无反馈时的稳态(图 5.2.8(a))，频谱上弛豫振荡峰增强，自相关曲线的弛豫阻尼变小。如图 5.2.8(c)所示，P1 的时序图及其自相关函数均具有规则的周期振荡，其周期为弛豫时间 τ_R。光谱中主模旁出现频率差为 f_R 的边模。频谱为典型的离散频谱，其谱线分别对应于弛豫振荡频率及其高次谐波。相图呈现为一条闭合的环状曲线。如图 5.2.8(d)所示，准周期状态的时序图中时间间隔依然约为弛豫周期，但振荡幅度不再稳定为一个或几个值。光谱中主模附近出现边模 v_e，两者频差为外腔谐振频率 f_e。外腔谐振与弛豫振荡及其高次谐波通过和频与差频的方式产生更多的振荡成分，频谱变得致密。吸引子呈现为环面形状。随着反馈强度增大，激光器输出为弱混沌态，如图 5.2.8(e)所示。此时光谱已经展宽，并且出现多个间隔相等的模式。时序图呈现大幅不规则起伏。相图则呈现为混沌吸引子特性，复杂、遍历、有界。频谱变为连续谱，此混沌振荡含有很强的弛豫振荡成分及其高次谐波，导致频谱能量分布不均衡，大部分能量被局限在弛豫振荡邻域之内。继续增大反馈强度，激光器光谱会进一步展宽，如图 5.2.8(f)所示，其光谱中外腔模式数增多。频谱展宽，弛豫振荡特征减弱。同时，由于外腔模式之间拍频，频谱出现周期为 $1/\tau_f$ 的周期，自相关曲线在 $t=\tau_f$ 处出现明显峰值，激光器的输出显现了反馈时延特征。5.2.6 节将详细研究时延特征。

2. 倍周期路径

倍周期路径是指随着系统控制参数的增大，激光器输出状态由稳态经过单周期、倍周期等周期倍增而进入混沌态。当外腔往返时间为弛豫振荡时间的整数倍时，即 $\tau_f=m\tau_R$，激光器会产生倍周期现象。1993 年 J. Ye 等通过实验和模拟，发现了光反馈下半导体激光器进入混沌的倍周期分岔路径(Ye et al.，1993)。图 5.2.9 给出了光反馈 DFB 激光器通过倍周期路径进入混沌的分岔图。类似于准周期进入混沌的路径，分岔图中在反馈强度很弱的 S 区，激光器呈稳态。随着反馈强度增加，分岔图演化为两条线的状态(P1)。进一步增大反馈，激光器进入倍周期状态(P2)。最后，激光器进入混沌状态。

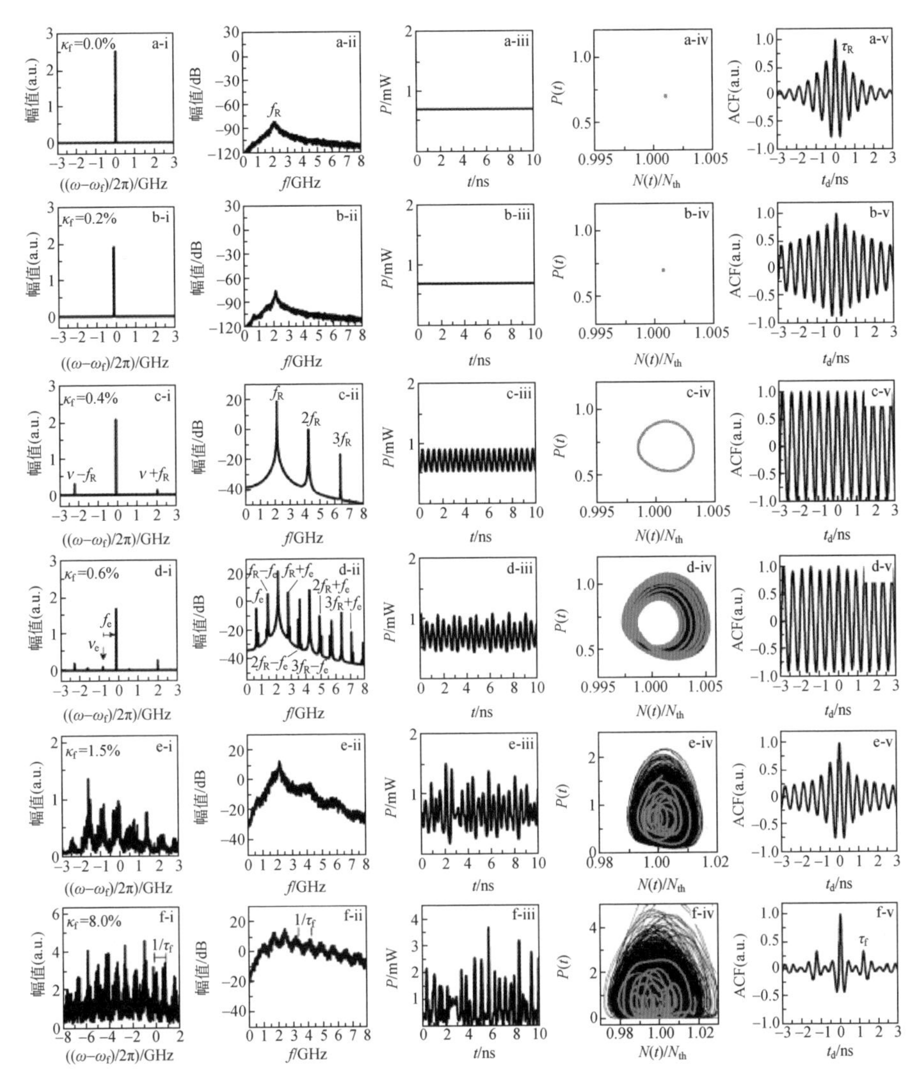

图 5.2.8　光反馈 DFB 激光器经准周期路径进入混沌时，不同状态对应的光谱图（第 i 列）、频谱图（第 ii 列）、时序图（第 iii 列）、相图（第 iv 列）及自相关曲线（第 v 列）（王安帮，2014）

(a) 无反馈时的稳态；(b) 弱反馈时的稳态；(c) 单周期振荡状态；(d) 准周期状态；(e) 弱混沌态；(f) 混沌态

图 5.2.10 给出了光反馈 DFB 激光器倍周期路径的状态演变示例。图 5.2.10(a)为单周期状态的输出功率时序图、相图和频谱图。图 5.2.10(b)显示的是倍周期状态其时间序列中明显存在两个时间周期；相图呈双环形状。

3. 间歇性的混沌路径

另一种典型的路径是间歇性的混沌路径，随着控制参数的改变，激光器的输出

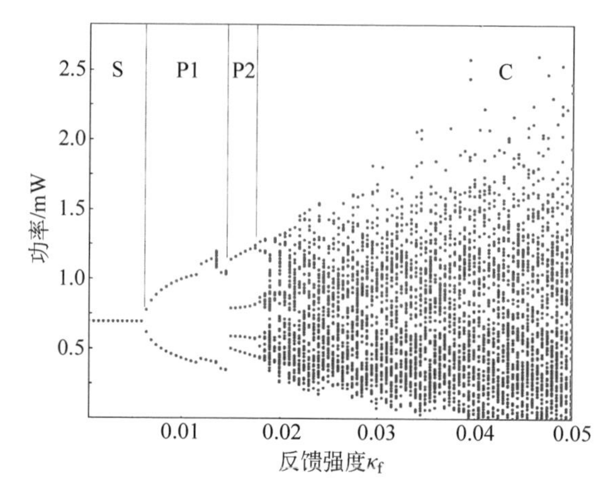

图 5.2.9　光反馈 DFB 激光器随反馈强度 κ_f 增大的分岔图

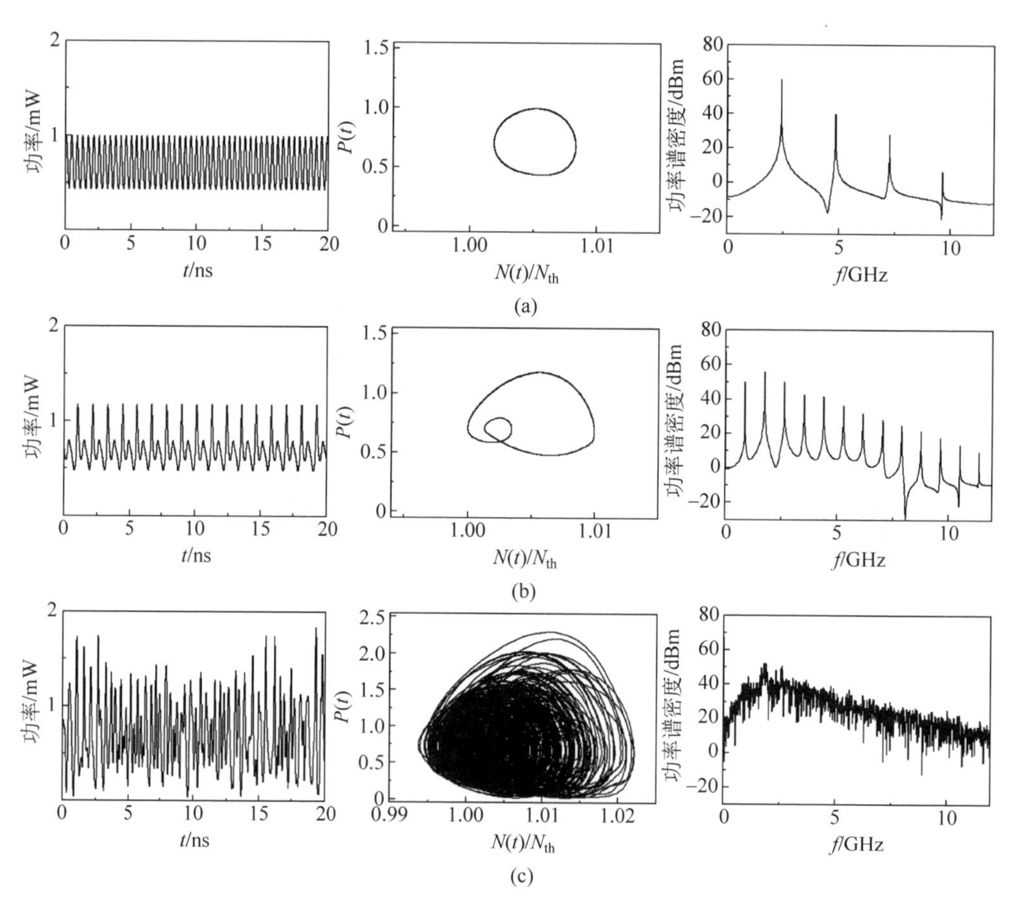

图 5.2.10　光反馈 DFB 激光器经倍周期路径进入混沌时，不同状态对应的时序图（第 i 列）、相图（第 ii 列）及频谱图（第 iii 列）

(a) 单周期振荡状态；(b) 倍周期状态；(c) 混沌态

经稳态、间歇态最终发展成完全的混沌态。间歇态根据鞍节点分岔、霍普分岔和次谐波分岔可分为Ⅰ型、Ⅱ型和Ⅲ型间歇(Sacher et al.,1989)。常见的低频起伏振荡(low frequency flutuation,LFF)是由具有时间反转Ⅱ型间歇的鞍节点不稳定引起的间歇态(Sacher et al.,1989; Sacher et al.,1992)。

低频起伏(LFFs)一般在小偏置电流、大反馈强度的情况下观察到(Heil et al.,1998),或者外腔长度足够长、外部反馈足够大时,激光器会输出低频起伏(Takiguchi et al.,1999)。LFFs 由三个不同的时间尺度分量组成。第一个是周期为微秒的低频波动分量,表现为时序图中功率突然下降,随后功率逐渐恢复,这一过程的持续时间周期为微秒量级(Fischer et al.,1996),如图 5.2.11(a)所示。第二个是周期为数十纳秒的与外腔长度相关的分量,表现为功率恢复中每次功率阶跃上升的持续时间等于外腔往返时间(Takiguchi et al.,1999),如图 5.2.11(b)所示。第三个是与周期为亚纳秒的弛豫振荡相关的高频分量,LFFs 在波形中由一系列亚纳秒级的快脉冲组成(Fischer et al.,1996),如图 5.2.11(c)所示。

低频起伏可以通过模式跳变来说明(Sano,1994),如图 5.2.11(d)所示。激光器一般在最大增益模式附近振荡,当振荡十分接近对应的反模时,可能会跳变到反

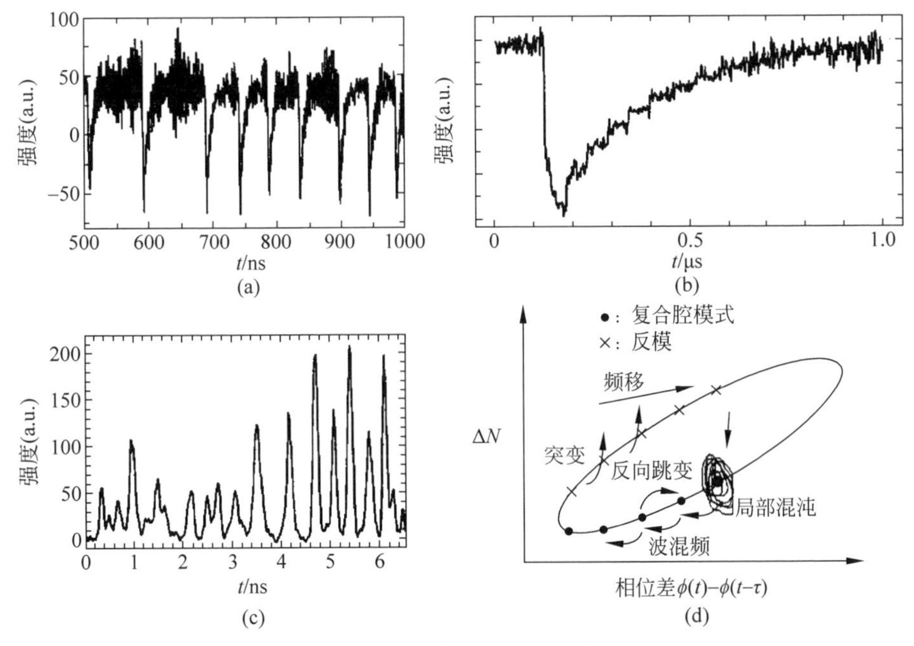

图 5.2.11　低频起伏的时序及相空间轨迹图

(a) 微秒尺度下低频波动对应的时序(Fischer et al.,1996); (b) 功率恢复时对应的时序(Takiguchi et al.,1999); (c) 亚纳秒尺度下的高频脉冲对应的时序(Fischer et al.,1996); (d) 低频起伏的在相空间中的运动轨迹(Sano,1999)

模，此时激光器的载流子密度突然上升，相位增加，激光器的输出功率突然下降接近自由运行。之后，激光器沿最接近孤立模式的外腔模式逐渐跳变到最大增益模式，此时功率逐渐恢复。值得注意的是，虽然低频起伏过程是上述过程的不断重复，但是上述过程中相空间的轨迹并不完全重复。

5.2.5 短外腔反馈进入混沌的路径

当外腔往返时间小于弛豫振荡周期（$\tau_f<\tau_R$）时，激光器处于短外腔反馈。根据式(5.2.16)可知，短外腔反馈时需要较大的反馈强度才能产生混沌，常称为有源反馈或者放大反馈。随着系统控制参数的改变，激光器可表现出与长腔反馈类似的混沌路径(Wu J G et al.，2013)。图5.2.12给出了放大反馈半导体激光器输出状态随放大区电流变化。随着放大区电流增加，激光器输出光经过稳态、单周期、倍周期状态进入混沌；继续增加放大区电流，激光器输出的混沌光经混沌与稳态的切换态、稳态退出混沌。此外，短外腔反馈激光器也可通过分岔级联的形式进入混沌(Heil et al.，2003)，此路径中存在短腔反馈特有的规则脉冲包络现象。Heil等从

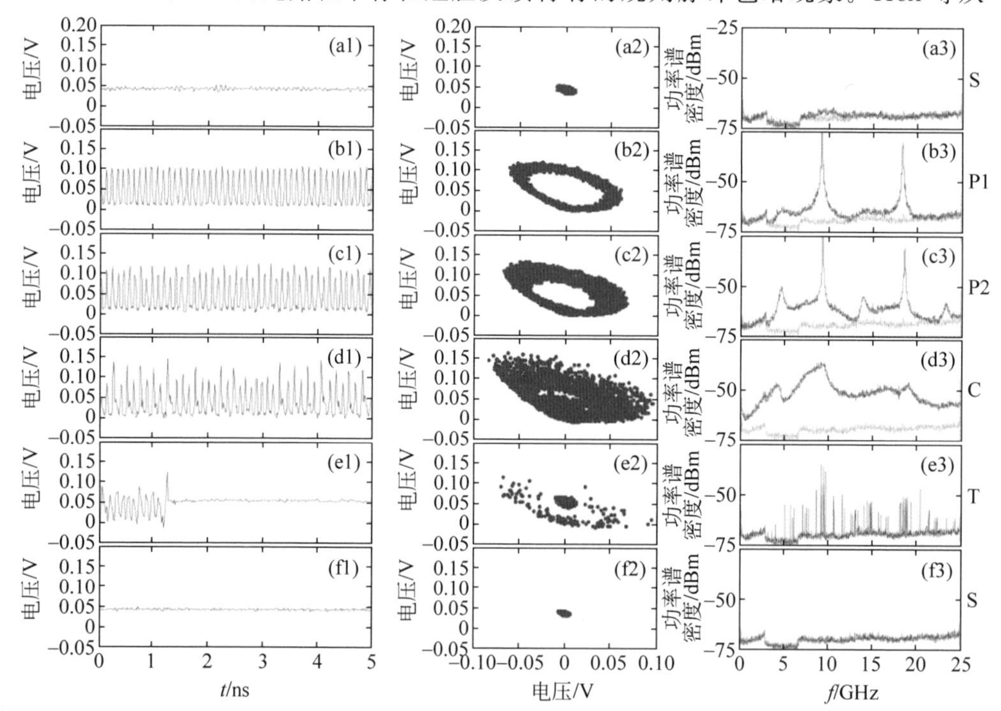

图5.2.12 短外腔反馈DFB激光器进入及退出混沌时，不同状态对应的时序图(第1列)、相图(第2列)及频谱图(第3列)(Wu J G et al.，2013)

(a) $I_A=17$mA，稳态；(b) $I_A=19$mA，单周期态；(c) $I_A=19.5$mA，倍周期态；(d) $I_A=20.4$mA，混沌态；(e) $I_A=20.9$mA，混沌与稳态切换；(f) $I_A=21$mA，稳态

实验和理论上研究了具有短外腔的激光二极管的动力学(Heil et al.,2001a)。

如图5.2.13所示,规则脉冲包络的时序波形呈现规则的脉冲包,脉冲包中的光脉冲以外腔频率振荡,光脉冲幅值呈现先增加后减小的规则变化。规则脉冲包络中存在两种时间周期:一是光脉冲的时间周期,表现为频谱中高频部分的外腔频率 ν_{EC},在外腔频率两侧存在 $\nu_{EC}\pm\nu_{RPP}$ 的谐振峰;二是包络的时间周期,表现为频谱中低频部分的脉冲包重复频率。

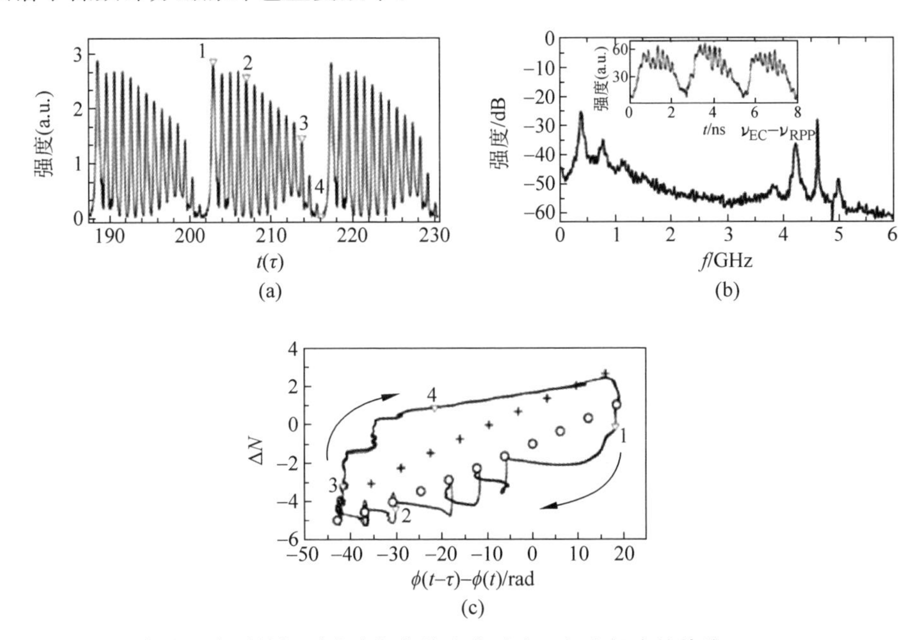

图5.2.13 实验观察到的规则脉冲包络状态的时序及相空间中的轨迹(Heil et al.,2001a)

(a) 时序;(b) 频谱;(c) 在相空间中的轨迹

规则脉冲包络现象的相空间轨迹类似于长外腔反馈中低频起伏现象的相空间轨迹。规则脉冲包络也可以通过模式跳变来说明。激光器会从最大增益模式跳变到附近的反模,随后载流子密度突然上升到激光器静态模式的水平,激光器继续沿外腔模式逐渐跳变到最大增益模式。不同于低频起伏过程,规则脉冲包络轨迹总是访问相同的外腔模式,因此激光器显示出规则的脉冲。

激光器在短腔反馈时的分岔图如图5.2.14所示。随着反馈强度的增加,激光器由稳态进入单周期振荡,继续增加反馈强度,激光器经过倍周期振荡进入规则脉冲包络区域,进一步增加反馈强度,激光器重新回到稳态,随着反馈强度的增加激光器将按照此路径形成分岔级联(Heil et al.,2003)。

低频起伏与规则脉冲包络动力学的相同点是:在这两种情况下,低频现象都存在,对应轨迹不断地回溯(Sciamanna et al.,2005)。不同点为:①低频起伏快速

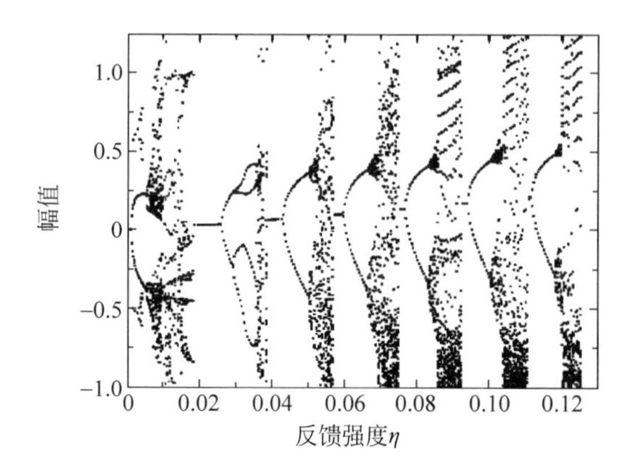

图 5.2.14　数值模拟得到的短腔反馈时随反馈强度变化的分岔图(Heil et al.,2003)

振荡是以弛豫振荡为主,规则脉冲包络以外腔往返频率为主; ②规则脉冲包络轨迹总是访问相同的外腔模式,因此激光器显示出规则的脉冲。

5.2.6　光反馈激光器混沌振荡的特征

分析混沌振荡的特征,一方面能够更清晰地识别混沌,另一方面亦可根据应用场景选择合适的混沌信号。本节我们将从光谱、频域、时域、最大李雅普诺夫指数和时延特征五个方面给出光反馈激光器产生混沌振荡的特征。

1. 光谱特征

如图 5.2.15(a)所示,无光反馈时,激光器的线宽在几兆赫兹量级,在光反馈的混沌状态下,半导体激光器的线宽被拓宽到几十吉赫兹。调节系统的控制参数,光反馈激光器可输出不同的非线性动力学状态。也就是说,光反馈可实现对半导体激光器输出激光线宽即相干长度的调控。随着反馈强度的改变,相干长度可从无反馈时的数米缩短为混沌态时的百微米左右(Wang Y C et al.,2009)。M. Peil 等利用光反馈实现对半导体激光器相干长度的剪裁,获得了相干长度为 130μm 的非相干光源(Peil et al.,2006)。相干长度的剪裁降低了激光器的相干性,可用于抑制激光成像的散斑,提升成像质量。

2. 频谱特征

图 5.2.15(b)给出了典型的光反馈半导体激光器混沌频谱(功率谱)。可见,频谱是连续的,在激光器弛豫振荡频率处呈现明显的峰值。这表明半导体激光器混沌具有弛豫振荡特征。弛豫振荡特征也可以从混沌信号的自相关函数曲线上观察。如图 5.2.15(d)中插图所示,自相关函数主峰邻域内第一个负旁瓣和正旁瓣分别出现在 $\tau_{RO}/2$ 和 τ_{RO} 处(τ_{RO} 为弛豫振荡周期)。需指出,随着反馈强度增大弛

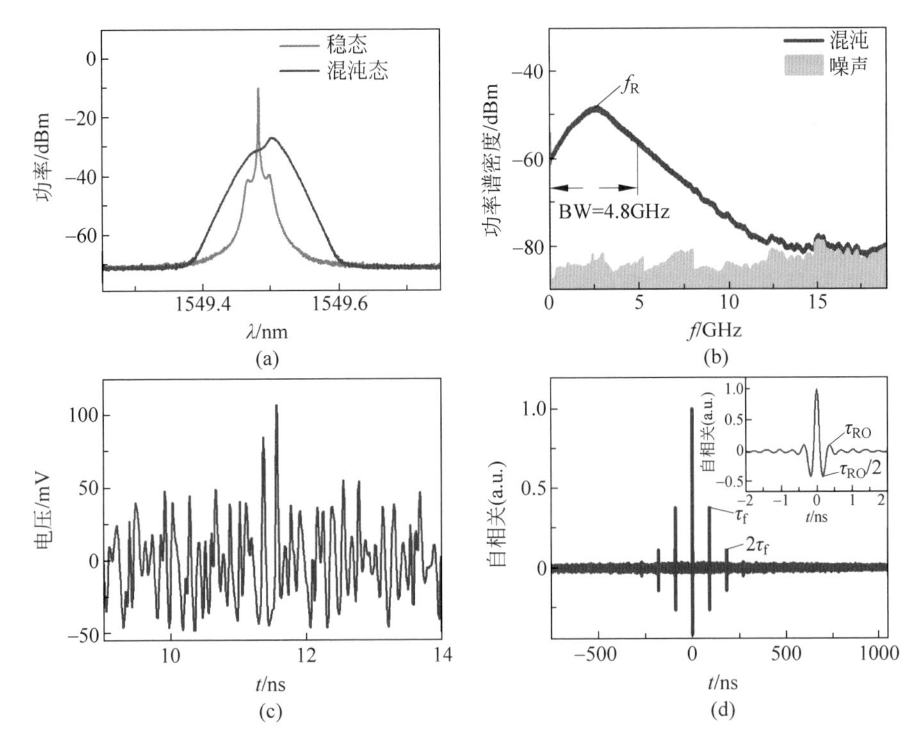

图5.2.15　实验中测量的光反馈半导体激光器输出的混沌态

(a) 光谱；(b) 频谱；(c) 时序；(d) 自相关

豫振荡特征会减弱，其表现为混沌激光频谱的弛豫振荡峰变宽，自相关曲线上相应的弛豫振荡特征峰降低。

带宽是混沌信号主要的频域表征量。对于不平坦的混沌频谱，可根据能量占比来定义带宽。常用两种方法：①从直流分量开始对频谱进行积分直至能量占比达80%，相应的积分频率范围作为混沌带宽(Lin F F et al.，2003a；Wang A B et al.，2008)；②选择谱密度高于某个值的频段进行积分，能量占比达到80%所对应的频段宽度即为带宽(Lin et al.，2012)。第一种带宽定义涉及频谱上一个"低通"频段，因此可以称其为低通带宽。第二种带宽定义则包含混沌振荡中较强的频率成分，因此可以称为有效带宽。如果混沌频谱含有多个峰值，则有效带宽可能是多个频段的带宽累加。此外，将带宽之内的频谱起伏范围定义为频谱平坦度。带宽、平坦度两个物理量联合，才能大致表征混沌频谱。对于较为平坦的混沌频谱，可将某一指定频谱平坦度内的频段宽度定义为混沌带宽。例如，－3dB带宽指频谱从最高点下降3dB对应的频段宽度。

如图5.2.15(b)所示，激光器混沌频谱能量集中在弛豫振荡频率附近，因此混沌带宽通常受限于弛豫振荡频率。由于实际应用中大多数探测器都是低通响应，所以增强低频成分与扩展频谱带宽都具有重要意义。5.5 节将介绍混沌带宽增强的方法。

3. 时域特征

图 5.2.15(c)给出了典型的光反馈激光器输出混沌的时序图。相较于噪声引起的小幅随机起伏，混沌波形的随机起伏更大。可以通过对混沌时间序列进行统计分析来定量表征混沌波形的时域特征，还可用记忆时间表征混沌序列对初值的敏感性。

(1) 时间序列的统计分布

图 5.2.16 在实验上对比了自由空间镜面光反馈与光纤环反馈时，不同光反馈半导体激光器的时间序列的统计分布。结果表明光反馈激光器产生混沌的概率密度函数很好地贴合拉普拉斯分布。实验和模拟结果表明，两个混沌时间序列的差分信号的分布及其高阶有限差分均可收敛到高斯分布(Li N Q et al.，2015)。探究强度时间序列的统计特性，可为混沌随机数发生器挑选合适的熵源。

(2) 记忆时间与熵率

记忆时间是衡量混沌系统对于初值敏感性的参数(Mikami et al.，2012)。任何实际的物理器件中均存在微观噪声，混沌器件中的动力学不稳定性放大了这些噪声，因此混沌信号的宏观状态在一定的瞬态时间后将无法确定。图 5.2.17(a)给出了相同初始条件下引入不同本征噪声的两个时序图。由于混沌系统对小幅噪声的放大，时间序列在 1～2ns 后快速分离。Mikami 等数值计算了 1000 组不同自发辐射噪声(噪声强度不变)下光反馈激光器的输出序列，并利用这些混沌序列统计出不同时刻的比特熵，结果如图 5.2.17(b)所示。可见，随着时间的增大，混沌激光的比特熵快速增大至 1，并且噪声强度越大，熵增加的速率越快。为定量分析，将熵增加至 0.99 的上升时间称为混沌激光器的记忆时间，其倒数称为熵率。他们的研究结果发现，熵率与激光器系统的最大李雅普诺夫指数呈线性关系(Mikami et al.，2012)。

4. 最大李雅普诺夫指数

图 5.2.18 是最大李雅普诺夫指数随反馈强度 k 的变化的数值结果。稳态、周期振荡及准周期振荡时最大李雅普诺夫指数略小于 0。混沌态对应的最大李雅普诺夫指数为正值。在混沌区域内，最大李雅普诺夫指数的值随反馈强度的增加而单调增加。最大李雅普诺夫指数是混沌复杂性的一个定量指标，可见混沌激光的复杂度随着反馈强度的增加而增加(Uchida，2012)。

最大李雅普诺夫指数可用于分析微分方程或实验得到的时间序列的复杂度(Kantz et al.，1997)。但是由于实际系统引入噪声，对原始实验时间序列估计得到的

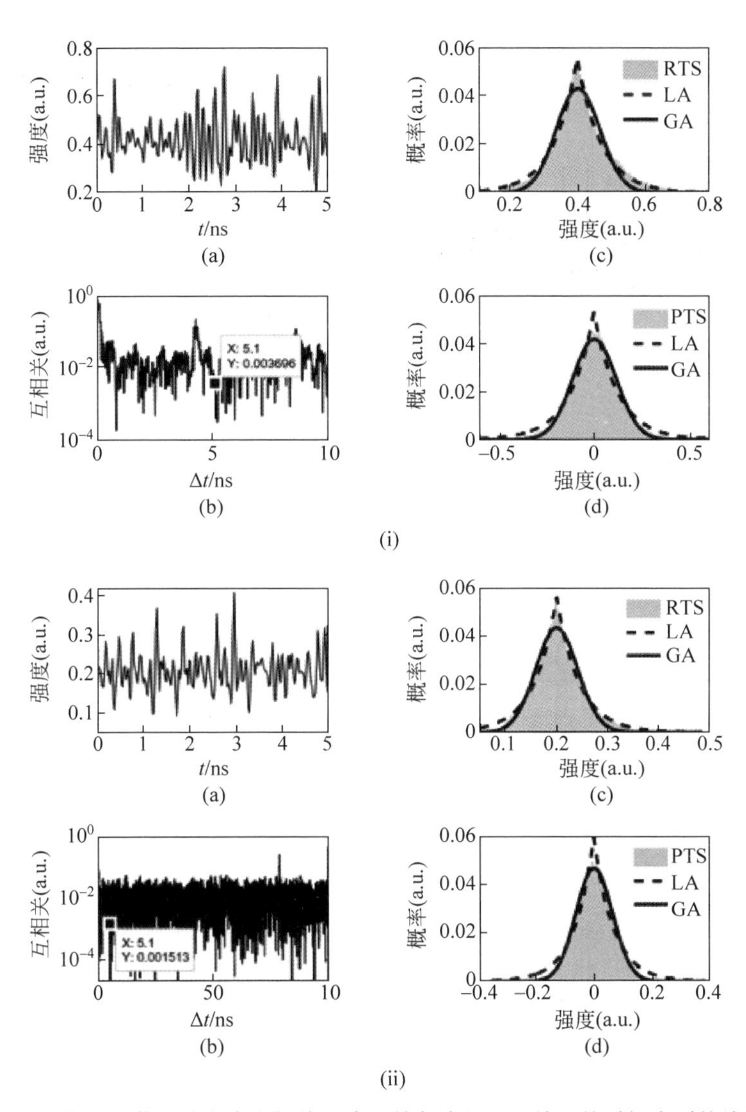

图 5.2.16　实验上获得的自由空间镜面光反馈与光纤环反馈下的时间序列的统计分布（Li et al.,2015）

(i) 自由空间镜面光反馈；(ii) 光纤环反馈

RTS 表示原始时间序列；PTS 表示差分后处理后的时间序列；LA 为拉普拉斯分布；GA 为高斯分布

最大李雅普诺夫指数的值是不准确的，需要采用滤波、主成分分析，或进一步结合二次嵌入(Freadrich,1993)等方法进行预处理。

5. 时延特征及分析方法

由于激光器与外部反射镜之间存在谐振，光反馈激光器的非线性动态振荡中蕴

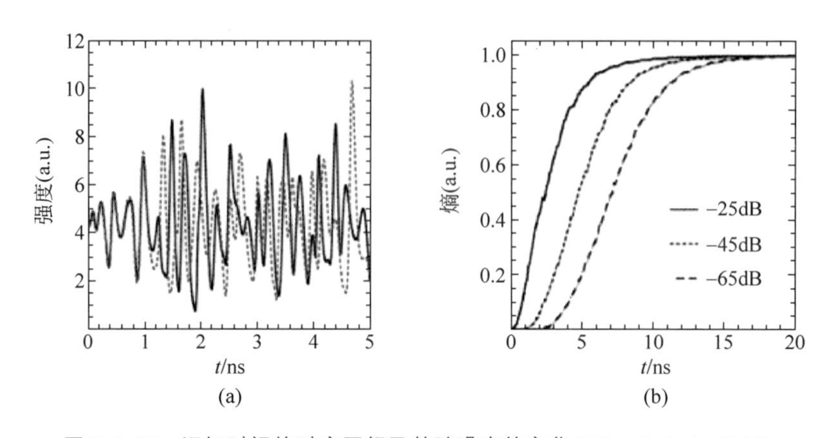

图 5.2.17　记忆时间的时序图解及其随噪声的变化(Mikami et al.,2012)

(a) 相同初始条件下引入不同本征噪声的两个时序图；(b) 不同噪声强度下比特熵的时间演化曲线

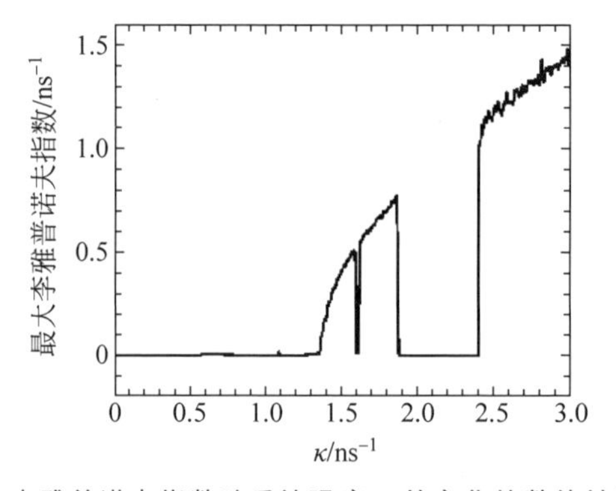

图 5.2.18　最大李雅普诺夫指数随反馈强度 k 的变化的数值结果(Uchida,2012)

含着该谐振特征,其周期约等于反馈时间延迟,这一谐振特征称为时延特征。如图 5.2.15(d)所示,光反馈 DFB 激光器的自相关曲线在 τ_f 附近存在明显的峰值。反馈时延特征并非直接显现于时域波形之中,需要借助数学方法进行分析。常用的时延特征分析方法有自相关函数、互信息、排列熵和功率谱分析等(Wang et al.,2010;Wu et al.,2012)等。

由于时延特征的存在,如图 5.2.19 所示,自相关曲线在 τ_f 处出现相关峰,互信息曲线也在 τ_f 处出现峰值,排列熵曲线则在 τ_f 处出现极小值。随着反馈强度增加,自相关及互信息曲线中时延特征峰先减小后增大,排列熵曲线时延特征峰先增大后减小,即存在一个状态时延特征较弱。

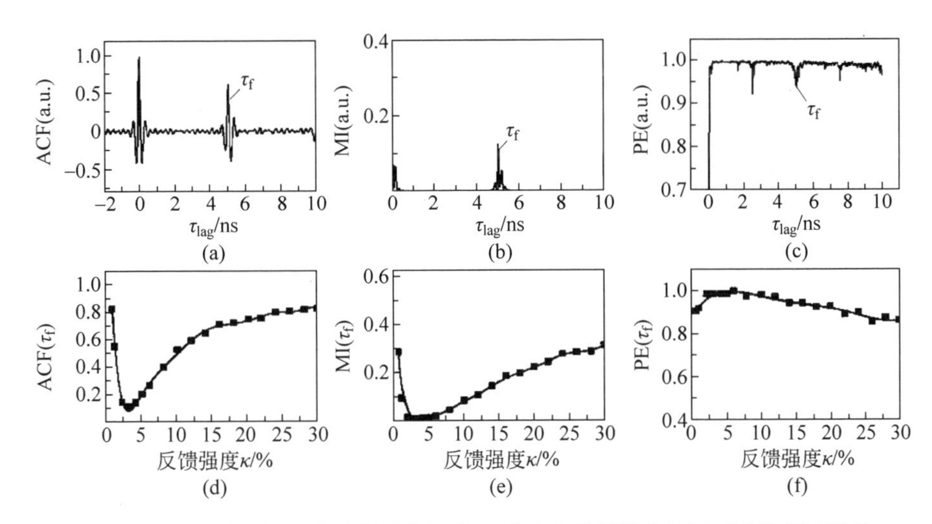

图 5.2.19 数值模拟混沌时序的自相关、互信息和排列熵曲线及时延特征随反馈强度的变化曲线

(a) 混沌时序的自相关曲线；(b) 互信息曲线；(c) 排列熵曲线，$\kappa=10\%$；(d) 自相关函数中反馈时延随反馈强度的变化曲线；(e) 互信息中反馈时延随反馈强度的变化曲线；(f) 排列熵中反馈时延随反馈强度的变化曲线

5.2.7 反馈时延特征抑制方法

5.2.6 节介绍了光反馈激光器的时延特征及其分析方法，并分析了反馈强度对时延特征的影响。时延特征表明混沌信号具有弱周期性，会影响混沌信号的应用。例如，时延特征会暴露混沌系统的结构参数，降低系统的安全性；时延特征的弱周期性影响随机数产生的随机性；对于混沌激光雷达，时延特征会造成虚警。由于时延特征在上述领域的负面影响，抑制时延特征的研究十分重要，本节将介绍抑制时延特征的方法。

1. 弛豫振荡隐藏时延特征

对于如图 5.2.20(a)所示的最简单的镜面光反馈系统，考虑到自相关中同时存在弛豫振荡特征和时延特征的旁瓣，在不改变光反馈系统结构的情况下，可以通过调节外腔长度使时延特征旁瓣掩藏在弛豫振荡特征旁瓣中。在弱反馈时，时延峰的波峰或者波谷位于 $\tau_{RO}/2$ 的整数倍时将无法分辨；或者时延 τ_f 与弛豫振荡时间 τ_{RO} 接近时亦难以确定时延特征(Rontani et al.，2007)。该方法没有增加系统结构复杂度，但对工作参数有严格要求，如特定的反馈时延、较弱的反馈强度，不仅限制了参数空间，而且难以产生宽带混沌。

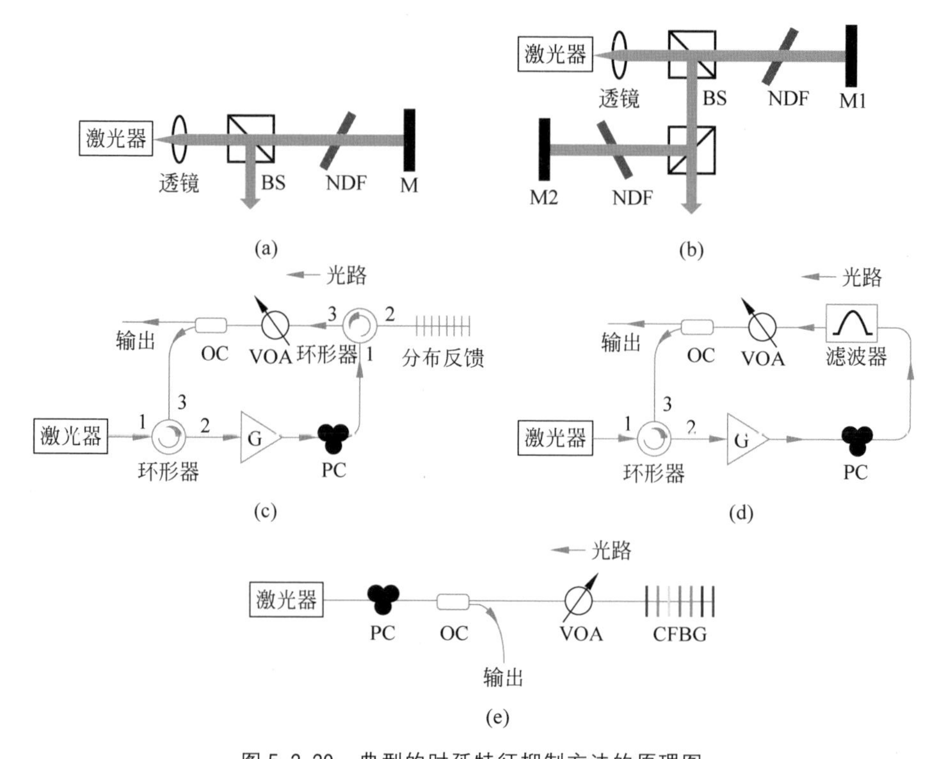

图 5.2.20 典型的时延特征抑制方法的原理图

(a) 弛豫振荡隐藏；(b) 双反馈腔；(c) 分布反馈；(d) 滤波反馈；(e) 啁啾光纤光栅反馈

2. 双反馈腔抑制时延特征

双腔反馈装置如图 5.2.20(b)所示，反射镜 M1、M2 提供双光反馈，相应的反馈时延分别记为 τ_1、τ_2。M. W. Lee 等实验和数值模拟发现，当 τ_1 与 τ_2 比较接近时，很难发现时延特征(Lee et al.,2005)。西南大学吴加贵等(Wu et al.,2009)详细研究了双光反馈半导体激光器的时延特征，发现当 $|\tau_1-\tau_2|\approx\tau_{RO}/2$ 时两个反馈时延特征均可有效被抑制，当 $|2\tau_1-\tau_2|\approx\tau_{RO}/2$ 时外腔较长的反馈时延特征被抑制，分别如图 5.2.21(a)和(b)所示。对比 M1、M2 单独反馈作用时激光器的混沌自相关曲线，可以推知时延特征被抑制的原因：两个反馈单独作用时自相关曲线的弛豫振荡恰好在某个时延处“反相”，两者共同作用时的反相叠加效果抑制了该时延特征。也正因如此，双反馈方法除了要求上述时延条件，还要求两个反馈强度相近。

3. 分布反馈

将双外腔推广到多个不等长的外腔，也有望抑制时延特征。空间光实验系统中，多个反馈腔很难做到。可在光纤反馈链路中引入分布反馈器件实现，原理图如图 5.2.20(c)所示。光纤后向瑞利散射(Wang Y C et al.,2012)、随机光栅(Xu et al.,

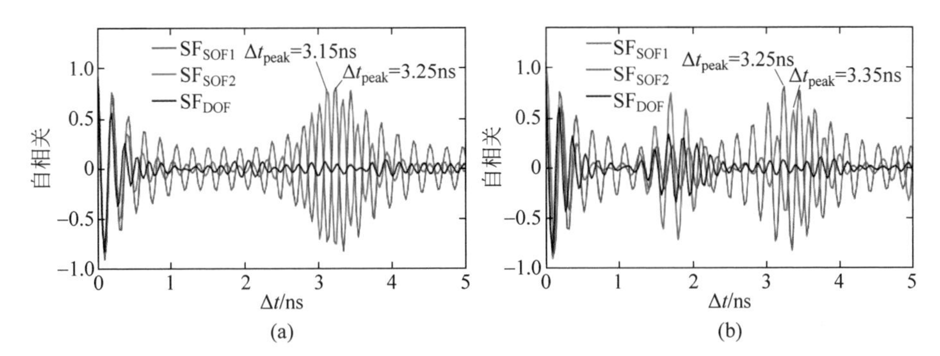

图5.2.21 双外腔反馈半导体激光器混沌振荡的自相关函数曲线(Wu et al.,2009)

(a) $|\tau_1-\tau_2|\approx\tau_{RO}/2$;(b) $|2\tau_1-\tau_2|\approx\tau_{RO}/2$

SOF1 表示仅反射镜 M1;SOF2 表示仅反射镜 M2;DOF 表示 M1 和 M2 都存在

2017)等分布式反馈方案相继被提出和实验验证。实验上在由光纤环构成的反馈回路中引入 300m 的散射光纤,得到了无时延特征的混沌光如图 5.2.22 所示(Wang Y C et al.,2012)。

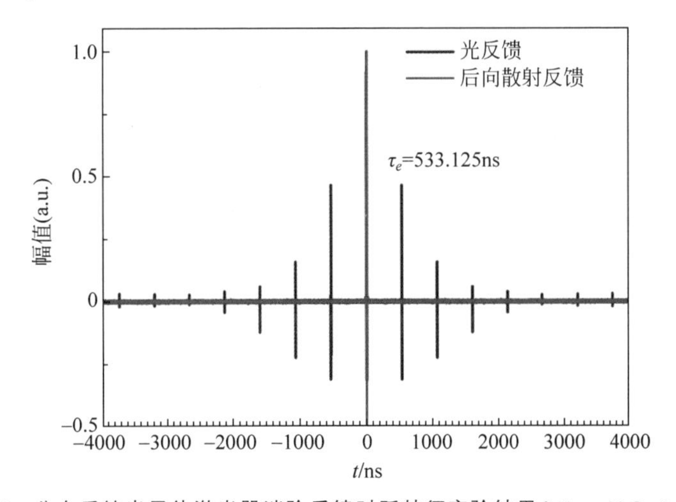

图5.2.22 分布反馈半导体激光器消除反馈时延特征实验结果(Wang Y C et al.,2012)

分布反馈半导体激光器的速率方程模型如式(5.2.23)和式(5.2.24)所示。$M=2$ 即双反馈的分布反馈。

$$\frac{dE(t)}{dt}=\frac{1}{2}(1+i\alpha)G_N\{N(t)-N_{th}\}E(t)+\frac{1}{\tau_{in}}\sum_{m=1}^{M}[\kappa_m E(t-\tau_m)\exp(-i\omega_0\tau_m)] \tag{5.2.23}$$

$$\frac{dN(t)}{dt}=\frac{I}{eV}-\frac{N(t)}{\tau_N}-G_N\{N(t)-N_0\}\mid E(t)\mid^2 \tag{5.2.24}$$

4. 滤波反馈抑制时延特征

2013年，作者课题组提出光学滤波反馈抑制时延特征方法，利用FP滤波器代替镜面实现光学滤波反馈，从而抑制反馈时延特征(Wu Y et al.,2013)。该方法的基本结构如图5.2.20(d)所示。理论研究发现，当滤波中心频率与激光器静态光频存在一定失谐，并且滤波线宽较窄时，可以获得有效的时延特征抑制。当线宽缩窄至3GHz时自相关曲线的时延特征旁瓣可以被消除，如图5.2.23所示(Wu Y et al.,2013)。香港城市大学Chen S.C.课题组利用光纤布拉格光栅实验上实现了频率失谐的光学滤波反馈并抑制了时延特征(Li S S et al.,2015)。

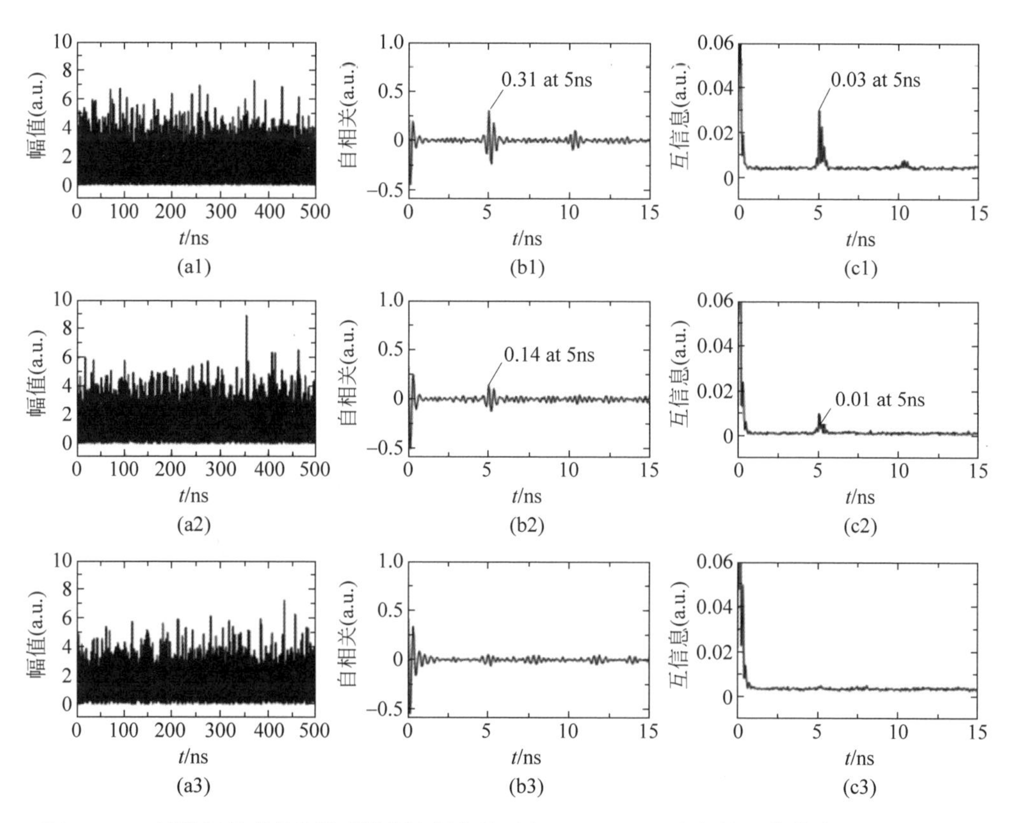

图5.2.23 滤波反馈半导体激光器混沌振荡的时序(a1)～(a3)、自相关函数曲线(b1)～(b3)及互信息曲线(c1)～(c3)(Wu Y et al.,2013)。第一行 $\Lambda=17\text{GHz}$，第二行 $\Lambda=7\text{GHz}$，第三行 $\Lambda=3\text{GHz}$

需指出，窄带滤波会导致滤波反射功率显著低于镜面反馈，因此通常需增加放大器。

5. 色散反馈抑制时延特征

镜面反馈激光器存在时延特征的根本原因是，镜面与激光器端面构成 FP 腔，形成了一系列具有相同频率间隔的外腔谐振模式。如果利用具有非线性响应的反射器件代替镜面，即反射光场 $F(t)$ 与激光器出射光场 $E(t-\tau_f)$ 是非线性的，则反射器件与激光器之间不再形成 FP 腔，反馈时延将会被抑制。基于这一思路，我们提出色散反馈抑制时延特征方法，并利用啁啾光纤光栅(CFBG)作为反馈器件进行了理论分析和实验验证(Wang D M et al.，2017)。其原理是，利用色散器件使得不同波长的光历经不同的反馈时延，则反馈光与色散器件的入射光呈现非线性，从而抑制或消除时延特征。此时，反馈时延变成光频率或波长的函数。

CFBG 反馈半导体激光器系统结构如图 5.2.20(e)所示。理论上，CFBG 反馈半导体激光器的电场速率方程如下：

$$\frac{\mathrm{d}E}{\mathrm{d}t}=\frac{1+\mathrm{i}\alpha}{2}\left[\frac{g(N-N_0)}{1+\varepsilon\mid E\mid^2}-\frac{1}{\tau_p}\right]E+\frac{\kappa_f}{\tau_{in}}\int_{t-T}^{t}h(t-t')E(t'-\tau)\mathrm{d}t' \tag{5.2.25}$$

式中右边第二项为色散光反馈项，积分代表 CFBG 响应函数 $h(t)$ 和延迟光场 $E(t-\tau)$ 的卷积。τ 是激光器和啁啾光纤光栅间的往返时间，k_f 是反馈强度，T 是 CFBG 的积分时间。CFBG 的响应函数 $h(t)$ 无解析解，色散反馈项可由 $H(\omega)\cdot \mathrm{FT}\{E(t-\tau)\}$ 的逆傅里叶变换求解计算，其中 FT{} 为逆傅里叶变换，$H(\omega)$ 是 CFBG 的反射谱。

图 5.2.24 分别给出了色散系数为零(即镜面反馈)和 5000ps/nm 的模拟结果，可见 CFBG 反馈可以消除反馈时延特征。实验上利用色散系数 2000ps/nm 的啁啾光纤光栅，将自相关曲线上的时延特征峰降低至 0.04。理论上增大色散系数可以完全消除时延特征。

为了分析消除时延特征的临界色散系数，理论研究了反馈强度分别为 0.1 和 0.12 条件下弛豫振荡频率、色散系数对时延特征的影响，如图 5.2.25 所示。如图中虚线所示，消除时延特征的临界色散系数与激光器弛豫振荡频率近似成反比关系，拟合结果显示比例系数随着反馈强度增大而略有减小。进一步分析发现，该系数约等于混沌激光 −3dB 光谱线宽的倒数。因此可以得出消除时延特征的最小色散系数的经验公式

$$\beta_c=\frac{1}{f_{RO}\Lambda_{-3dB}} \tag{5.2.26}$$

式中，Λ_{-3dB} 为混沌激光 −3dB 光谱线宽，单位为 nm。由经验公式可知，选择弛豫振荡频率较高的激光器，可以减小对啁啾光纤光栅色散系数的要求。

需说明，色散反馈实质上是一种具有非线性响应的时延反馈。理论上，只要一个器件具有非线性响应就可以用于抑制时延特征，例如光学微腔(Chang et al.，2023)。

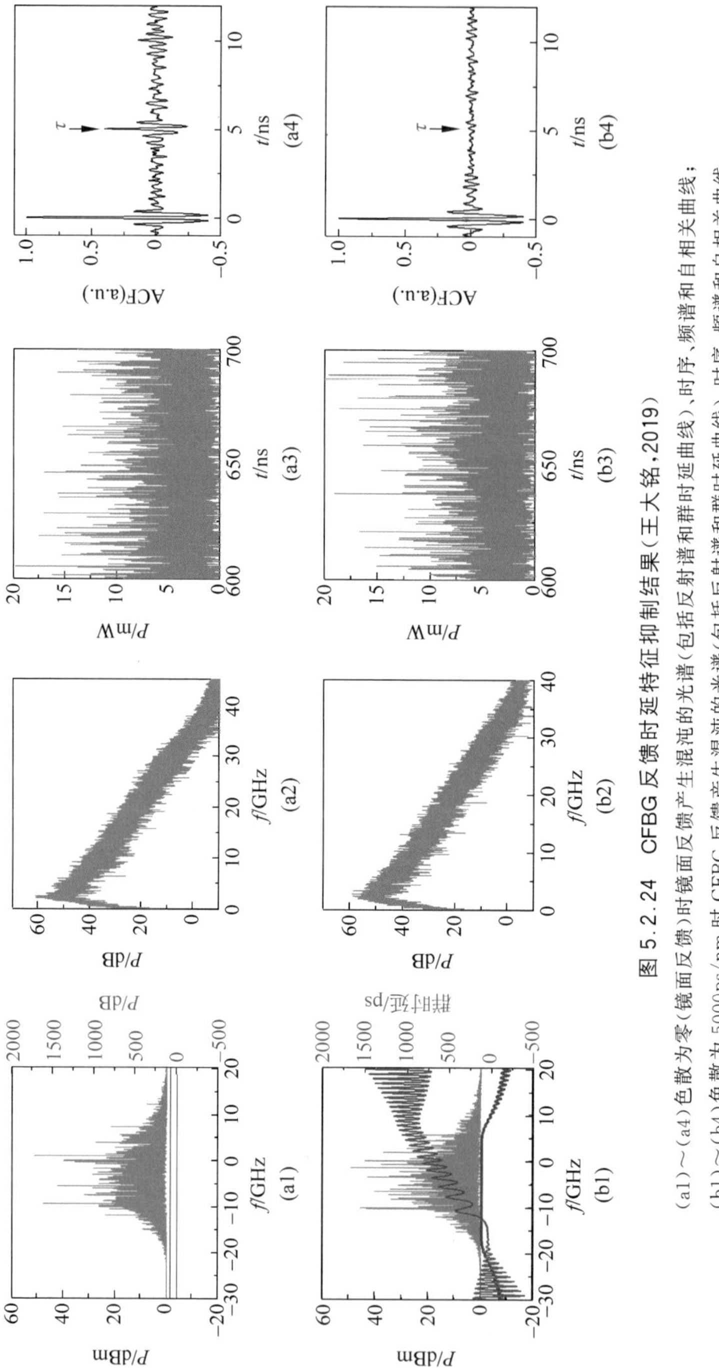

图 5.2.24　CFBG 反馈时延特征抑制结果(王大铭,2019)

(a1)～(a4)色散为零(镜面反馈)时镜面反馈产生混沌的光谱(包括反射谱和群时延曲线)、时序、频谱和自相关曲线;
(b1)～(b4)色散为 5000ps/nm 时 CFBG 反馈产生混沌的光谱(包括反射谱和群时延曲线)、时序、频谱和自相关曲线

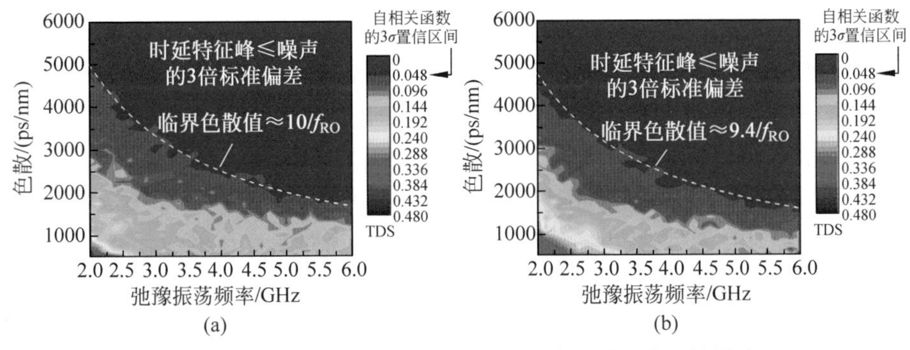

图 5.2.25　弛豫振荡频率和 CFBG 色散对时延特征的影响

反馈强度分别是 0.1(a)和 0.12(b)。$I=1.5I_{th}$,$\tau=5$ns

5.3　光注入 DFB 半导体激光器

5.3.1　光注入方式

光注入方法是将一个激光器的输出光注入另一个激光器,使之产生混沌。发射注入光的激光器为主激光器(ML),被注入的激光器为从激光器(SL)。

常见的光注入半导体激光器产生混沌激光的方式有:连续光注入、调制光注入、激光器互注入等,结构分别如图 5.3.1(a)～(c)所示。在图 5.3.1(a)中,主激光器输出连续激光注入从激光器,调节注入强度以及两激光器的波长失谐,使得从

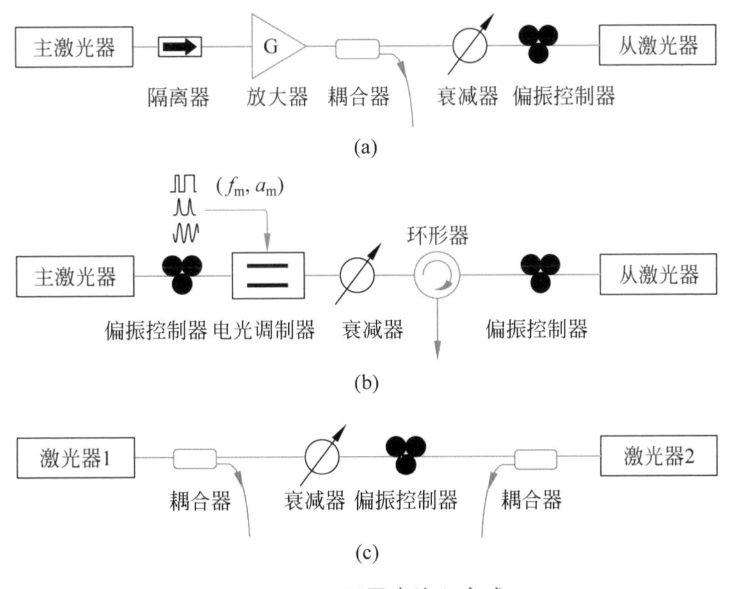

图 5.3.1　不同光注入方式

激光器混沌输出。连续光注入产生混沌激光的参数范围非常有限。在此基础上研究者提出调制光注入，对主激光器加以调制，使得从激光器所产生的动力学特性更加丰富，扩展产生混沌激光的参数范围(Chan et al.，2009)。调制光注入半导体激光器结构如图5.3.1(b)所示，其中调制频率 f_m 以及调制深度 a_m 是影响从激光器能否产生混沌输出的重要参数。激光器互相注入也可以产生混沌。如图5.3.1(a)所示，当两激光器互注入时，其中一个激光器可以理解为非线性反射镜，为另一个激光器提供光反馈。因此，互注入方法中两个激光器之间的耦合时间延迟也是影响激光器动力学状态的重要参数。此外，由于激光器之间不需要光隔离器，互注入系统有利于光子集成。

5.3.2 连续光单向注入激光器

1. 速率方程模型

光注入单纵模半导体激光器电场、速率方程可表示为

$$\frac{\mathrm{d}E_s(t)}{\mathrm{d}t}=\frac{1}{2}(1+\mathrm{i}\alpha)G_N[N(t)-N_{th}]E_s(t)+\frac{\eta}{\tau_{in}}E_m(t)\exp(\mathrm{i}2\pi\Delta\nu t) \tag{5.3.1}$$

式中，第一项为受激辐射项，第二项为光注入项。$E_m(t)$、$E_s(t)$分别为主从激光器的电场复振幅 $E_{m,s}(t)=A_{m,s}(t)\exp[\mathrm{i}\varphi_{m,s}(t)]$。$\Delta\nu=\nu_{m0}-\nu_{s0}$ 为主从激光器静态中心频率之差，称为光频失谐，幅度注入强度可表示如下：

$$\kappa_{inj}=\eta\frac{1-r_0^2}{r_0}\sqrt{\frac{P_{m0}}{P_{s0}}} \tag{5.3.2}$$

式中，r_0 为激光器输出端面的幅度反射率，η 为注入光到激光器的幅度耦合系数，P_{m0} 和 P_{s0} 为主从激光器静态输出功率。将电场复振幅代入式(5.3.1)，可得从激光器振幅和相位的速率方程

$$\frac{\mathrm{d}A_s(t)}{\mathrm{d}t}=\frac{1}{2}G_N[N(t)-N_{th}]A_s(t)+\frac{\eta}{\tau_{in}}A_m(t)\cos[-2\pi\Delta\nu t+\varphi_s(t)-\varphi_m(t)] \tag{5.3.3}$$

$$\frac{\mathrm{d}\varphi_s(t)}{\mathrm{d}t}=\frac{1}{2}G_N[N(t)-N_{th}]-\frac{\eta}{\tau_{in}}\frac{A_m(t)}{A_s(t)}\sin[-2\pi\Delta\nu t+\varphi_s(t)-\varphi_m(t)] \tag{5.3.4}$$

对于连续光注入，A_m 和 φ_m 为定值，可设 $\varphi_m=0$。

2. 进入混沌的路径

从速率方程模型可知，影响光注入半导体激光器动力学状态的主要参量是注入强度和频率失谐。图5.3.2给出了连续光注入半导体激光器的动力学状态在参

数空间(注入强度参数 ξ,主从频率失谐 f)上的分布图(Simpson et al.,1997)。在非零失谐的弱光注入情况下(ξ<0.01),从激光器处于四波混频态(4)。增大注入强度(0.01<ξ<0.15),从激光器可表现出更丰富的非线性动力学状态:单周期(P1)、亚谐波振荡(SR)、2倍周期(P2)、4倍周期(P4)、多波混频(M′)和混沌。如图5.3.2所示,激光器的复杂动力学状态与光频失谐密切相关,主要发生在较小的失谐范围(−4~8GHz),其原因是注入光要处于从激光器的光谱范围内才能产生复杂的相互作用。此外,由于从激光器在光注入下的光谱红移现象,正失谐更容易产生复杂动态行为。在强光注入时(ξ>0.15),从激光器处于注入锁定的稳态(S)或单周期状态。实验上通过调节激光器参数,还可以观察到准周期状态(Al-Hosiny et al.,2007)。需要指出,连续光注入产生混沌的参数空间较小,如图中两个黑色区域。通过增大激光器的偏置电流可增大参数空间,但需要相应地增大注入强度和频率失谐(Hwang et al.,2000)。

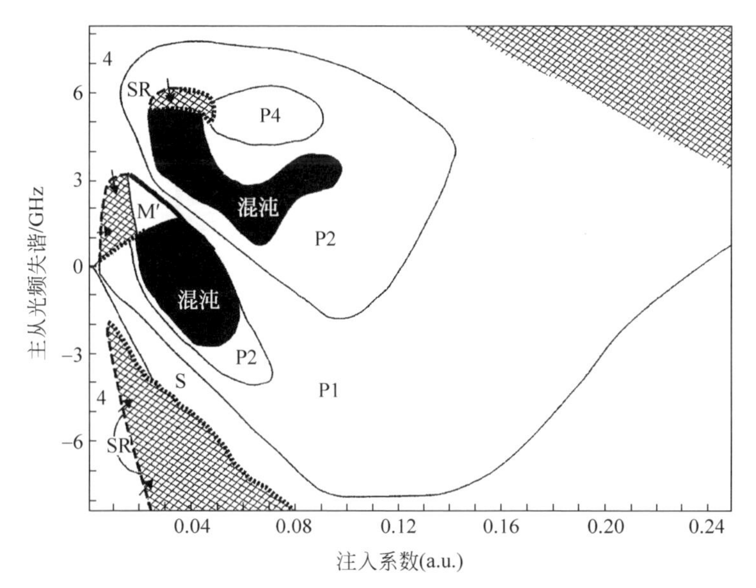

图5.3.2　连续光注入单模半导体激光器动力学状态分布图(Simpson et al.,1997)

从激光器偏置电流为 $5/3I_{th}$。M′表示多波混频;SR表示亚谐波振荡;4表示四波混频

从图5.3.2中可以看到多种进入混沌的路径,例如失谐4GHz时增大注入强度,激光器会经历“四波混频-P2-混沌”的路径。失谐0GHz时,则出现典型的倍周期进入混沌的路径。图5.3.3给出了该路径中激光器光谱的演变过程。随着注入强度的增加,从激光器进入混沌的路径为“稳态—单周期—2倍周期—混沌”,如图5.3.3(a)~(d)所示。自由运行时从激光器处于稳态,光谱中主模附近存在弛豫振荡引起的极弱边模。如图5.3.3(b)所示,弱光注入 $\xi^2=1\times10^{-4}$ 时,从激光器输出

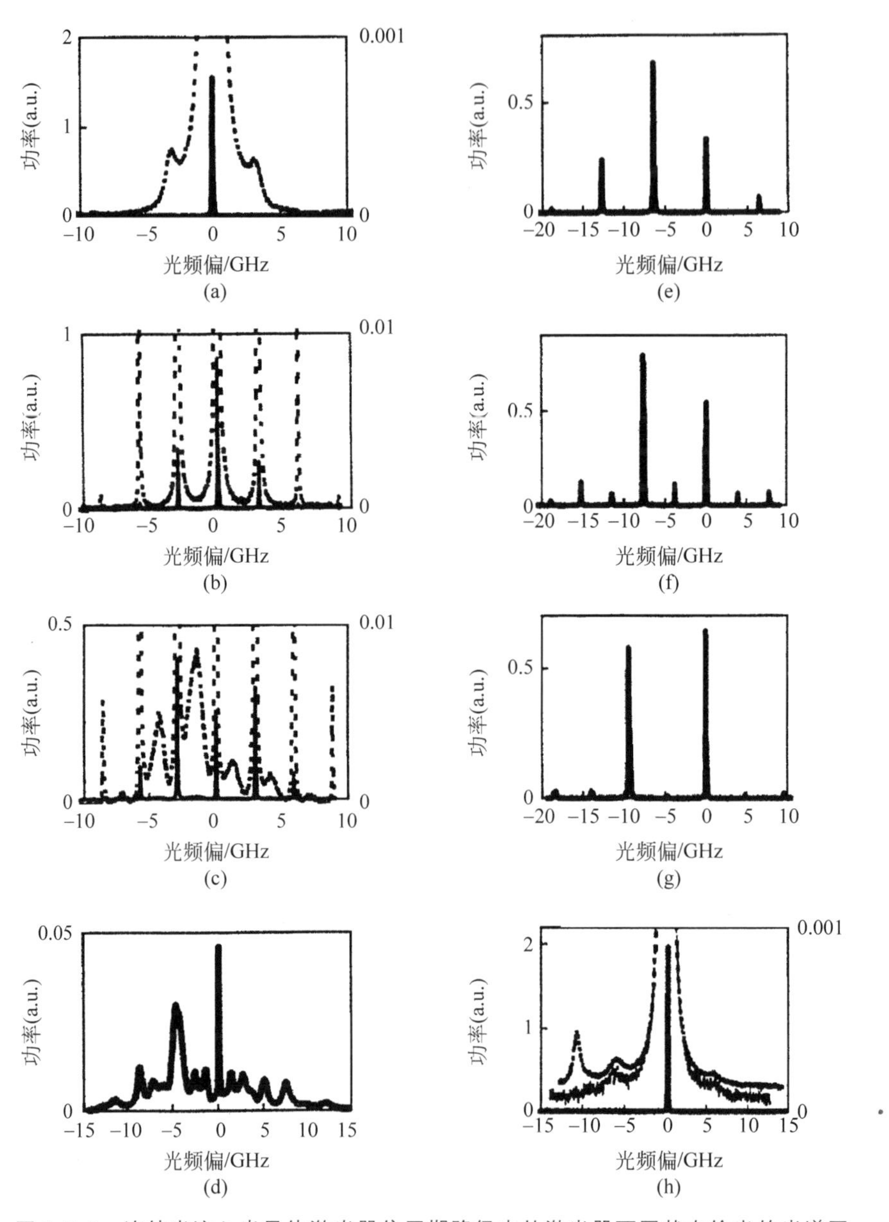

图 5.3.3　连续光注入半导体激光器倍周期路径中从激光器不同状态输出的光谱图 (Simpson et al.，1997)

(a) 从激光器自由运行的稳态；(b) 单周期；(c) 2 倍周期；(d) 混沌；(e) 单周期；(f) 2 倍周期；(g) 单周期；(h) 注入锁定的稳态。(b)～(h) 的注入强度(ξ^2)分别为 1×10^{-4}、3×10^{-4}、1.3×10^{-3}、3.6×10^{-3}、7.2×10^{-3}、1.7×10^{-2}、8.5×10^{-2}。光谱横坐标为相对从激光器自由运行的光频偏移，虚线为局部放大光谱

为单周期状态，光谱中主模旁的弛豫振荡峰增强。如图5.3.3(c)所示，$\xi^2=3\times10^{-4}$时，主模在光注入作用下红移至−2.9GHz。原主模0GHz处为注入光模式，其强度也弱于右侧弛豫振荡边模，此时激光器处于2倍周期态。局部放大光谱(虚线)显示，此时主模与注入模之间产生了连续谱增强。增强注入至$\xi^2=1.3\times10^{-3}$，如图5.3.3(d)所示，光谱展宽、幅度变小，由离散变为连续，此时为混沌振荡。值得注意的是，混沌光谱上存在细锐的注入光谱线，这是光注入与光反馈半导体激光器产生混沌的主要区别。继续增加注入强度，如图5.3.3(e)～(h)所示，激光器会经历“C—P1—P2—P1—S”的状态演化路径，退出混沌而进入锁定状态。

3. 混沌特征

实验测得连续光注入产生混沌的光谱和频谱分别如图5.3.4和图5.3.5所示，设置光频失谐为4GHz，从激光器弛豫振荡频率为11GHz(Li X Z et al.,2013)。光谱中混沌主峰波长相较于自由运行时(虚线所示)产生了红移(Li W et al.,2010)。当光频失谐大于弛豫振荡频率或增加注入强度时，光频失谐特征在光谱和频谱中更加明显，频谱不平坦。

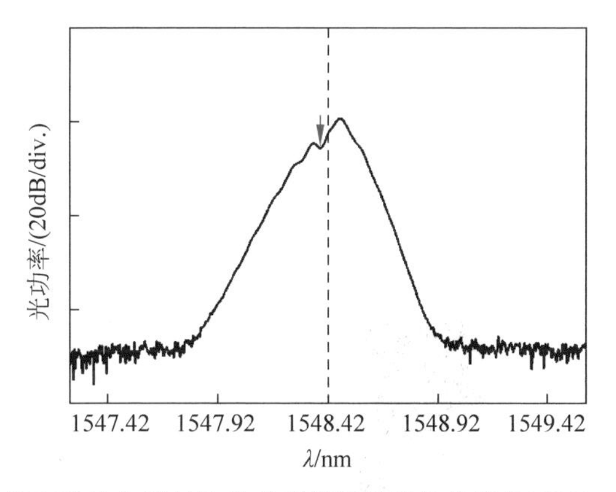

图5.3.4　稳态光注入半导体激光器混沌输出的光谱(Li X Z et al.,2013)

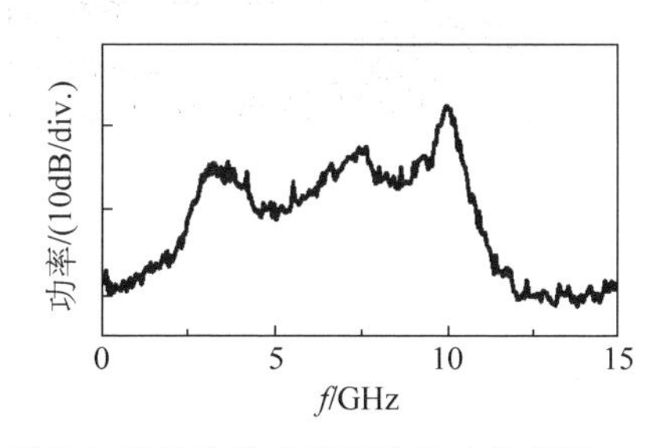

图5.3.5　稳态光注入半导体激光器混沌输出的频谱(Li X Z et al.,2013)

5.3.3 调制光单向注入激光器

调制光注入是指注入光的强度、相位或两者不再恒定的情况。已报道的调制注入光类型包括脉冲光(Juan et al.,2008)、正弦光(Chan et al.,2009; Zeng et al.,2021),以及随机数字光信号(彭小慧 等,2022)。

1. 周期脉冲光注入

林凡异及合作者数值研究了周期脉冲光注入单纵模半导体激光器的非线性动力学特性(Lin F Y et al.,2009)。在设定激光器弛豫振荡频率为2.5GHz、注入脉冲为宽度75ps的高斯型脉冲及光频失谐为零的情况下,分析了光脉冲重复频率f_{rep}、峰值注入强度ξ_p对激光器动态特性的影响。

图5.3.6给出了脉冲注入时激光器的动力学状态在参数空间(f_{rep},ξ_p)上的分布图。弱注入时($\xi_p<0.1$)激光器会呈现各种复杂振荡状态(以O结尾的符号表示,例如混沌振荡CO);强注入($\xi_p>0.1$)时,激光器呈现复杂脉冲特性(以P结尾的符号表示,例如混沌脉冲CP)。在弱注入-高重频率($f_{rep}>2.5$GHz)到强注入-低重频率($f_{rep}<2.5$GHz)的带状区域内,随着注入强度增大,激光器从混沌振荡状态过渡到混沌脉冲状态。此区域内混沌振荡的李雅普诺夫指数较大,波形复杂度高;混沌脉冲幅值大、频谱宽,其带宽是混沌振荡的2~4倍。高复杂度的混沌振荡有望应用于信息安全领域,大幅度、宽带的混沌脉冲状态则有利于雷达测距等应用。相比于幅度恒定的连续光注入,脉冲序列光注入显著地丰富了激光器的动力学状态,增加了混沌激光产生的参数空间。

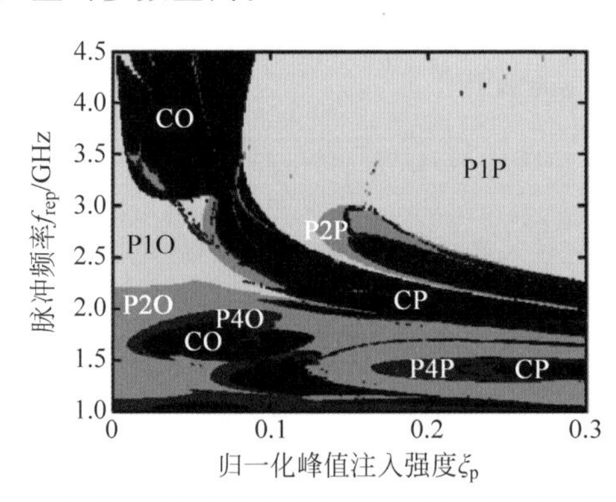

图5.3.6 不同脉冲注入强度(横坐标)和脉冲频率(纵坐标)下的动力学特性(Lin F Y et al.,2009)

2. 正弦调制光注入

Chan S. C. 等数值模拟了正弦调制光注入单纵模半导体激光器的非线性动力学特性(Chan et al.,2009)。设置主从激光器光频失谐为20GHz,注入光的强度调制频率f_m较低于弛豫振荡频率,通过改变调制深度a_m,观察到激光器的准周期进入混沌路径。

图5.3.7给出了不同调制深度时从激光器的输出频谱和时序。如图5.3.7(a)所示，无调制时，从激光器被连续光注入，注入光与红移的从激光器模式拍频，产生振荡频率 f_0 略大于主从光频失谐的单周期振荡。施加 $f_m=f_0/2$ 的次谐波正弦调制，当调制深度较小时($a_m=0.17$)，激光器频谱在 f_m 处出现明显的谐振峰，时间序列呈现双周期振荡状态，如图5.3.7(b)所示。增大调制深度，注入光峰值功率会增大，致使激光器红移进而导致 f_0 增大，破坏其与 f_m 的谐波关系，但注入光的调制边带仍能激发 $f_0/2$，例如图5.3.7(c)所示 $a_m=0.5$ 的情况。此时，激光器呈现 f_m 与 $f_0/2$ 的双频振荡，时间序列出现明显的包络。继续增大调制深度，导致激光器光谱展宽，频谱上表现为 f_0、$f_0/2$ 处也相应加宽，激光器经过准周期态，演化为混沌振荡，如图5.3.7(d)和(e)所示。对比相同光频失谐的连续光注入，正弦调制光注入会展宽混沌频谱。正弦调制光注入也可一定程度上增大产生混沌的参数空间。研究发现，f_m 小于弛豫振荡频率时，激光器产生混沌振荡的调制深度一般需要大于90%。当调制频率 f_m 大于弛豫振荡数GHz时，激光器能够在更小的调制深度下产生混沌(Tseng et al.，2020；Zeng et al.，2021)。

3. 随机数字光注入

随机数字光注入是用随机数字信号对主激光器输出的连续光进行电光调制之后再注入从激光器。下面介绍利用随机非归零码(NRZ)调制注入光相位对激光器动态的影响。此时，注入光的幅度是恒定的。

注入光未加调制时，设置光频失谐为－2.8GHz、注入强度为0.12，使从激光器处于注入锁定状态，如图5.3.8(a1)～(a4)所示。从激光器中心频率红移后被锁定在注入光频率 ν_m 处，光谱在 $\nu_m \pm f_R$ 处出现弛豫振荡诱发的边模，频谱在 $f_R=10.58\text{GHz}$ 处出现峰值。此时引入NRZ相位调制，当信号速率 $f_m=1.0\text{Gbit/s}$ 时，激光器中心谱线略有展宽，其谱线形状与注入光谱相似。如图5.3.8(b2)所示，频谱在低频段内也显现出NRZ调制信号的频谱特征。这些结果表明从激光器对相位调制光注入呈现微弱的非线性响应，从激光器仍然保持连续光输出。如图5.3.8(c1)～(c2)所示，增大 f_m 到2.0Gbit/s，激光器光谱进一步展宽并覆盖了 $\nu_m \pm f_R$ 处的边模；频谱上 $f<f_R$ 频段的能量增强且更明显地呈现NRZ调制信号的频谱特征，但 f_R 处峰值依然存在。如图5.3.8(c3)所示，每当注入光相位发生变化时，激光器波形会出现较明显的弛豫振荡，此时的相图呈现环状，可见激光器处于准周期振荡。如图5.3.8(d)～(e)所示，当增大调制速率使得数字信号上升沿时间(t_r)小于从激光器弛豫时间时，光谱和频谱显著展宽且弛豫振荡不再明显。由于码元宽度较小，注入光相变导致的激光器响应振荡会持续到下一次相位突变并影响随后的激光器输出，产生大幅度、不规则的强度波形，呈现出混沌信号的特征。由上述分析可知，

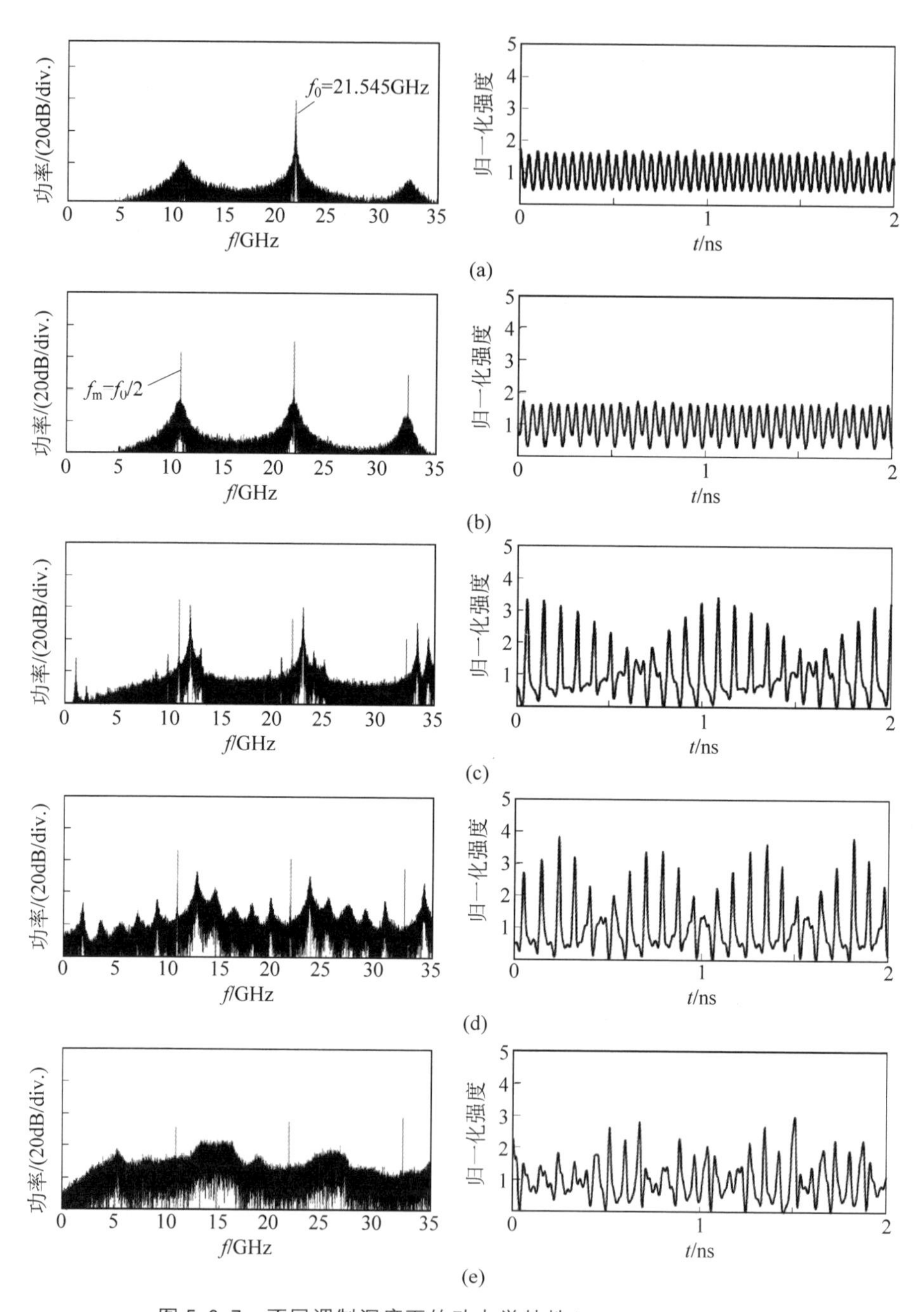

图 5.3.7　不同调制深度下的动力学特性(Chan et al.,2009)

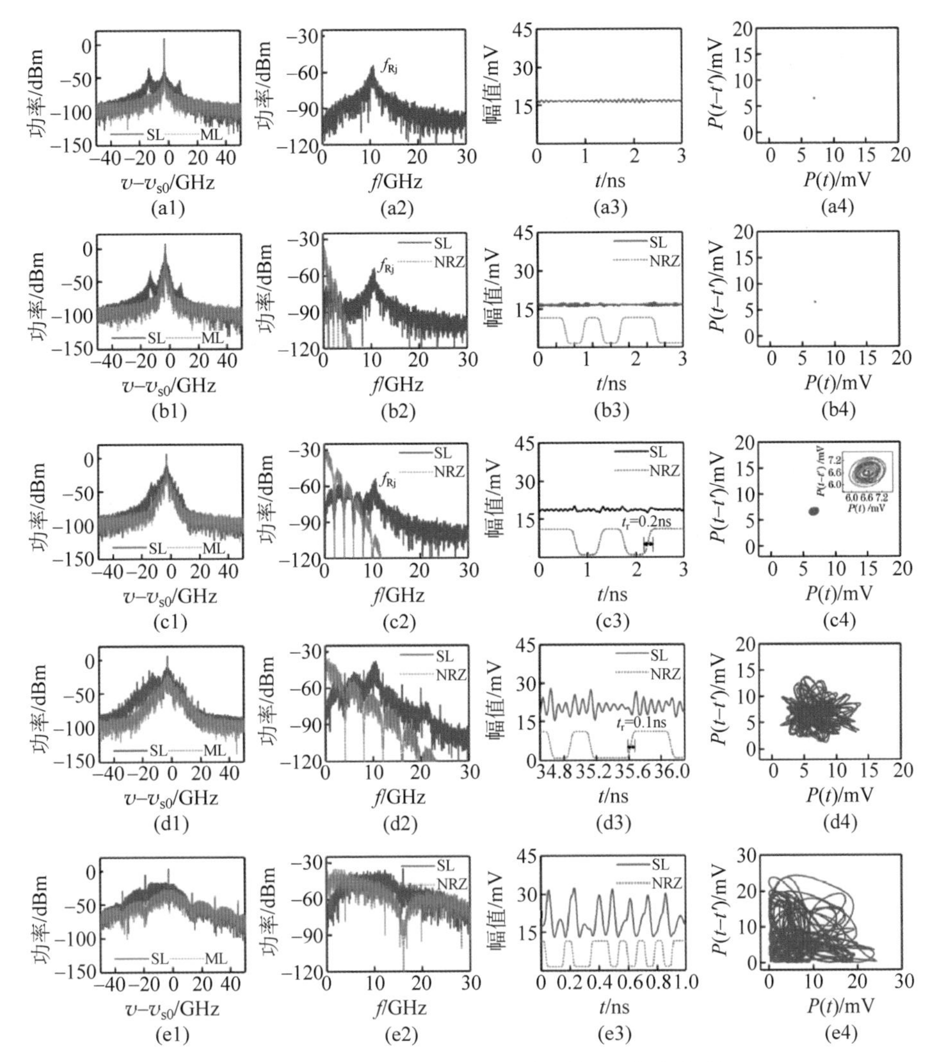

图 5.3.8　不同调制速率对应光注入典型结果(彭小慧 等,2022)

$\kappa_{inj}=0.12$,$\Delta\nu=-2.8$GHz,$a_m=0.5\pi$;从左到右分别为:光谱、频谱、时序、相图;

从上到下 f_m 分别为:0Gbit/s、1Gbit/s、2Gbit/s、4Gbit/s、16Gbit/s

随着注入光相位调制速率的增加,激光器可以从初始的注入锁定状态经历准周期过程演化进入混沌。其原因可归结于,注入光快速的相位变化激励激光器形成非阻尼弛豫振荡,进而与注入光相互作用诱发混沌振荡。理论上,除了相位变化速率,相位变化幅度也可以影响激光器的激励效果。如图 5.3.9 所示,随调制深度的增大,从激光器同样遵循准周期路径进入混沌,并且在一定范围内,大调制深度引起的非线性能够扩展从激光器的混沌带宽。

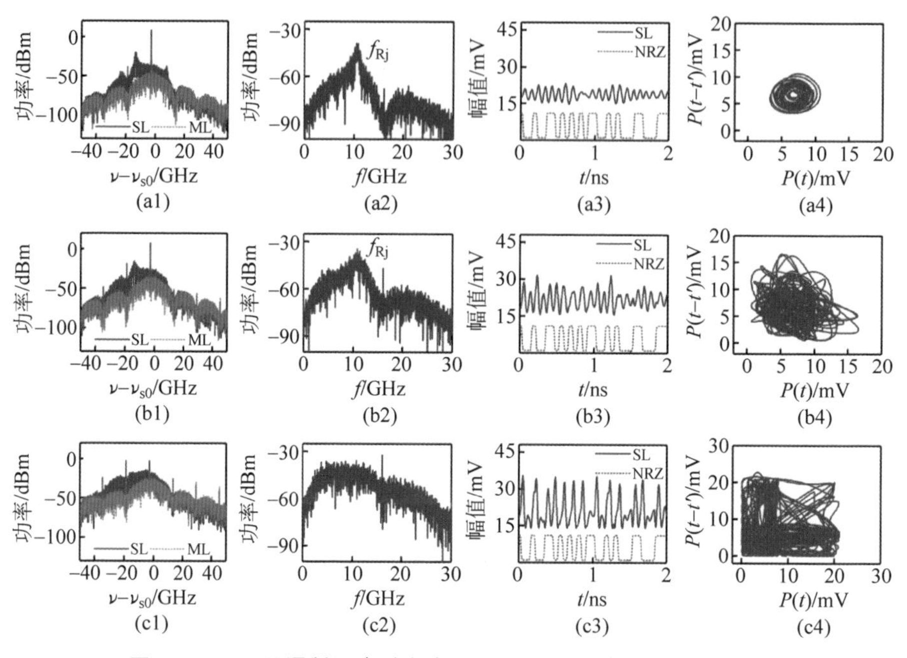

图 5.3.9 不同调制深度对应光注入典型结果(彭小慧 等,2022)

f_m=16Gbit/s；从左到右分别为：光谱、频谱、时序、相图；从上到下 a_m 分别为：0.05π、0.17π、0.8π

图 5.3.10 给出了调制速率与调制深度对从激光器输出状态的影响。低速率和低调制深度的相位调制难以激励非阻尼弛豫振荡，此时激光器仍处于注入锁定状态。随着调制深度的增加，激光器产生混沌所需的调制速率降低。产生混沌态应满足条件 $t_r \leqslant 1/f_R$，即数字调制信号的上升时间约小于等于激光器锁定状态的弛豫周期 $1/f_R$。

鉴于现行光纤数字通信具有超长距离传输能力，预期将随机数字光作为驱动信号可以实现半导体激光器超长距离混沌同步，这对远距离混沌密钥分发具有重要意义。

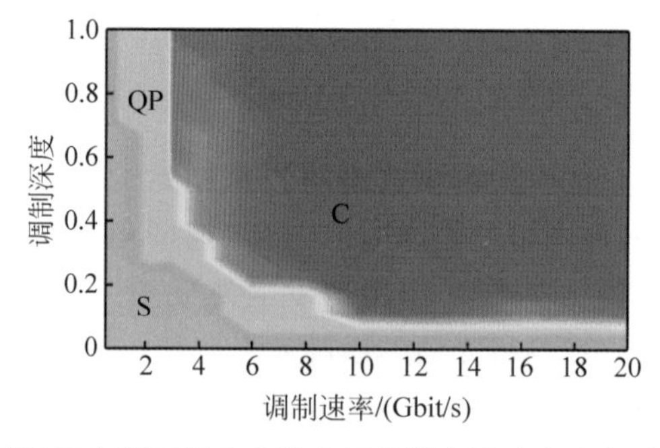

图 5.3.10 调制速率与调制深度参数空间的激光器动态分布(彭小慧 等,2022)

5.3.4　激光器互注入

将两个自由运行激光器的输出光互相注入对方有源腔，即实现激光器互注入，也称为互耦合。若将一个激光器看作另一个激光器的外部有源反射器，激光器互注入结构可类比于光反馈半导体激光器。因此，注入延时即光在两个激光器之间的传输时间 τ_{inj}，也是影响系统动力学状态的重要参数。

T. Heil 等实验和理论发现，光频失谐为零时两个相似激光器互注入可以产生同步的混沌振荡（Heil et al.，2001b）。两个激光器的混沌波形具有高度相似性，仅存在一个等于注入延时的时间差。此时，激光器混沌波形自相关曲线在 $2\tau_{inj}$ 及其整数倍处出现旁瓣，因此具有类似于光反馈半导体激光器的时延特征。Wu J. G. 等研究发现，通过调节注入强度、光频失谐，可以抑制该时延特征（Wu J. G. et al.，2011）。此时两个激光器的混沌振荡不再同步或者没有相关性，即可以产生两束不同的混沌激光。此外，在较大的光频失谐和强注入情况下，互注入激光器还可以产生宽带混沌激光（Qiao et al.，2019），详见 5.5.1 节。

不同于单向光注入，互注入激光器之间不需要光隔离器，这为系统的光子集成带来了便利。清华大学制备了单片集成的互注入 DFB 激光器，并实验观测到了准周期进入混沌的路径（Liu D. et al.，2014）。集成互注入半导体激光器示意图如图 5.3.11 所示，集成激光器由两个 DFB 激光器（LD 1 和 LD 2）和中间的相位区组成。相位区长度决定了互注入延时，相位区电流用于调节互注入光的附加相移。改变激光器的工作电流不仅可以调节激光器波长，也可以调节互注入强度，因此集成激光器三个区的电流都可以改变激光器的动力学状态。图 5.3.12 为两激光器在不同光频失谐下，集成激光器的输出状态。图 5.3.12(a)为 $I_{LD1}=40mA$，$I_{LD2}=42mA$ 时的单周期振荡状态，其振荡频率为两激光器注入光频失谐。当 $I_{LD2}=43mA$ 时光频失谐增加，如图 5.3.12(b)所示，激光器频谱中有明显的 3 个特征频率，对应于光频失谐、弛豫振荡频率以及失谐频率与弛豫振荡频率的差频，此时激光器处于准周期振荡。继续增加频率失谐，激光器演化为如图 5.3.12(c)所示的混沌态。当激光器失谐量为弛豫振荡频率的整数倍时，激光器输出为图 5.3.12(d)和(e)的频率锁定态。

图 5.3.11　光子集成互注入 DFB 激光器示意图（Liu D. et al.，2014）

EDFA：掺铒光纤放大器；OSA：光谱仪；PD：光电探测器；ESA：频谱仪；OSC：示波器

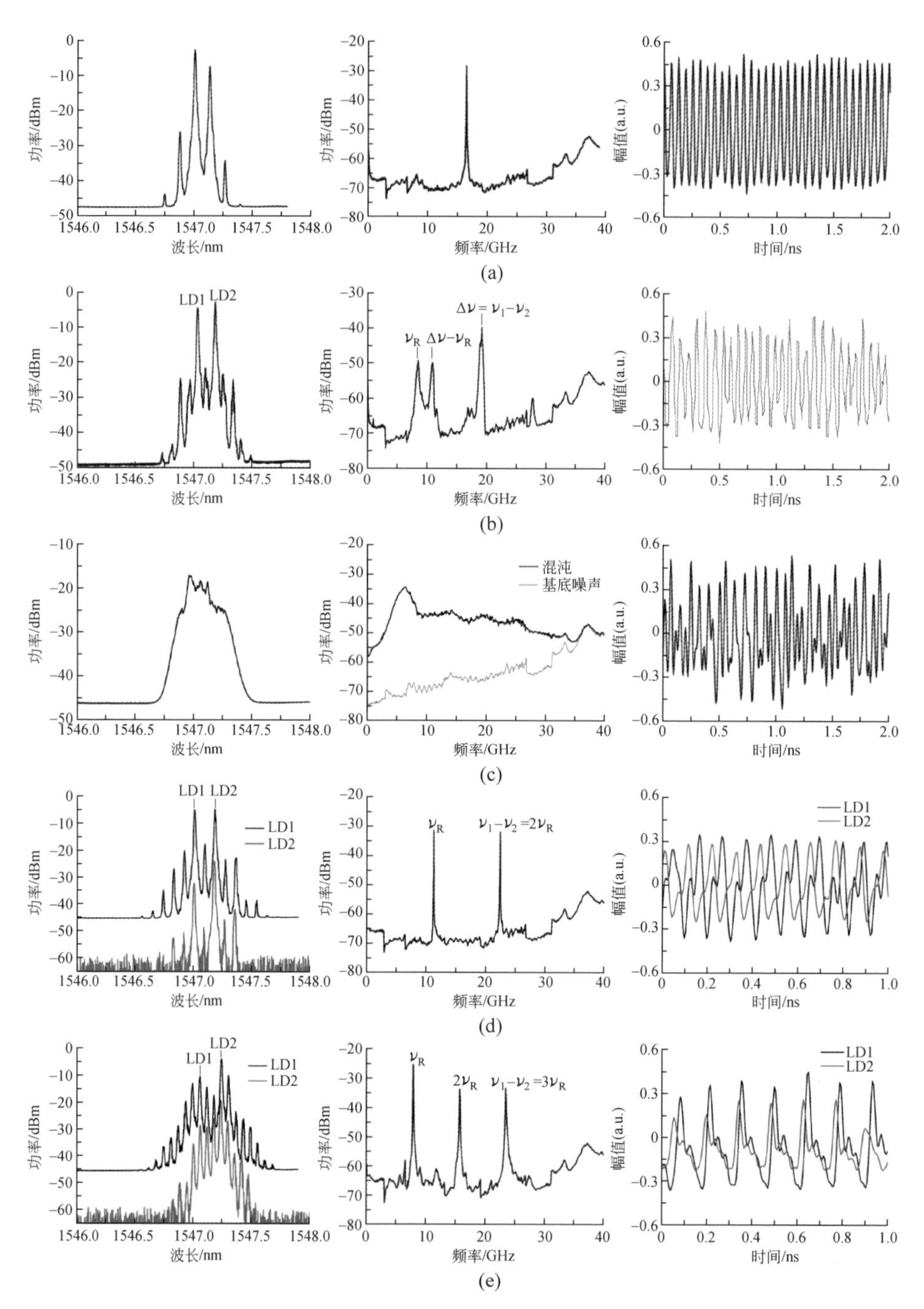

图 5.3.12　不同光频率失谐下光子集成互注入 DFB 激光器的动力学输出(Liu D. et al.,2014)

I_{LD1} 为 40mA,从上到下 I_{LD2} 分别为 42mA、43mA、44mA、46mA、48mA;从左到右为激光器输出光谱、频谱和时间序列

5.4 光电反馈 DFB 半导体激光器

本节介绍另一种半导体激光器产生混沌激光的扰动方式——光电反馈。1988 年，韩国科学技术研究院的 Lee C. H. 等使用该方法产生了脉宽达皮秒量级、重复速率在数吉赫兹的超短脉冲(Lee C. H. et al.，1988)。随后，在 1992 年非线性光合会议上报道了光电反馈半导体激光器产生混沌的理论预期(Lee C. H. et al.，1992)。意大利 G. Giacomelli 等实验发现，半导体激光器在光电反馈情况下可使激光器输出呈现不稳定现象，但由于在反馈回路缺少了放大器，无法增大反馈电流幅度，最终未能在实验中观察到混沌现象(Giacomelli et al.，1989)。

5.4.1 实验装置与理论模型

光电反馈是用光电探测器将输出的激光转变为电信号，经放大器后通过 Bias-T 与激光器偏置电流叠加。根据反馈电流极性，光电反馈可分为光电正反馈和光电负反馈两种结构，如图 5.4.1 所示，其中反相器用于实现负反馈。可调节反馈时间、反馈强度(放大器放大倍数)、激光器偏置电流等参量实现激光器不同动力学状态的输出。2001 年，美国加州大学洛杉矶分校的 Tang S. 和 Liu J. M. 对光电正反馈半导体激光器进入混沌的路径开展了细致的研究(Tang et al.，2001)；Lin F. Y. 和 Liu J. M. 等在 Grigorieva E. V. 的研究基础上(Grigorieva et al.，1999；Lin F Y et al.，2002，2003b)发现了频率锁定这一新现象，并对光电负反馈半导体激光器进入混沌路径的完整性做出了贡献。

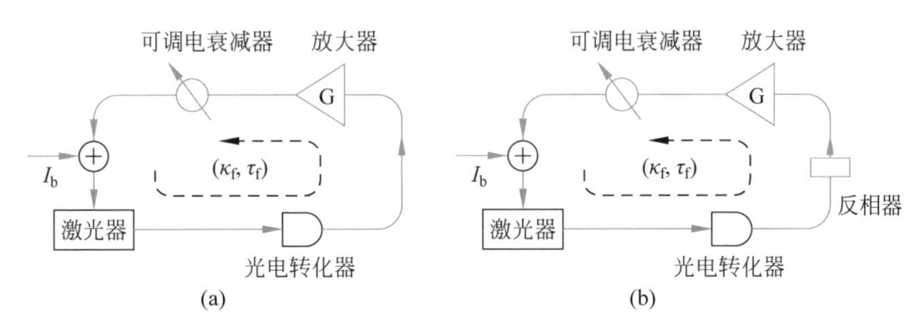

图 5.4.1　光电反馈半导体激光器的结构示意图

(a) 光电正反馈；(b) 光电负反馈

光电反馈半导体激光器的理论模型可以通过速率方程(5.4.1)和方程(5.4.2)表示(Agrawal et al.，1986；Ohtsubo，2008)。

$$\frac{\mathrm{d}S(t)}{\mathrm{d}t}=G_N[N(t)-N_{\mathrm{th}}]S(t) \tag{5.4.1}$$

$$\frac{\mathrm{d}N(t)}{\mathrm{d}t}=\frac{I}{eV}\left[1+\kappa_{\mathrm{f}}\frac{S(t-\tau_{\mathrm{f}})-S_{\mathrm{offset}}}{S_0}\right]-\frac{N(t)}{\tau_N}-G_N[N(t)-N_0]S(t) \tag{5.4.2}$$

式中，S 为腔内光子密度，N 为载流子浓度，I 为偏置电流，e 为电荷常量，V 为有源层体积，S_0 为激光器无反馈自由运行时的腔内光子密度，S_{offset} 为反馈回路中光子密度的恒定偏移量，τ_N 为载流子寿命，κ_{f} 为反馈强度，τ_{f} 为反馈延迟时间。在数值模拟中，当 $\kappa_{\mathrm{f}}>0$ 时为正向反馈，$\kappa_{\mathrm{f}}<0$ 时则为负向反馈。当反馈极性不同时，激光器输出从稳态进入混沌的路径也不尽相同。

5.4.2 光电反馈半导体激光器的混沌激光产生

1. 光电正反馈

2001 年 Tang S. 和 Liu J. M. 通过改变系统的光电反馈延迟时间，分别通过理论和实验详细研究了光电正反馈半导体激光器输出从稳态进入混沌态的路径(Tang et al.，2001)。当归一化延迟时间(延时与弛豫振荡周期之比)为 7.47，如图 5.4.2(a)所示，激光器输出为单频脉冲序列，其频率为激光器弛豫振荡频率。如图 5.4.2(b)所示，随着 τ_{f} 的减小，时间序列中除了原有的等间隔脉冲序列，在脉冲幅度上出现了周期调制现象，调制频率与反馈延迟时间的倒数相近。由于弛豫振荡频率与延迟频率的相互作用，频谱出现了不等比的频率尖峰，此为双频准周期现象。继续减小 τ_{f}，如图 5.4.2(c)所示，激光器输出进入三频准周期状态。频谱中增加了由弛豫振荡和反馈时延非线性作用产生的第三个频率特征，此频率随着反馈延时的减小而减小，频谱特征峰越来越密集，实现混沌脉冲输出，如图 5.4.2(d)所示。光电正反馈半导体激光器从稳态经历自脉冲、双频准周期，至三频准周期最后到混沌状态，该进入混沌的路径与 Rulle-Takens-Newhouse 的三频准周期进入混沌路径完全吻合(Tang et al.，2001；Lin et al.，2003b)。

图 5.4.3 给出了反馈强度与延迟时间参数空间上激光器的状态分布，包括稳态(S)、规则脉冲态(RP)、双频准周期态(Q2)、三频准周期态(Q3)以及混沌态(C)所对应的参数位置分布(Lin et al.，2003b)。可见光电反馈半导体激光器系统在不同反馈强度及延迟时间下存在多个离散的混沌态区域。当反馈强度较小时，激光器输出基本保持在稳态和规则脉冲状态。当反馈强度超过 0.09 时，随着反馈延迟时间的变化，激光器的输出状态才会遍历进入混沌的路径。

2. 光电负反馈

1999 年，Grigorieva E. V. 等在光电负反馈半导体激光器中通过改变反馈延迟时间观察到了准周期进入混沌的路径(Grigorieva et al.，1999)。此外，光电负反馈系统还存在频率锁定脉冲(FL)状态(Lin et al.，2003b，2004b)，如图 5.4.4 第三行

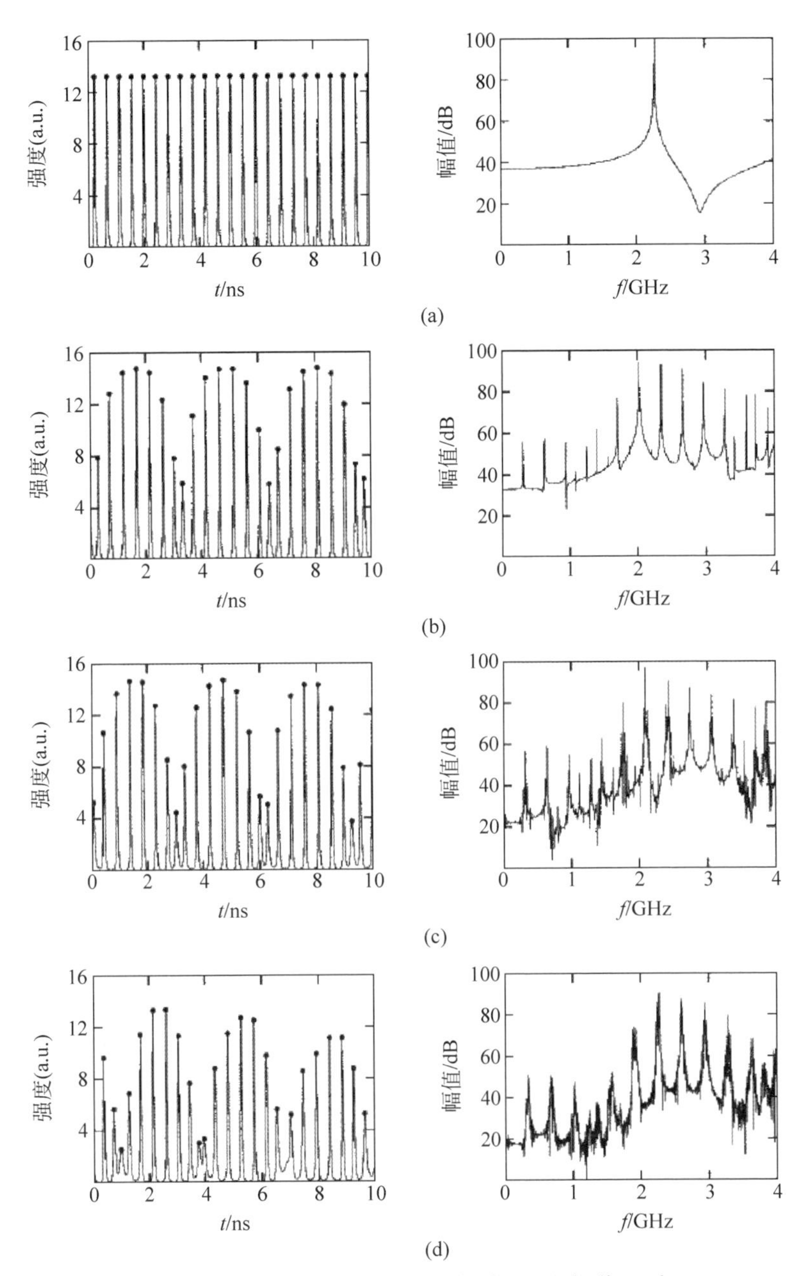

图 5.4.2 光电正反馈系统在不同延迟时间的时间序列(左)和频谱图(右)(Tang et al.,2001)
归一化延迟时间分别为(a)7.47,(b)7.25,(c)7.00,(d)6.48

所示。在如图 5.4.4(g)所示的频谱中,弛豫振荡频率与反馈延时对应的高阶频率互相锁定,可见频率锁定脉冲产生的条件是:激光器弛豫振荡频率是反馈延时倒数的整数倍。

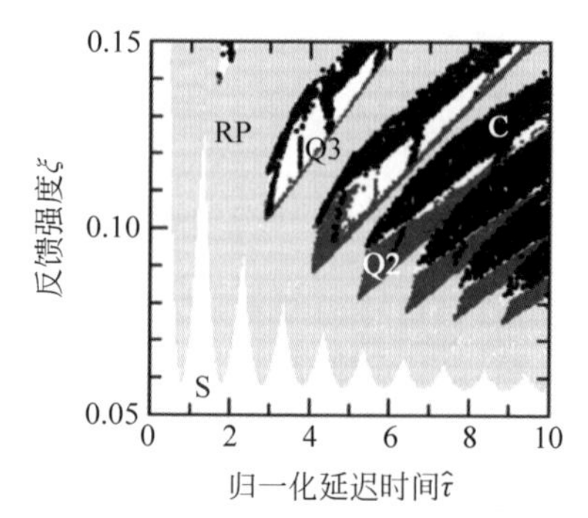

图 5.4.3　光电正反馈半导体激光器在反馈强度及延迟时间参数平面上的动力学状态分布(Lin et al.,2003b)

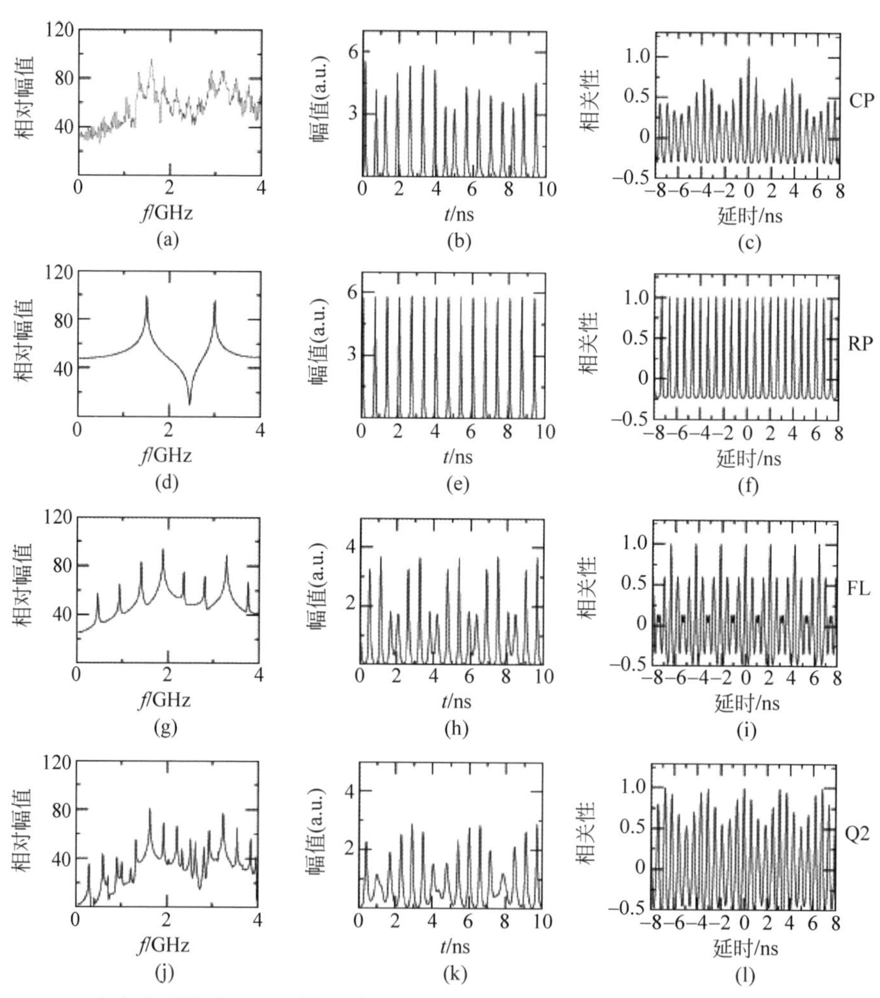

图 5.4.4　光电负反馈在不同反馈强度和反馈延时下的输出频谱(第一列)、时序(第二列)和自相关(第三列)(Lin et al.,2004b)

反馈强度系数为−0.1,归一化反馈延时由上到下分别为 8.1、3.5、4.2、6.7

光电负反馈半导体激光器在反馈强度与延迟时间的参数平面内的动力学状态分布如图 5.4.5 所示。可见其混沌态分布与光电正反馈情况相似，存在离散分布的混沌态区域，混沌态主要出现在低反馈强度、长反馈时延条件下。混沌区域之间存在频率锁定脉冲状态带，后者区域随反馈延时增加而减小。

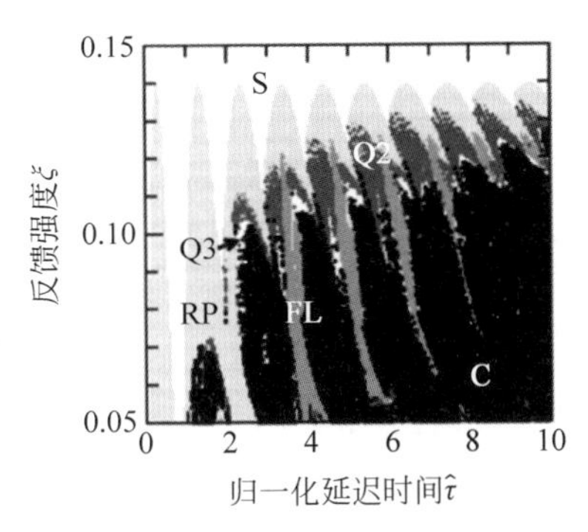

图 5.4.5 光电负反馈半导体激光器在反馈强度及延迟时间参数平面上的动力学状态分布(Lin et al.,2003b)

光电正、负反馈激光器具有如下相同点：输出强度波形多为脉冲振荡，其频谱中弛豫振荡频率成分占主导，自相关曲线存在反馈时延特征。主要不同之处在于，光电负反馈的混沌产生参数空间更大，信号复杂度更高。

5.5 混沌带宽展宽方法

无论是光反馈、光注入还是光电反馈的方案，由于半导体激光器内部本征弛豫振荡的存在，导致所产生的混沌振荡能量多集中在弛豫振荡频率附近导致，混沌频谱带宽不超过 10GHz。这直接限制了混沌保密通信速率、随机数生成速率及混沌测距精度(Lin,2004a; Kanter et al.,2010)。因此，如何展宽混沌带宽成为混沌信号产生的重要问题。本节将对混沌带宽展宽方法进行分类概述。

5.5.1 外光注入

外光注入展宽混沌带宽方法包括：①混沌光注入，即将光反馈激光器产生的混沌激光注入另一激光器中；②连续光注入，即将自由运行激光器产生的连续光注入另一带有光反馈的混沌激光器；③互注入，即两个自由运行的激光器互注入；④自相位调制光注入。下面将对四种方法的具体实现方案、带宽展宽效果和机理进行介绍。

1. 混沌光注入

将光反馈激光器产生的混沌激光注入另一激光器中实现混沌带宽展宽的方法，最早由 Atsushi Uchida 提出并验证(Uchida et al.,2003)。其实验装置如图 5.5.1 所示，主激光器在光反馈作用下产生混沌激光并注入从激光器中，从激光器产生带宽扩展的混沌激光输出。

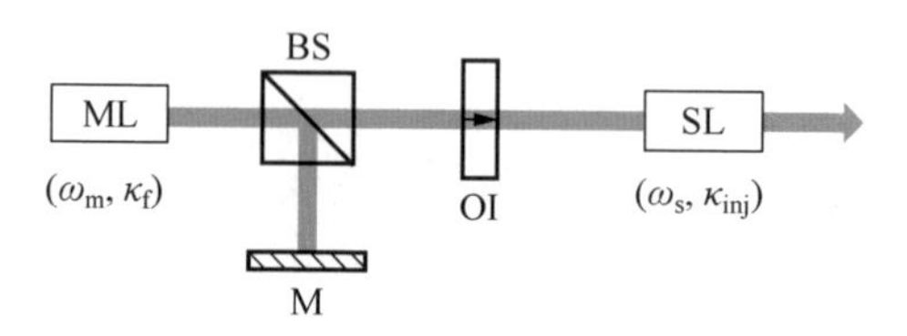

图 5.5.1　混沌光注入带宽增强装置图

典型的混沌带宽展宽结果如图 5.5.2 所示，其中灰色和黑色曲线分别是主、从激光器产生的混沌激光频谱。该实验结果是在以下参数设置情况下获得的：主从激光器弛豫振荡频率分别为 7.1GHz 和 6.4GHz，主激光器的反馈时延为 2.2ns，主从激光器光频失谐为 17GHz。由于主从激光器的拍频，频率大于 15GHz 的高频部分能量抬高，混沌带宽展宽、频谱平坦度显著改善。理论分析发现，显著的带宽增强发生在正失谐和强注入条件下。此外，主激光器混沌频谱存在周期约为 0.45GHz 的起伏，这是反馈时延特征在频谱上的体现。而从激光器输出的频谱没有“继承”该周期波动，表明该方法还可以抑制反馈时延特征。

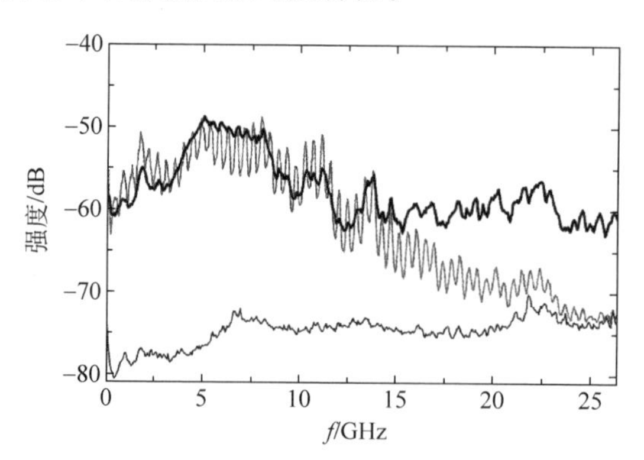

图 5.5.2　混沌光注入方法获得的宽带混沌频谱(Uchida et al.,2003)
黑色：从激光器；灰色：主激光器

研究者对该方法进行扩展，相继提出了级联光注入(冯野 等，2011；Li N Q et al.,2012a,2012b；Sakuraba et al.,2015；Liu et al.,2015)、双路径混沌光注入(Xiang et al.,2012a；Mu et al.,2013)、双波长混沌光注入(Xiang et al.,2012b；Li N Q et al.,2013；Mu et al.,2015)等延伸技术。

2. 连续光注入

该方法将自由运行激光器产生的连续光注入另一带有光反馈的混沌激光器实现混沌带宽展宽(Takiguchi et al.,2003; Wang A B et al.,2008,2009),装置如图5.5.3所示。图5.5.4为典型的实验结果,此时注入光频失谐为8.8GHz。无光注入下,从激光器频谱有明显的弛豫振荡峰,混沌振荡能量主要集中在1~8GHz的频率范围内,混沌带宽仅为6.2GHz。当光注入存在时,频率高于8GHz的频谱出现明显抬起,频谱覆盖范围超过20GHz,混沌带宽显著增强至16.8GHz。相同的方案也被应用于VCSEL中,获得了宽带且频谱平坦的混沌激光(Hong et al.,2012a,b)。

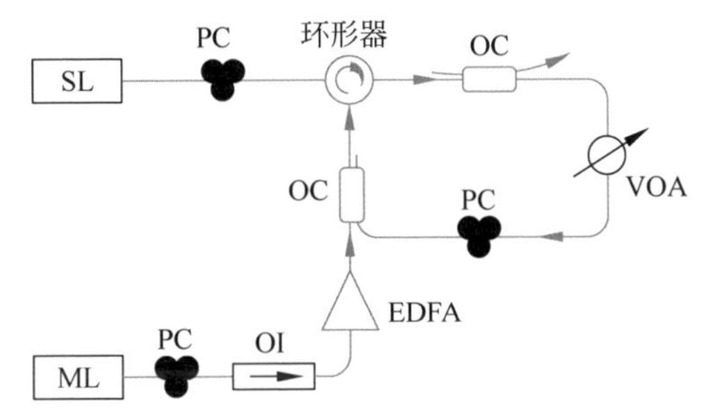

图5.5.3 连续光注入带宽增强装置图

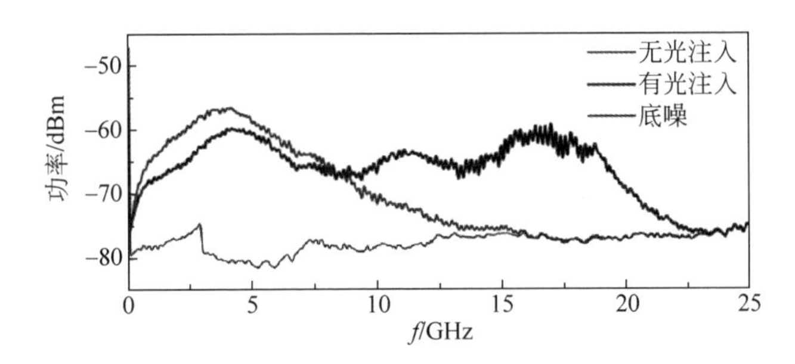

图5.5.4 连续光注入方法获得的宽带混沌频谱(Wang A B et al.,2008)

研究发现,只有当注入激光器与从激光器具有一定频率失谐的情况下,才能获得混沌带宽展宽效果,光频失谐$\Delta\nu$应满足经验条件$|\Delta\nu-\nu_{shif}|>f_0$,其中$\nu_{shif}$为注入引起的从激光器中心频率的红移量,$f_0$为从激光器原始的混沌带宽(Wang A B et al.,2009)。由于从激光器红移效应,正失谐光注入更容易展宽带宽。带宽展宽的机制可视为注入引起的高频周期振荡与从激光器的原始混沌振荡之间相互耦合,频谱高频段新出现的峰值,其频率即注入光与从激光器红移后的光场的拍频(Wang A B et al.,2009)。

3. 激光器互注入

将两个激光器互相注入，通过优化注入强度、光频失谐也可以产生宽带混沌(Qiao et al.,2019)。图 5.5.5 是互注入产生宽带混沌激光的典型实验结果。为了对比，图中给出了激光器 DFB1 在光反馈下产生的窄带混沌频谱，其带宽为 6GHz。移除 DFB1 激光器的光反馈，并使之与 DFB2 激光器互注入，当光频失谐为 −33.5GHz、注入强度为 1.635 时，产生了带宽为 38.6GHz 的宽带混沌频谱。

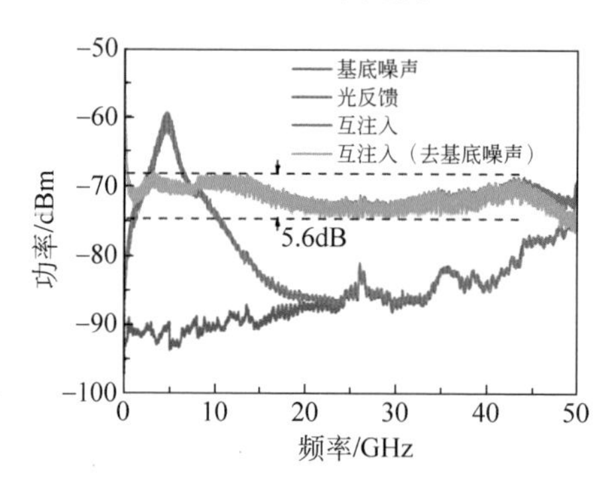

图 5.5.5　互注入半导体激光器产生宽带混沌频谱图(Qiao et al.,2019)

激光器互注入宽带混沌产生的机理是两个激光器光拍频、弛豫振荡频率、外腔频率($1/(2\tau_{inj})$)的相互作用，增加了低频和高频振荡，从而展宽了混沌带宽，优化了频谱平坦度。实验结果说明激光器互注入进行混沌带宽展宽的效果受光频失谐和注入强度影响。由于光注入使激光器波长红移，随着光频失谐量的增加，带宽展宽效果呈现非对称改善。正失谐时存在宽带的混沌输出，但是在负失谐时的输出频谱更为平坦。注入强度大于 0.76 时，混沌带宽展宽明显，频谱平坦。但是过大的注入强度会引起主模的变化，输出被锁定在 DFB2 激光器波长处，带宽不再增加。

4. 自相位调制光注入

经相位调制的连续光注入半导体激光器中，通过改变光频失谐、注入强度、调制深度等可以实现混沌带宽的扩展(Zhao et al.,2020)。如图 5.5.6 所示，从激光器输出的光信号经光电转换、电放大之后，通过相位调制器调制于连续光并通过环形器回注从激光器，从而实现宽带混沌产生。图 5.5.7 是自相位调制光注入产生宽带混沌激光的典型结果。如图 5.5.7(a)、(b)所示，在光反馈条件下，混沌激光带宽只有 8.1GHz。如图 5.5.7(c)、(d)所示，引入自相位调制光注入，设置光频失谐为 −7.5GHz、注入功率为 −3dBm、调制深度为 1.8，激光器输出带宽增加到 24.3GHz，是光反馈的 3 倍。

相位调制光注入激光器产生宽带混沌的主要原因是，激光器快速的相位动态

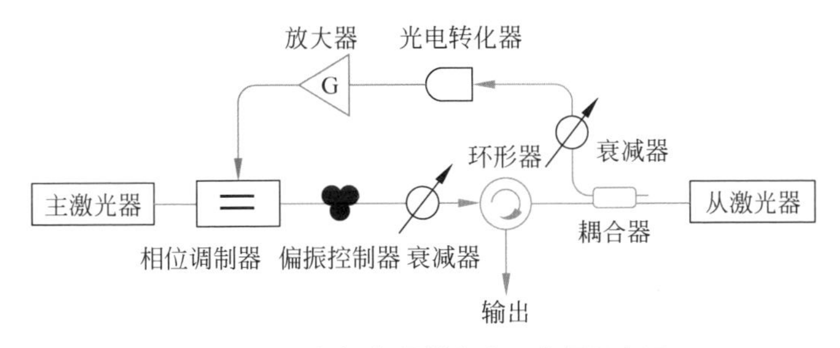

图 5.5.6　自相位调制光注入装置示意图

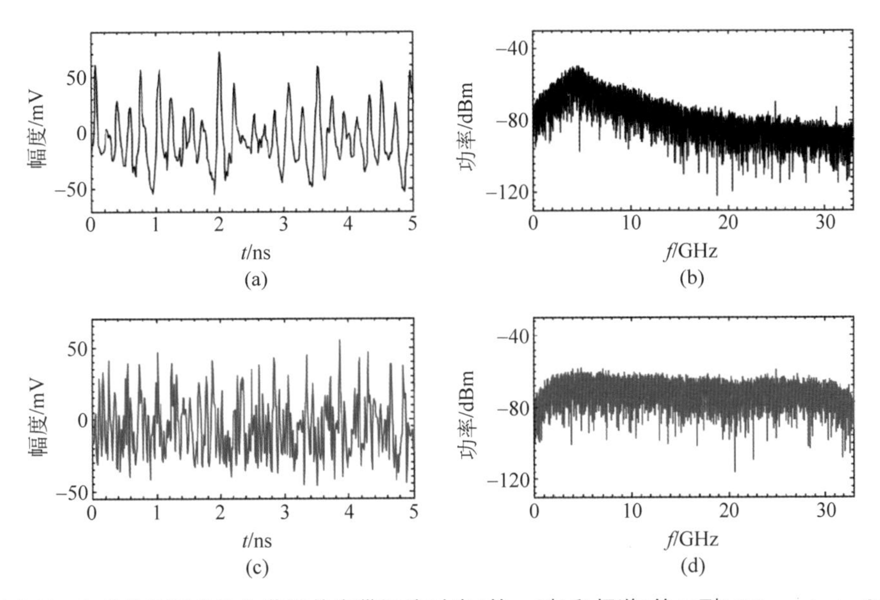

图 5.5.7　自相位调制光注入获得的宽带混沌时序(第一列)和频谱(第二列)(Zhao et al.,2020)
分别为：(a),(b)传统光反馈；(c),(d)相位调制光注入

通过拍频效应转换为强度动态,其展宽了混沌带宽,并优化了频谱平坦度。研究发现,当光频失谐在－3.75～7.5GHz内,有望获得带宽大于20GHz的宽带混沌。注入强度越大,混沌频谱越宽。增大调制深度,注入光相位的非线性扰动增强,混沌带宽扩展越明显。

5.5.2　复杂光反馈

已报道的复杂光反馈混沌带宽展宽方法包括相位共轭光反馈、相位调制光反馈、非线性光纤反馈等。如图5.5.8(a)所示,相位共轭光反馈引入了光折变晶体,如 $BaTiO_3$、$Sn_2P_2S_6$ 等,利用四波混频效应产生相位共轭反馈光 $F(t)=E^*(t-\tau)$ (Gray et al.,1994; Murakami et al.,1999; Weicker et al.,2015; Mercier et al.,

2016a,2016b,2016c,2017; Rontani et al.,2016; Bouchez et al.,2019,2020; Malica et al.,2020)。如图5.5.8(b)所示,自相位调制光反馈在光反馈环路增加相位调制器(PM),并用激光器输出光的强度对反馈光的相位进行调制(Zhao et al.,2019)。相似地,在光纤反馈环路中级联环形滤波器(Yuan et al.,2013; Jiang et al.,2020)、高非线性光纤(Yang et al.,2020)也可增大混沌带宽。下面主要简介三种实验上产生宽带混沌的方法及结果。

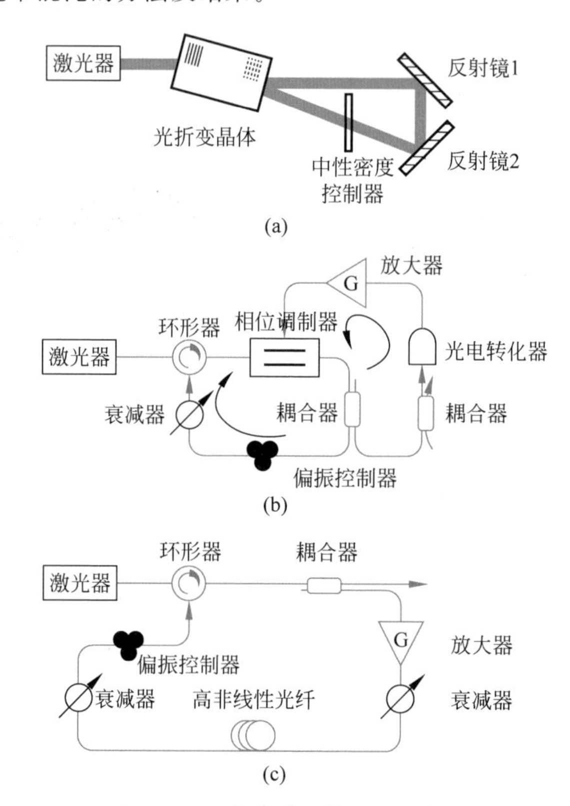

图 5.5.8　复杂光反馈装置示意图

(a) 相位共轭光反馈;(b) 自相位调制光反馈;(c) 高非线性光纤有源光反馈

1. 相位共轭光反馈(PCF)

如图5.5.8(b),反馈回路中的光折变晶体产生折射率光栅,透射光束和折射光束经反射镜反射回晶体,利用晶体的四波混频效应(Murakami et al.,1999)可产生频谱展宽。如图5.5.9相位共轭光反馈能够在更小的反馈强度下产生宽带混沌光,带宽增强了约30%(Mercier et al.,2016a,b,c)。Bouchez G.等利用$BaTiO_3$晶体全内反射结构的相位共轭反馈镜,提高反馈强度,获得了带宽为18GHz的混沌光(Bouchez et al.,2019)。但是由于晶体滤波效应,κ_f继续增大会使光场高频成分被滤除，激光器再次回到稳态(Bouchez et al.，2019)。此外，反射晶体温度变化等因素会造成反射率改变，激光器输出无法长期保持在某一状态(Malica et al.，2020)。

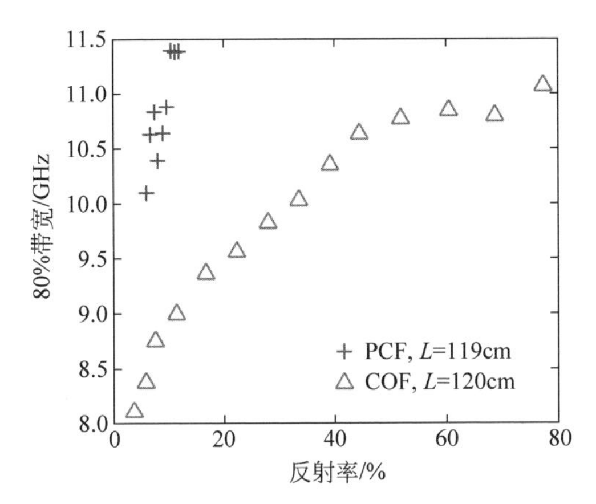

图 5.5.9 相位共轭光反馈方法获得的混沌带宽与反馈强度的关系(Mercier et al.，2016c)

加号：相位共轭光反馈，三角：传统光反馈

2. 自相位调制光反馈(SPMOF)

自相位调制激光器可激发新的高频成分，进而实现增强混沌带宽的目的。如图5.5.10(a)，传统光反馈激光器产生的混沌光谱3dB线宽约为0.065nm；而自相位调制光反馈激光器产生的混沌光谱显著扩展，约为传统光反馈的10倍。进一步，如图5.5.10(b)所示，随着反馈强度的增加，传统光反馈激光器光谱线宽增加程度远小于自相位调制光反馈，其原因是反馈强度增加导致相位调制深度增加(Jiang et al.，2020)。

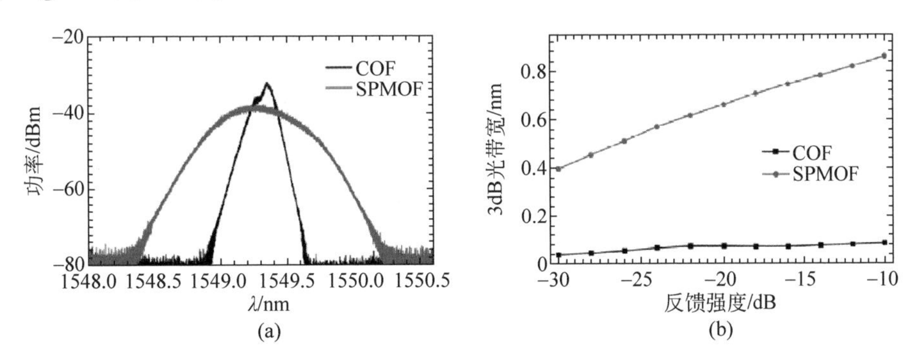

图 5.5.10 自相位调制光谱(a)与光谱线宽随反馈强度变化结果图(b)(Jiang et al.，2020)

红色曲线：自相位调制光反馈；黑色曲线：传统光反馈

3. 高非线性光纤有源光反馈

图 5.5.11 是高非线性光纤有源光反馈下，DFB 半导体激光器产生宽带混沌的实验结果(Yang et al.,2020)。实验所用非线性光纤长度为 100m，非线性参数为 $10W^{-1} \cdot km^{-1}$。另外需要前置光放大器以激发光纤非线性作用。如图 5.5.11(a1)、(a2)所示，当反馈强度较低时，激光器输出的混沌频谱类似于传统光反馈激光器，弛豫振荡频率占主导。强反馈时，如反馈强度为 1.2 或 4.1，新的光频成分出现在中心波长两侧，光谱变宽，混沌激光器带宽显著增强。此外，激光器的中心波长只要在光放大器增益范围内，HNLF 便会产生强烈的非线性效应，即可产生带宽混沌光。

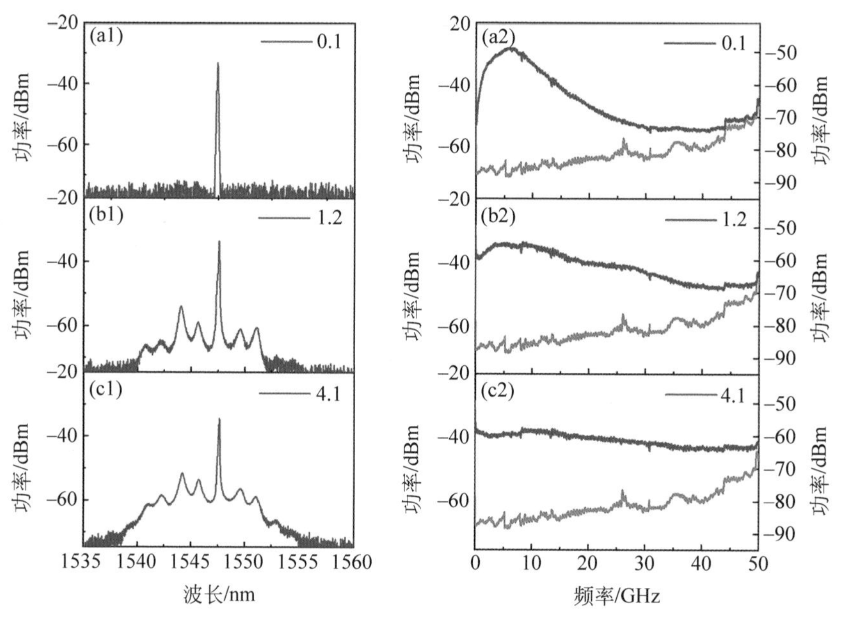

图 5.5.11　不同反馈强度下，高非线性有源光反馈激光器产生的混沌信号(Yang et al.,2020)
第一列为光谱，第二列频谱。(a)~(c)的反馈强度分别为：0.1、1.2、4.1

5.5.3 混沌光混频

混沌光混频方法将两路互不相关的混沌激光进行混合，并经过平衡光电探测器得到带宽展宽的混沌信号。这一方法包括混沌延时自干涉和混沌光外差两种技术(Wang et al.,2013b,2015; Wang D M et al.,2017; Wang L S et al.,2017)。

1. 混沌激光延时自干涉

混沌光延时自干涉也称为混沌激光自差法，可以在产生宽带混沌光的同时抑制弛豫振荡频率特征和反馈时延特征，改善混沌频谱(Wang et al.,2013b)。混沌激光自差法的实验装置如图5.5.12(a)所示，光反馈半导体激光器输出的混沌光注入非平衡马赫-曾德尔干涉仪中，产生的延时自干涉(DSI)信号由平衡探测器探测。延时自干涉信号实际上是电场 $E(t)$ 与其延迟信号 $E(t-\tau)$ 的干涉结果。理论上，延时自干涉信号DSI强度的数学表达式如下(Wang et al.,2013b)：

$$I_{DSI}=A(t)A(t-\tau)\cos[\omega_0\tau+\phi(t)-\phi(t-\tau)] \tag{5.5.1}$$

式中，τ 为干涉仪两臂光程差对应的时间延迟，ω_0、A、ϕ 为激光器电场的角频率、振幅和相位。

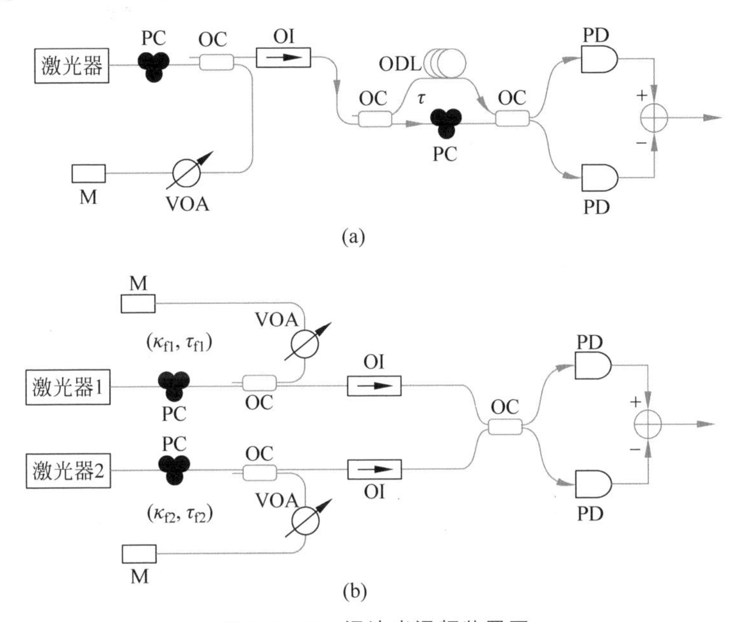

图5.5.12　混沌光混频装置图

(a) 延时自干涉；(b) 混沌光外差

典型实验结果如图5.5.13所示。混沌激光频谱(黑色)带宽和平坦度分别为7.81GHz和±10dB，DSI信号频谱(橙色或灰色)带宽和平坦度分别提高至9.65GHz和±3dB，频谱更宽、更平坦。由方程(5.5.1)知，当光程时延大于混沌光的相干时间($\tau>t_{coh}$)时，延时自差法可将激光器的相位波动转化为强度波动。利用光反馈半导体激光器速率方程与式(5.5.1)进行数值模拟，结果如图5.5.16所示。相比强度波动(第一行)混沌激光相位波动(第二行)具有平坦的频谱，其自相关曲线上没有弛豫振荡特征，且时延特征峰的高度也明显低于混沌激光强度波动的特征峰高度。图5.5.14(g)～(i)结果可以发现，DSI频谱与混沌激光的相位频谱有很高的一致性。可见混沌激光自差法增强混沌带宽的物理机制是激光器相位动态转化为强度动态。缘于此，延时自差法不仅扩展带宽，而且消除了弛豫振荡特征，抑制了反馈时延特征。

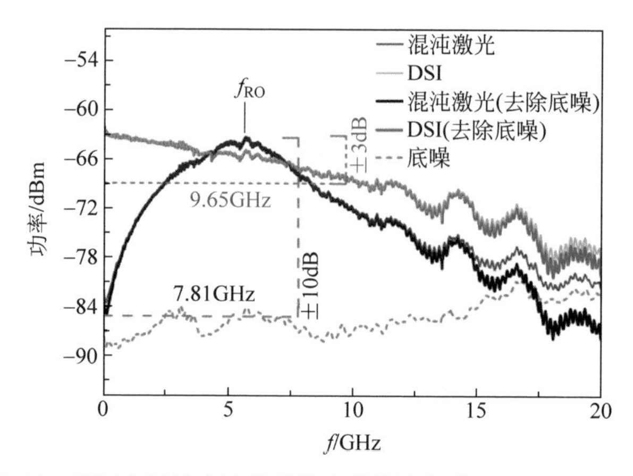

图 5.5.13　延时自干涉方法获得的宽带混沌频谱(Wang et al.,2013b)

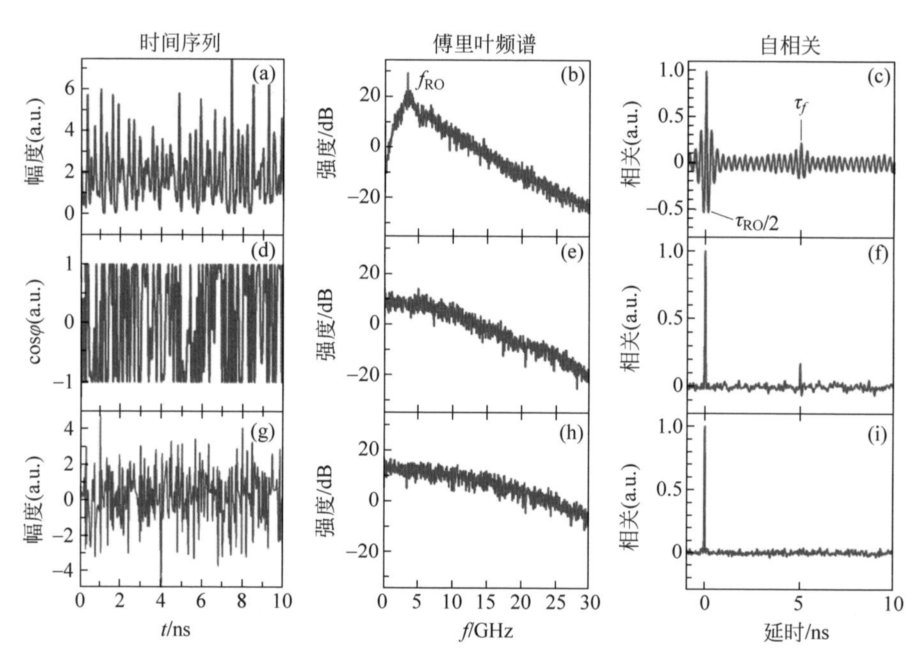

图 5.5.14　数值模拟所得混沌激光的强度(第一行)、相位 cosφ(第二行)和 DSI(第三行)的时间序列、相应的傅里叶频谱和自相关曲线(Wang et al.,2013b)

延时自差法还可以提高混沌信号幅值分布的对称性,如图 5.5.15 所示。光反馈半导体激光器的混沌激光通过 DSI 后,幅值分布呈高斯分布。随着反馈强度增大,光反馈半导体激光器的混沌幅值分布偏斜度逐渐增大,而延迟自差信号的分布偏斜度基本保持不变。

综上,混沌激光自差法产生的混沌信号具有低频能量高、弛豫振荡频率被消

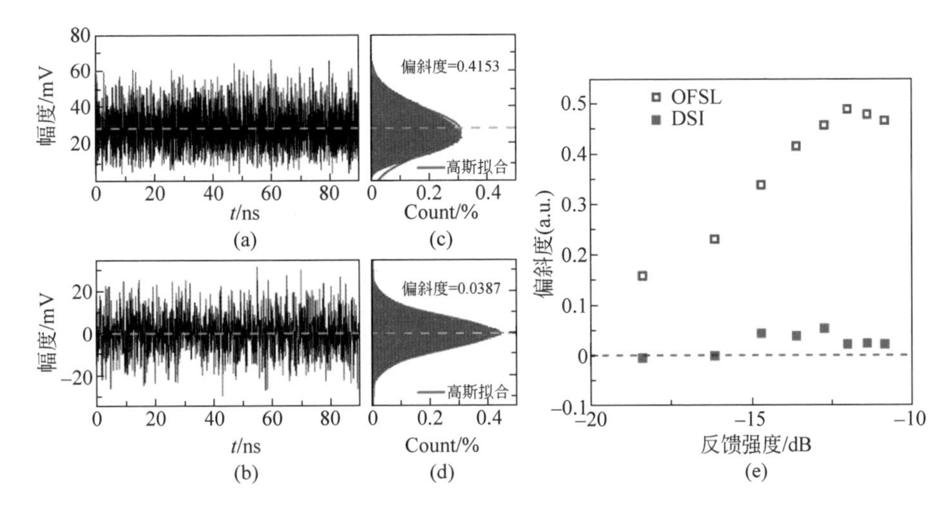

图5.5.15　实验所得光反馈半导体激光器(OFSL)混沌输出及其延迟自干涉(DSI)信号的时间序列((a),(b))和幅值概率密度分布((c),(d)),以及幅值分布的偏斜度随反馈强度的变化趋势(e)(Wang et al.,2013b)

除、时延特征被抑制、幅值分布对称等特点。基于这些优势,混沌激光自差法有利于随机数生成及抗干扰雷达等应用。

2. 混沌光外差

对于延迟自干涉,$E(t)$与$E(t-\tau)$是同源的,具有相同的外腔模式,所以干涉信号总会包含外腔模谐振,导致反馈时延特征不能消除。我们进一步提出混沌光外差法。图5.5.12(b)给出了混沌激光外差法的装置图,假设外腔半导体激光器(ECL1和ECL2)的反馈时延为τ_{f1}和τ_{f2},相应的外腔模式为$\nu_p^{(1)}=p/\tau_{f1}$和$\nu_q^{(2)}=q/\tau_{f2}$,其中p、q为正整数。平衡探测提取的外差信号可表示为(Wang,2015)

$$I_{OH}=2A_1(t)A_2(t)\sin[2\pi\Delta\nu_0 t+\varphi_1(t)-\varphi_2(t)] \tag{5.5.2}$$

式中,$A_i(t)$、$\varphi_i(t)$和$\nu_{0i}(i=1,2)$分别为两个外腔半导体激光器电场的幅度、相位和静态频率,$\Delta\nu_0=\nu_{01}-\nu_{02}$为光频差。光学外差与延迟自干涉一样,可以将快速的相位波动转化为强度振荡,消除弛豫振荡特征并产生平坦的功率谱。特别是如果设置$q\tau_{f1}\neq p\tau_{f2}$,两组外腔模式不再谐振,从而消除反馈时延特征。

图5.5.16给出了实验上混沌激光外差法产生宽带平坦混沌的典型结果。对于光反馈激光器,激光强度功率谱具有明显的弛豫振荡,且存在周期为谐振基频$1/\tau_{fi}(i=1,2)$的外腔谐振特征(即反馈时延特征)。将两束混沌激光进行干涉后,相应的频谱十分平坦,无弛豫振荡特征,-3dB带宽为14.3GHz,局部频谱无外腔谐振引起的周期调制特征。外差信号的功率谱无周期调制特征和弛豫振荡特征,呈现白噪声频谱特性。

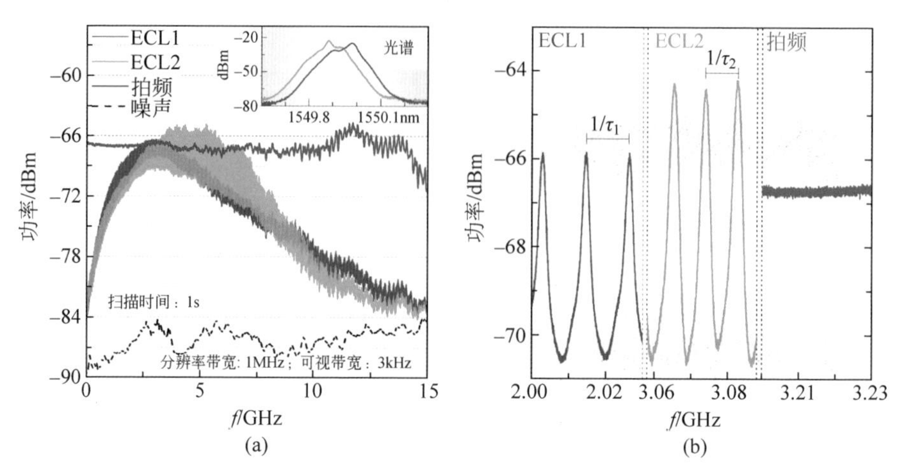

图 5.5.16　实验产生白混沌的频谱(王安帮,2014)

(a) 15GHz 范围(插图为两个外腔激光器的光谱)；(b) 30MHz 范围

反馈强度影响外腔反馈半导体激光器的输出特性,进一步影响外差信号。当反馈强度较大时,混沌激光外差法可产生宽带平坦混沌。然而在弱反馈情况下,相干塌陷不显著、相位波动速率慢,导致外差信号的频谱不平坦,3dB 带宽较窄,如图 5.5.17(a)所示。另外,两激光器的光频失谐会影响外差法的输出,宽带平坦的混沌只能在一定的光频失谐范围内产生,如图 5.5.17(b)所示。图 5.5.17(c)～(h)的研究结果显示,随着光频失谐的改变,两个激光器的光谱分开或重合时,混沌激光外差法会产生倾斜的频谱,其中心频率为激光器的光频差。当光频失谐为 0GHz 时,混沌激光外差与混沌激光自差相似。

图 5.5.18 对比了外腔激光器产生的混沌信号与外差信号的幅值分布、二阶和三阶自相关函数曲线。可见,混沌外差信号具有对称的幅值分布、δ 函数型二阶自相关曲线、接近于零的三阶自相关。这些特征是白噪声的典型特征。因此,混沌光外差产生的信号可称为白混沌。研究结果表明白混沌在高分辨率抗干扰雷达(Wang Y C et al.,2008)、高速物理随机数产生(Wang A B et al.,2017; Wang L S et al.,2017)等方面极具应用潜力。

5.5.4　混沌光后处理

1. 光纤环形振荡器

图 5.5.19(a)是利用光纤环形振荡器产生宽带混沌的实验装置,环路上先后插入一个光放大器和一个可调谐光滤波器,用以实现选模增益。

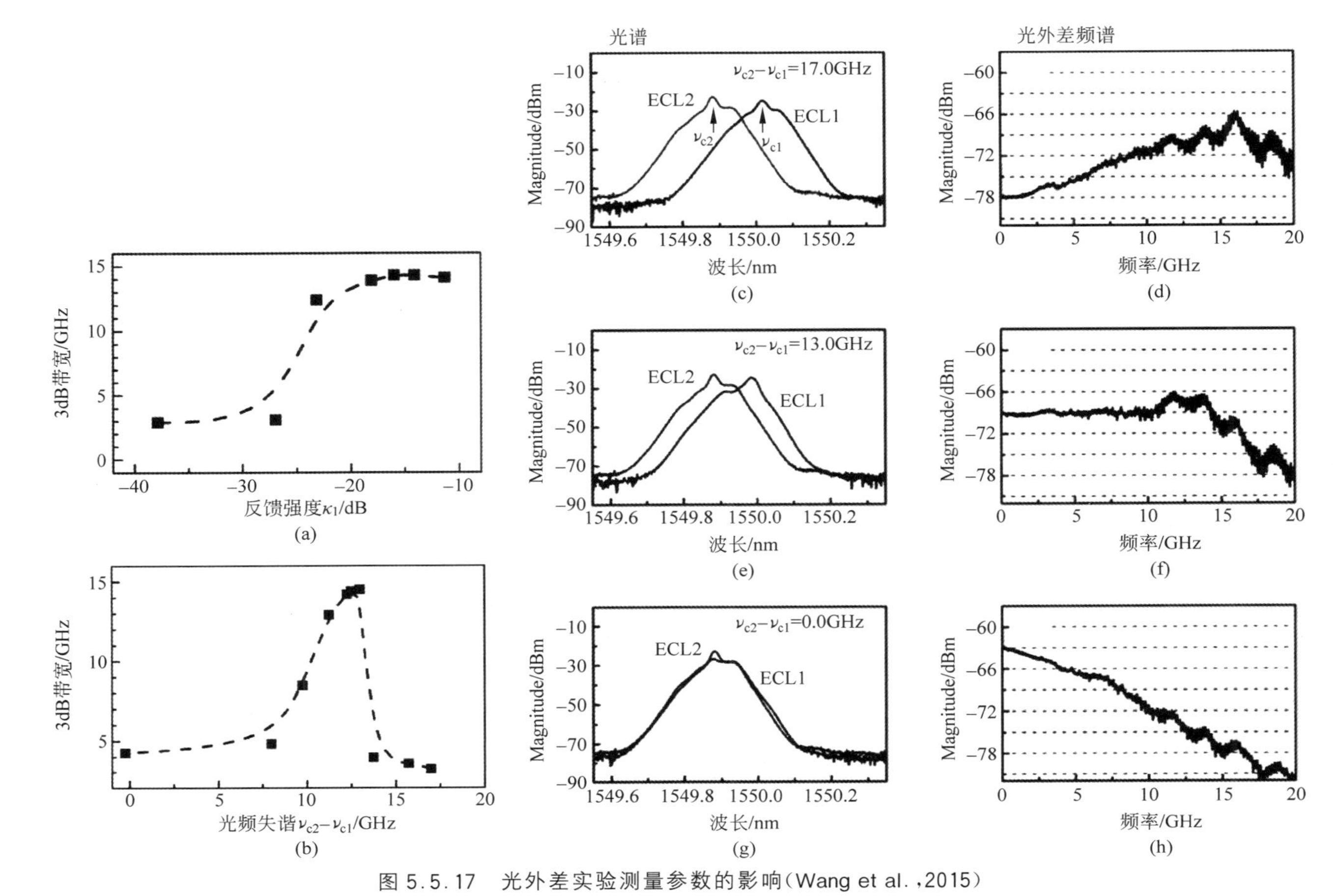

图 5.5.17　光外差实验测量参数的影响(Wang et al.,2015)

(a) ECL1 的反馈强度；(b) 激光器光频失谐；(c)、(e)、(g)和(d)、(f)、(h)分别为激光器光频失谐 17GHz、13GHz 和 0GHz 的光谱与光外差频谱

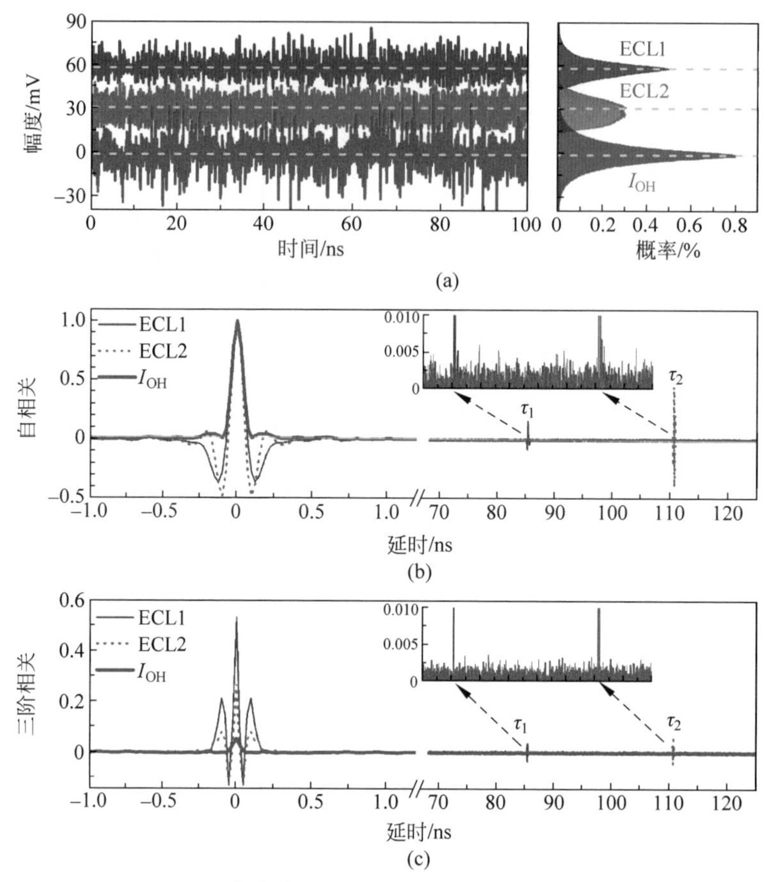

图 5.5.18　实验获得白混沌的时域特性(王安帮,2014)

(a) 波形(左)与幅值概率分布(右);(b) 自相关曲线;(c) 三阶自相关曲线

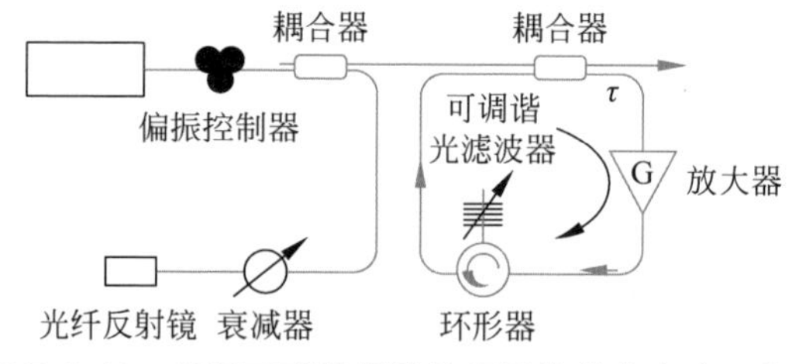

图 5.5.19　光纤环形谐振器扩展混沌带宽方法示意图

理论上,光纤环的输出光是滤波选模后的混沌光多路延迟干涉的结果,可以表达为以下方程(Wang et al.,2013a):

$$E_{\text{o}}(t)=\mathrm{i}\sqrt{k}\left[E(t)-\frac{1-k}{k}\sum_{n=1}(\mathrm{i}\sqrt{g_{\text{r}}})^{n}E(t-n\tau_{\text{r}})\underbrace{*h(t)\cdots*h(t)}_{n}\right] \tag{5.5.3}$$

式中，k 为光纤环中光纤耦合器的耦合系数，τ_r 为光纤环形振荡器的循环周期，g_r 为环的增益(小于 1)，$h(t)$表示光滤波器的响应函数，n 代表循环次数，“$*$”表示卷积运算。

图 5.5.20 显示了实验所获得带宽增强的典型结果。对比可知，光纤环的输出光比输入光具有更大的波动幅度(图 5.5.20(a))，光谱明显展宽，如图 5.5.20(b)所示。光纤环的增益主要提供给了 FBG 的滤波模式，这种增益称为选模增益。如图 5.5.20(c)所示，光纤环输出的混沌频谱带宽且平坦，弛豫振荡特征也被消除。频谱带宽大于 26.5GHz，起伏范围仅为 ±1.5dB，此时带宽受限于频谱仪测量范围。

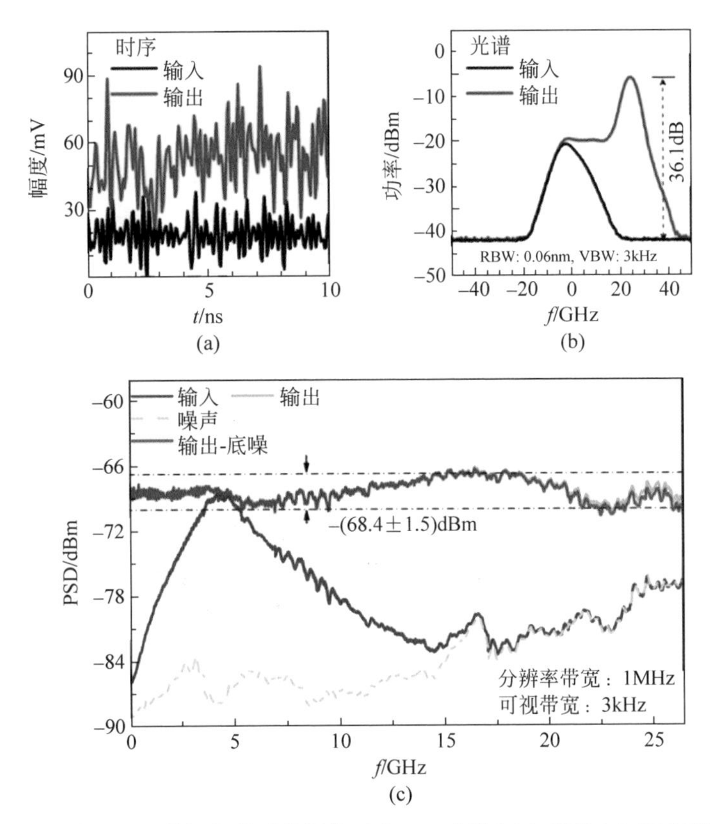

图 5.5.20　进入环形谐振器前后的混沌时序(a)、光谱(b)与频谱(c)(王安帮，2014)

(a)，(b) 黑色曲线：原始混沌光，红色曲线：带宽增强混沌光；(c) 蓝色曲线：传统光反馈，红色与青色曲线：外加光纤环形振荡器

原理上，光纤环方法展宽混沌激光带宽类似于混沌光延迟自干涉，所不同的是选模增益加宽了混沌光谱，因而影响光纤环输出混沌带宽的主要因素为选模频率和增益。如图 5.5.21 所示，随着增益的增大，频谱带宽增大。当增益较小时，光谱

中无明显滤波模式(25GHz,虚线处)。输出频谱中的低频成分增强,高频部分不变,如图 5.5.21(a)和(e)所示。当增益增大到使得光谱上滤波模式与注入混沌光中心模式功率几乎相同时,高频振荡成分被激发,如图 5.5.21(b)和(f)所示。随着选模增益继续增加,频谱不断展宽,如图 5.5.21(c)、(g)、(d)和(h)所示。

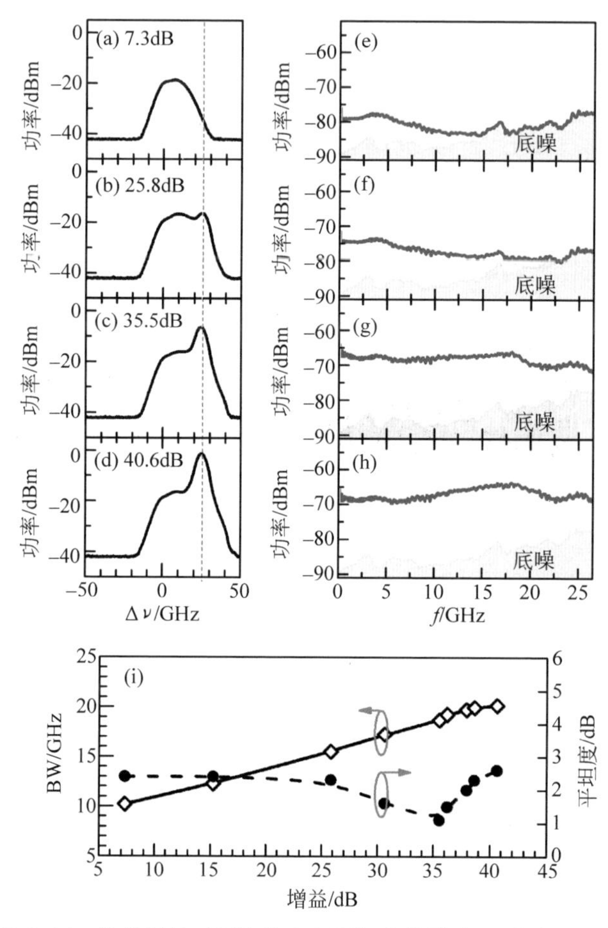

图 5.5.21 选模增益对混沌带宽与平坦度的影响(王安帮,2014)

(a)~(e)和(d)~(h)分别为:光纤环形振荡器的输出光谱、频谱。(i)频谱的带宽(◇)和平坦度(●)随增益的变化关系,滤波频率为 25GHz

图 5.5.22 显示了光纤环中滤波中心波长(模式选择)与输出混沌带宽的关系。当滤波中心波长位于入射光场的两翼时,可获得较大的混沌带宽,如图 5.5.22(e)、(f)、(h)所示。图 5.5.22(i)显示:随着滤波中心频率靠近入射光场的中心频率,混沌带宽不断降低,但平坦度保持不变,意味着能量从高频逐渐转移到低频。零失谐所得频谱具有窄带、低通的形状,低频成分能量显著增强,如图 5.5.22(g)所示。

输出频谱形状随滤波失谐变化的这一特性，可使其在不损失信号能量的同时，根据不同需求灵活选择带宽或频谱形状。

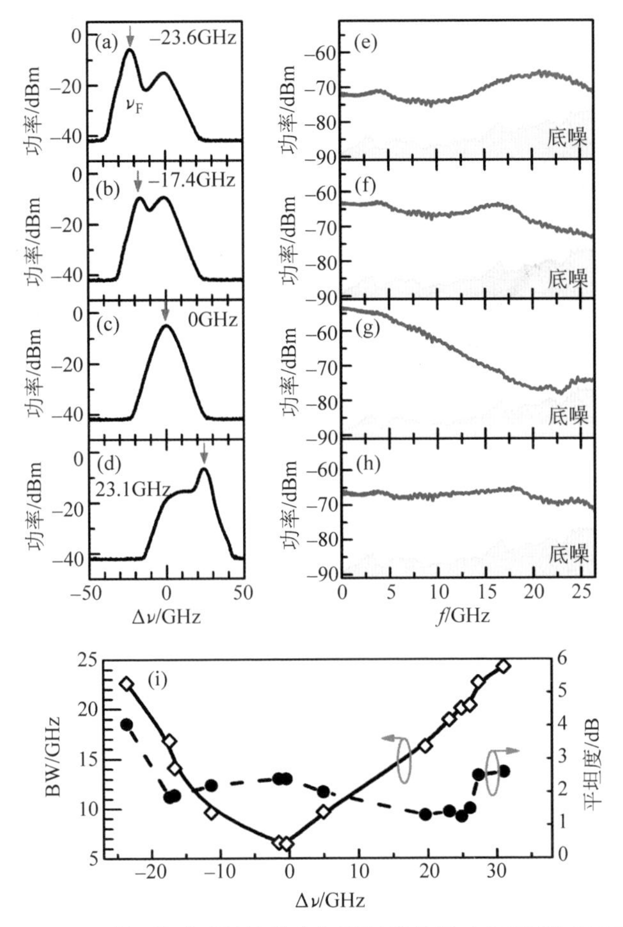

图 5.5.22 滤波模式对混沌带宽与平坦度的影响(王安帮，2014)

从左到右分别为：光纤环形振荡器的输出光谱与频谱。

(i)频谱的带宽(◇)和平坦度(●)随选模频率的变化关系

2. 外加非线性器件

研究者提出利用光纤(Li et al.，2018)、微球(Jiang et al.，2018)作为非线性器件以实现强度上的扩频。装置结构图如图 5.5.21 所示。以简单光反馈半导体激光器为例，2017 年，江宁课题组数值模拟了将原始混沌激光再经相位调制器扩展光频后，再经单模光纤后，利用其色散实现有效带宽高达几十吉赫兹的宽带混沌产生，并且 RF 频谱平坦(Jiang，2017)(光学时间透镜)。2018 年，Li S. S. 等报道了利用单模光纤非线性效应扩展混沌激光带宽的实验研究。光反馈半导体激光器产生窄带宽混沌,注入 20km 单模光纤。如图 5.5.23(a),弛豫振荡特征仍然明显。当注入功率为 340mW,光纤输出频谱平坦的宽带混沌光。其原因是光纤自相位调制和群时延,将快速的相位动态转换为强度动态。图 5.5.23(b)显示了不同入纤功率下的混沌频谱。当功率增加超过约 100mW 时,频谱呈现明显展宽(Li et al.,2018)。

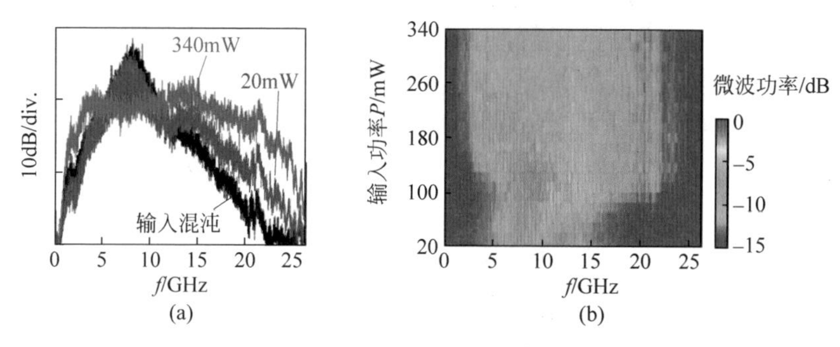

图 5.5.23　光纤非线性效应扩展混沌带宽(Li et al.,2018)

(a) 典型频谱;(b) 频谱随光纤输入功率的演变

研究发现,光学微球也可以起到类光纤的非线性作用,扩展入射混沌光的频谱(Jiang et al.,2018)。如图 5.5.24 所示,传统光反馈混沌光经过微球扩展频谱后,带宽甚至可大于自相位调制反馈方法产生的混沌带宽。如果将自相位调制反馈产生的混沌光注入微球,即可产生带宽更大的混沌信号。

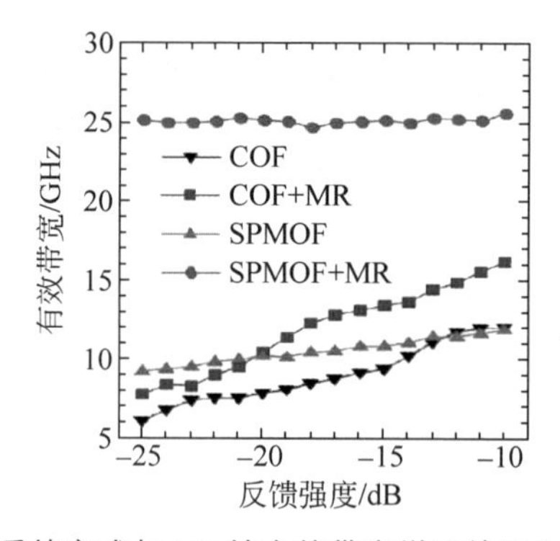

图 5.5.24　不同反馈方式与 MR 结合的带宽增强效果(Jiang et al.,2018)

5.6　其他类型半导体激光器产生混沌

本章前 5 节所介绍的混沌激光产生主要基于单纵模 DFB 激光器。本节将介绍几种其他类型半导体激光器的混沌激光产生,主要包括法布里-珀罗(FP)激光器、分布式布拉格反射(DBR)激光器、垂直腔面发射半导体激光器(VCSEL)、微腔激光器和纳米激光器。

5.6.1　多纵模 FP 激光器

FP激光器具有多纵模光谱,模式间的相互作用可能影响产生混沌激光的特性。下面将对FP激光器的混沌产生方法进行介绍:①镜面反馈FP激光器产生多模混沌激光;②光纤光栅反馈产生波长可调谐混沌激光;③双波长光注入宽带混沌;④长腔FP激光器产生宽带混沌激光。各种方式产生混沌激光的装置如图5.6.1所示。

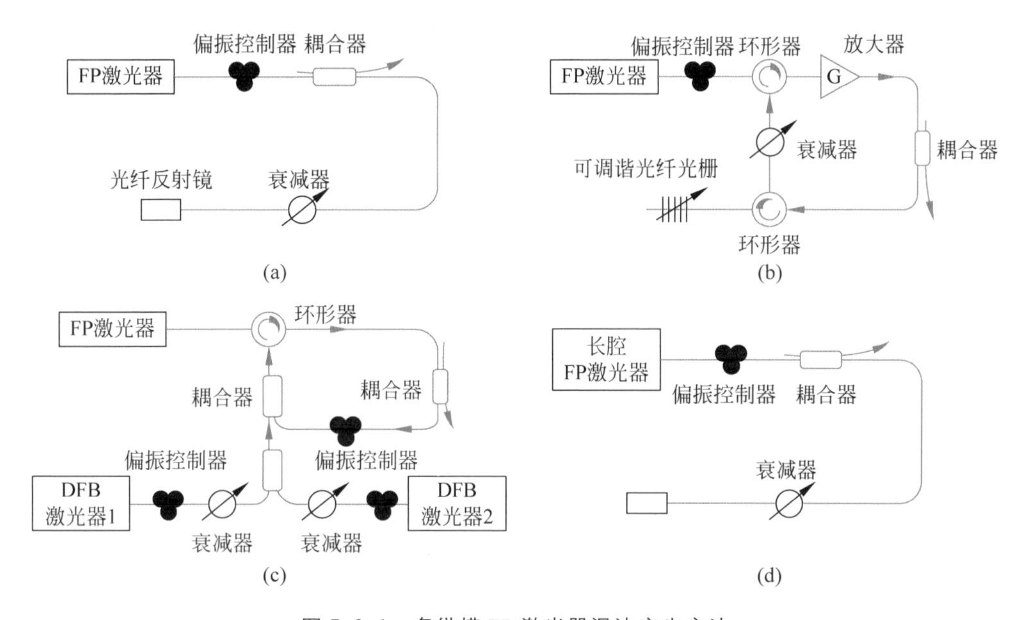

图5.6.1　多纵模FP激光器混沌产生方法

(a) 光纤反射镜反馈;(b) 光纤光栅反馈;(c) 双波长注入;(d) 光反馈长腔FP激光器

1. 镜面反馈 FP 激光器产生多纵模混沌激光

在镜面光反馈下,FP激光器产生多纵模混沌激光(Li et al.,2019),其光谱、频谱如图5.6.2所示。相比于自由运行下的FP激光器光谱,功率较高的模式发生明显的线宽展宽。功率最高的模式标记为0模式,其两侧模式被顺序定义为±1、±2等。如图5.6.2(b)所示,FP激光器全光谱输出的混沌频谱与镜面反馈DFB激光器相似,振荡能量分布在5GHz弛豫振荡频率附近的频段中。

由于模式间交叉增益作用,不同模式混沌激光存在相关性。对FP激光器混沌进行单个模式滤波,每个模式都是频谱平坦的混沌光,低频能量大大增加,如

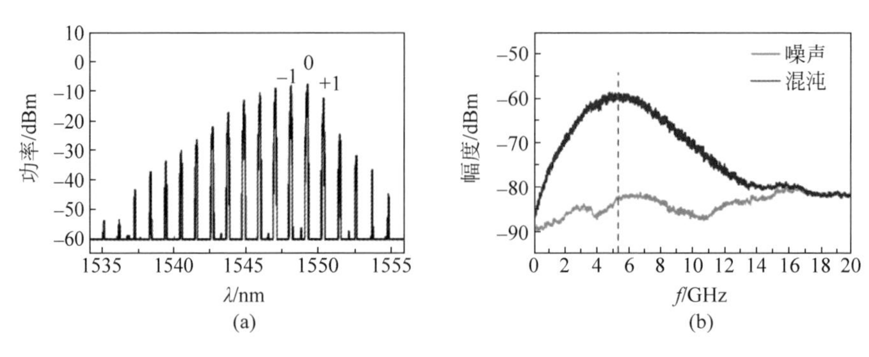

图 5.6.2　光反馈多纵模 FP 激光器混沌输出的光谱(a)与频谱(b)(Li et al.,2019)

图 5.6.3 所示。以 $m=-1$ 模式为例,其低频能量提高了约 25dB,3dB 带宽可以达到 6GHz。研究结果表明,关于主模对称的两模式之间存在一定程度的反相关系,主模与相邻短波长模式($m=-1$)具有正相关性。模式振荡之间存在负相关,是导致 FP 激光器全光谱混沌光低频能量低的原因。

2. 波长可调谐混沌激光

基于 FP 激光器多模特性,采用可调滤波光反馈可产生波长可调谐混沌激光。

在反馈光路中利用可调谐光栅代替反射镜,实现选模反馈。滤波波长对应的激光模式显著增强,其余模式被抑制,从而产生单模混沌激光。改变滤波波长,能够实现单模混沌激光的波长调谐(Wang A B et al.,2012; Xu et al.,2015)。

图 5.6.4 给出了 4 个模式的混沌输出(Wang A B et al.,2012)。以图 5.6.4(a1)为例,模式 1546.92nm 在滤波反馈作用下实现了 −3dB 线宽约为 0.11nm、边模抑制比(SMSR)达到 24.5dB 的单模输出。如图 5.6.4(a2)所示,激光器输出具有快速、无规则变化的波形。该波形的最大李雅普诺夫指数(LLE)约为 $0.2\mathrm{ns}^{-1}$,表明此波形是混沌振荡。相应的频谱如图 5.6.4(a3)所示,其形状与镜面反馈 FP 激光器的单个模式频谱(图 5.6.3)不同,却与光反馈 DFB 激光器频谱相似。此外,滤波器和激光模式之间的波长失谐和反馈强度会影响混沌输出特性。如图 5.6.5(a)所示,失谐越小,SMSR 和 LLE 越大。当波长失谐在 −0.13～0.13nm 之间时,可获得 SMSR>20dB 的单模混沌激光,随着反馈强度的增加,SMSR 快速增大并趋于稳定,但 LEE 却先增大后降低至小于零。这表明通过反馈强度可优化混沌复杂度,但强反馈会使激光器处于自注入锁定状态。

在激光器谐振腔端面镀增透膜,减小端面反射率,可形成弱谐振 FP 激光器(WRC-FP)。在滤波光反馈下 WRC-FP 激光器能够产生带宽可调谐混沌激光(Zhong et al.,2017)。如图 5.6.6 第二行,在反馈光功率较弱(0.41mW)时,激光

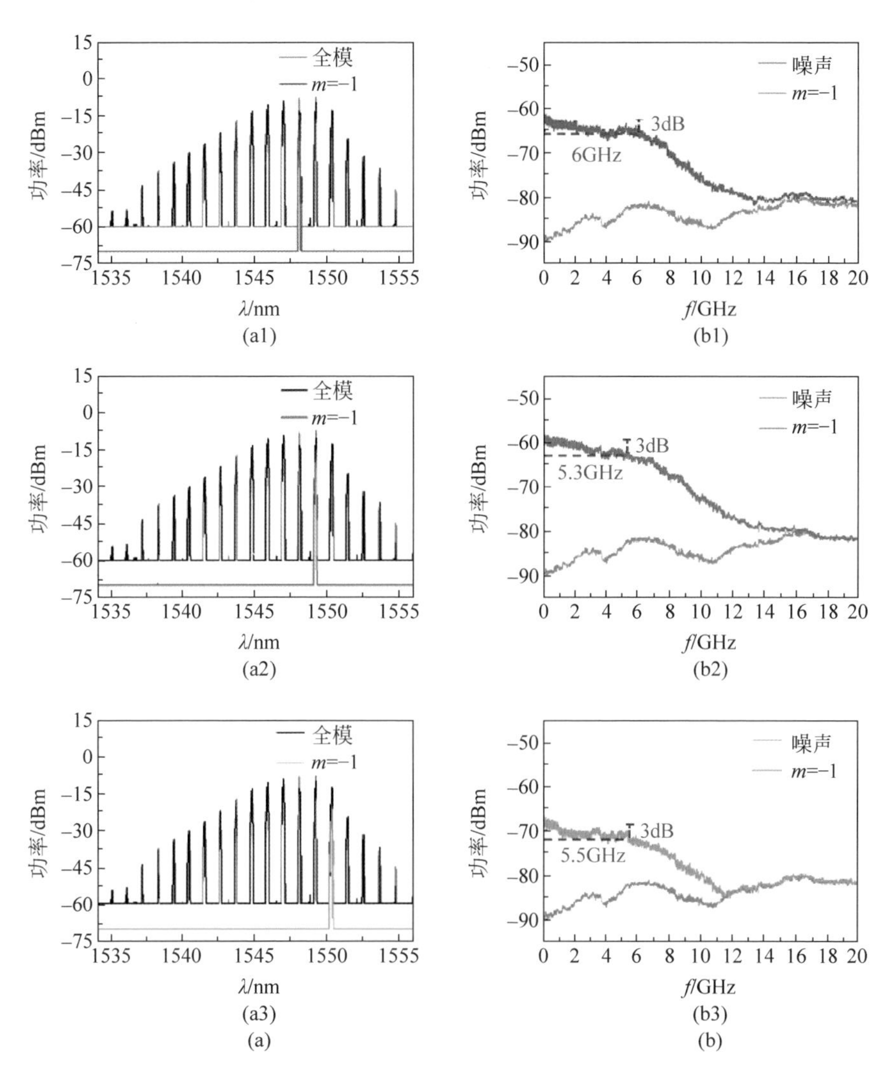

图 5.6.3　对镜面反馈多模 FP 激光器不同模式滤波后光谱(a)与频谱(b)(Li et al.,2019)

器输出单模混沌。与传统 FP 激光器相比,具有相似的频谱,但边模抑制比更大。随着反馈强度增加,如图 5.6.6 第三和第四行,激光器模式被激发,形成双峰光谱,两者拍频作用产生高频振荡,扩展频谱,产生了宽带混沌激光。

3. 双波长光注入增强混沌带宽

5.5.1 节介绍了连续光注入展宽 DFB 激光器混沌带宽的方法。借鉴该方法,采用双波长外光注入可显著增大传统 FP 激光器的混沌带宽(Zhang et al.,2011)。实验装置如图 5.6.1(c)所示,带有光纤反馈环的 FP 半导体激光器产生多波长混沌

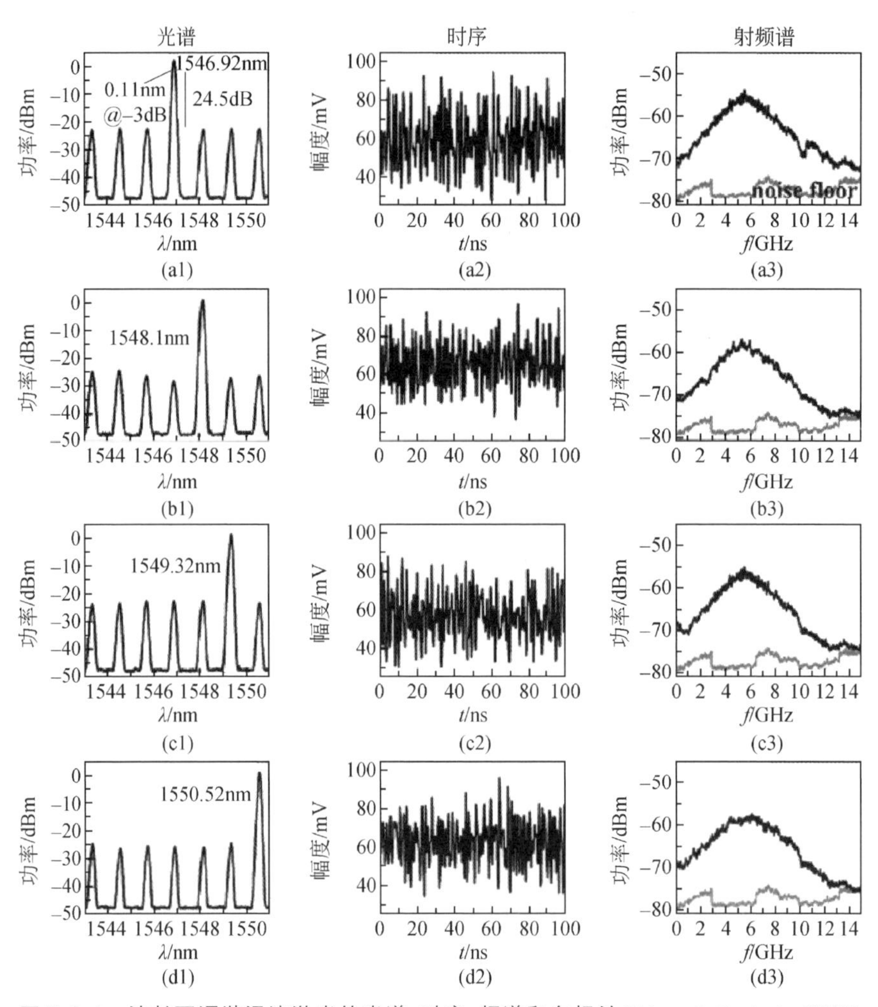

图 5.6.4　波长可调谐混沌激光的光谱、时序、频谱和自相关(Wang A B et al.,2012)

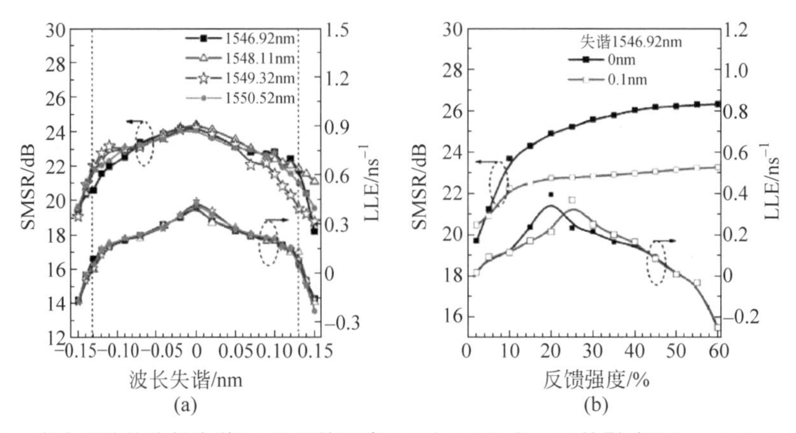

图 5.6.5　滤波反馈的波长失谐(a)和反馈强度(b)对 SMSR 和 LLE 的影响(Wang A B et al.,2012)

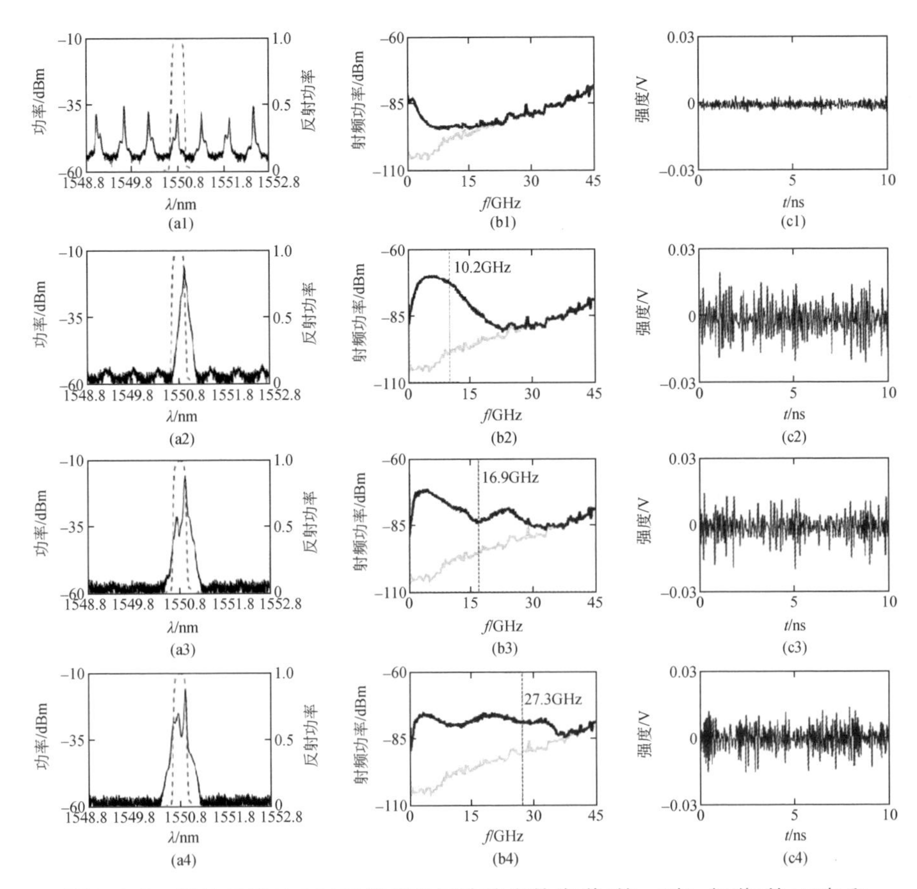

图 5.6.6 滤波反馈 WRC-FP 激光器混沌输出的光谱(第一列)、频谱(第二列)和时序(第三列)(Zhong et al.,2017)

从上到下反馈功率分别为：0mW、0.41mW、1.85mW、2.75mW

激光，两个 DFB 半导体激光器作为外部注入光源，在适当的光功率和光频失谐情况下，实验产生了宽带的双波长混沌信号。图 5.6.7 为双波长光注入 FP 激光器宽带混沌产生的光谱与频谱。两主激光器(ML1 与 ML2)注入功率均为－2.11dBm，与 FP 激光器两个模式(SL1 和 SL2)的光频失谐分别为 25GHz 和 32.9GHz。光反馈激发 FP 激光器产生多纵模混沌(绿色光谱)，频谱(绿色频谱)带宽只有 8.2GHz。施加双波长光注入后(蓝色光谱)，引入的模式拍频使混沌频谱带宽扩展至 32.9GHz(蓝色和红色频谱)。需要指出的是，双波长光注入时 FP 激光器仍是多模输出，两主激光器并没有起到波长调谐的模式选择作用。与 5.5 节连续光注入进行带宽增强相同，双波长光注入 FP 激光器的混沌带宽随光频失谐以及注入强度的增大而增大。

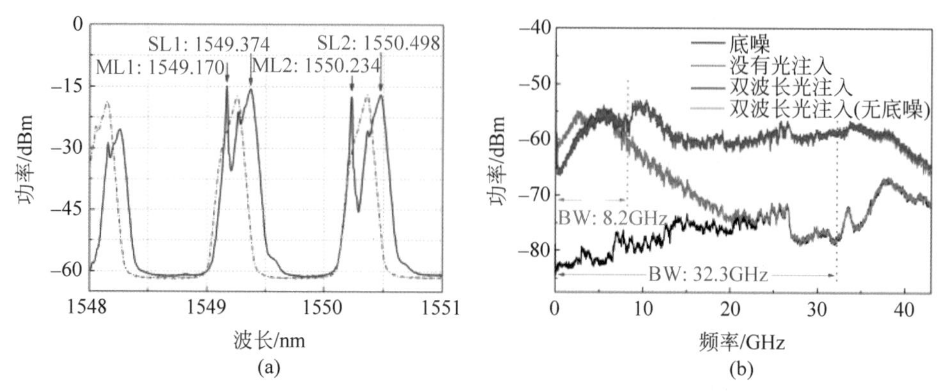

图 5.6.7　双波长光注入 FP 激光器的宽带混沌产生(Zhang et al.,2011)

(a) 光谱(绿线：无光注入；蓝线：双波长光注入)；(b) 频谱

4. 长腔 FP 激光器产生宽带混沌激光

借鉴光学拍频扩展混沌带宽的思路，长谐振腔 FP 激光器产生宽带混沌的方法被提出(Zhong et al.,2023)。该方法通过增加谐振腔长度，缩小 FP 模式间隔至数十吉赫兹，使激光器在最简单的延时反馈下产生宽带混沌。图 5.6.8 为长腔 FP

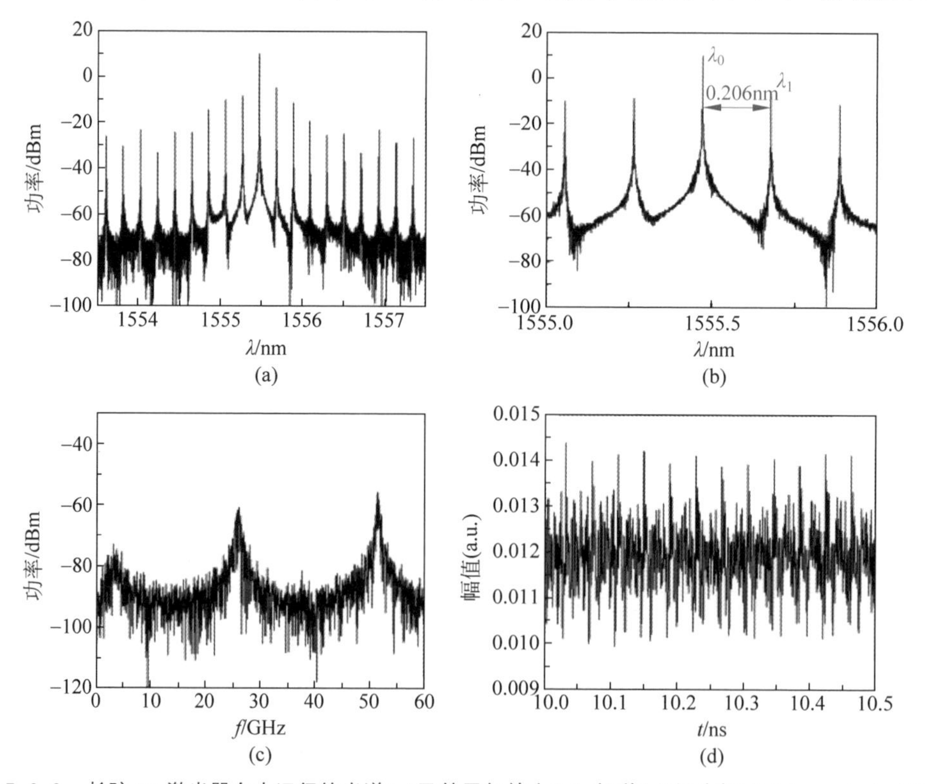

图 5.6.8　长腔 FP 激光器自由运行的光谱(a)及其局部放大(b)、频谱(c)和时序(d)(Zhong et al.,2023)

激光器(腔长为 1.5mm)自由运行的输出特性图,此时激光器偏置电流为 $3I_{\text{th}}$,纵模波长间隔为 0.206nm(频率间隔 $\Delta\nu\approx 26\text{GHz}$)。频谱在 $\Delta\nu$ 及其二次谐波处存在峰值,且明显高于 3GHz 处的弛豫振荡峰。

图 5.6.9 展示了在不同反馈强度下长腔 FP 激光器输出的几种典型状态。在反馈强度 $\kappa=0.0005$ 时,激光器的输出与自由运行时类似,呈现出单周期状态。$\kappa=0.05$ 时,光谱中的每一个模式都展宽,频谱中的弛豫振荡、拍频与谐波 3 个频段率处的谱线均展宽。当反馈强度增加至 0.25 时,光谱上的模式展宽并相互重叠,频谱扩展且更平坦,有效带宽可达 37GHz。研究表明,当谐振腔长度为 1200~1700μm,有望产生带宽超过 35GHz 的混沌信号。

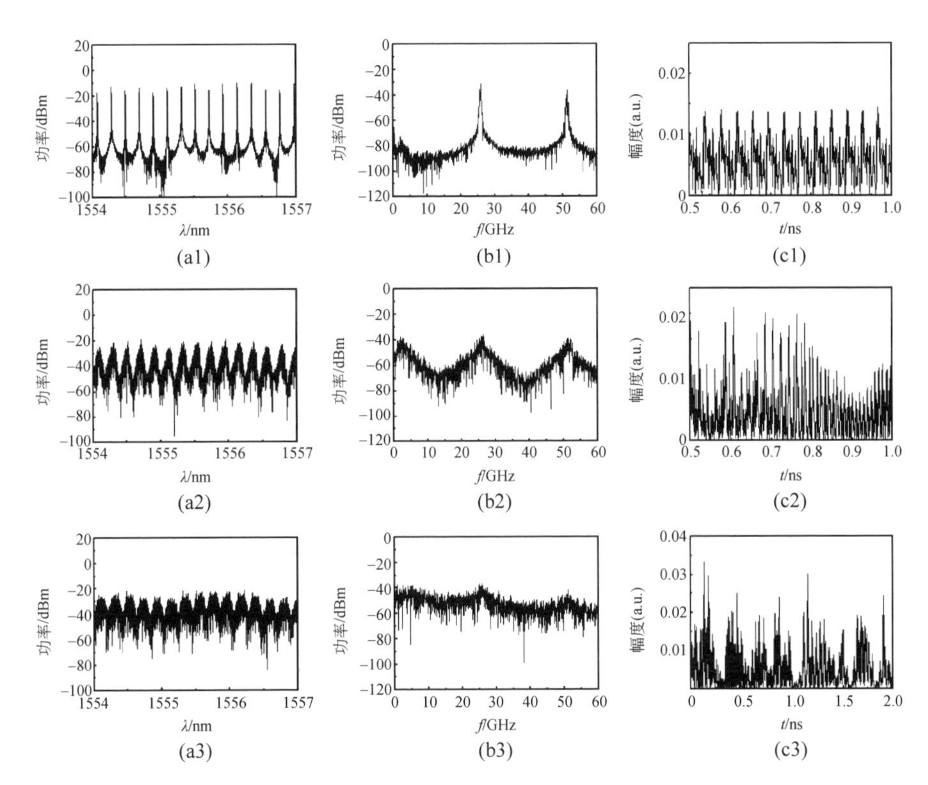

图 5.6.9 长腔 FP 激光器在不同反馈强度下的混沌激光(偏置电流 $2I_{\text{th}}$,反馈强度 $K=0.0005$、0.05、0.25)(Zhong et al.,2023)

5.6.2 DBR 激光器产生波长混沌

分布布拉格反射(distributed Bragg reflector,DBR)激光器是另一种单纵模半导体激光器,其特点是可通过调节布拉格光栅区电流实现波长调谐,具体参见第 4

章内容。同为单纵模激光器，DBR 激光器在光反馈下具有与光反馈 DFB 激光器相似的动力学状态演化规律和混沌特性。本节主要介绍 DBR 激光器在一种特殊的光-电-波长反馈结构下，产生波长混沌的特性。

理论上，对 DBR 激光器光栅区的注入电流引入非线性反馈，有望使激光器的波长产生动态变化，甚至出现混沌现象。这种在波长域的混沌变化，称为波长混沌。Larger 等在数值模拟和实验中使用波长可调谐的 DBR 激光器，在带有非线性元件的反馈回路中产生了波长混沌(Larger et al.，1998；Goedgebuer et al.，1998)。

光电反馈 DBR 激光器产生波长混沌的实验原理如图 5.6.10 所示。DBR 激光器输出光经过波长非线性器件后通过光电探测器转化为电信号，叠加在 DBR 栅区电流上形成光电反馈。任何光谱滤波(例如 FP 腔)都可以用于执行非线性转换，只要滤波器轮廓在激光的波长调谐范围内显示出极值。波长混沌的模型为池田(Ikeda)模型(Ikeda，1979)，第 6 章将介绍其具体形式。

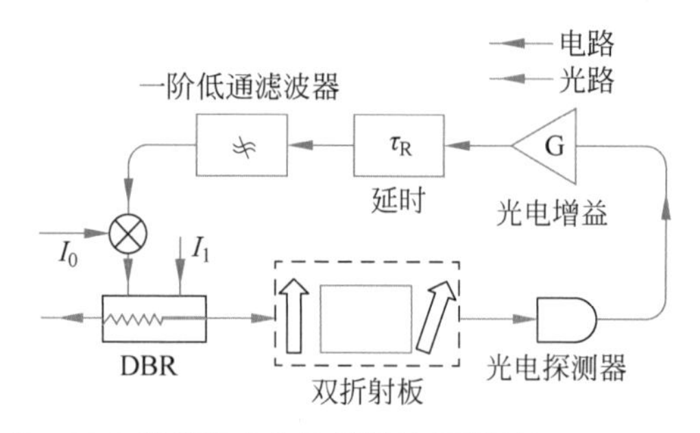

图 5.6.10　DBR 激光器产生波长混沌原理图(Larger et al.，1998)

实验中，调节反馈回路增益 G 可得到进入波长混沌的倍周期分岔图(图 5.6.11(a))。DBR 激光器通过 2 倍周期(图 5.6.11(b))和 4 倍周期(图 5.6.11(c))进入混沌。进一步增大反馈强度，激光器出现了高次谐波(图 5.6.11(d))。继续增加反馈强度，系统进入混沌态(图 5.6.11(e))。由于噪声以及实验设备分辨率的限制，很难实验观测范围小且稳定性低的多倍周期状态。Larger 等在池田模型中采用 $\sin^2()$ 函数在波长调制下产生了波长混沌，模拟结果与实验结果一致。

分析图 5.6.11(b)～(e)，可以发现波长混沌具有以下特点。一方面，时间尺度较慢，周期振荡的周期约为 500μs(反馈延时)，混沌振荡较为快速，但也在微秒量级；另一方面，波长混沌的变化幅度较小，约为 170pm。

5.6.3　垂直腔面发射激光器

垂直腔面发射激光器(VCSEL)也是一种单纵模半导体激光器，具体参见第 4 章内容。与 DFB 激光器相比，VCSEL 本征上具有两个正交的偏振模式，通过工艺

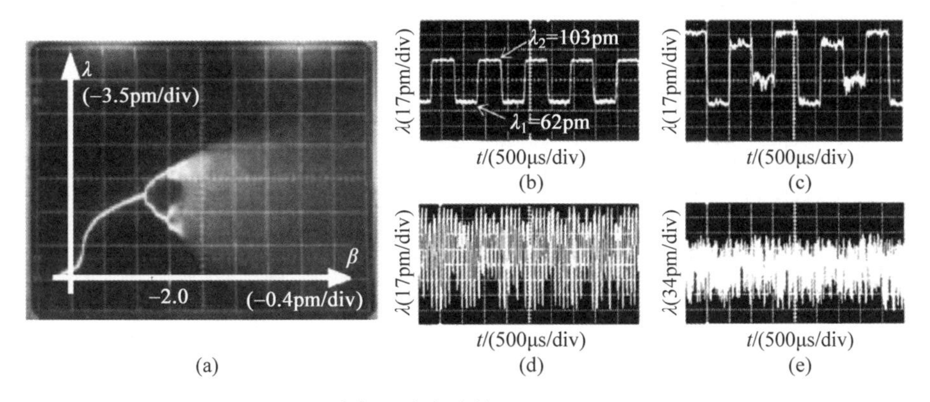

(a) (b) (c) (d) (e)

图 5.6.11 波长混沌实验结果(Larger et al.,1998)

(a) 分岔图;(b) $\beta=1.93$,2倍周期;(c) $\beta=2.12$,4倍周期态;(d) $\beta=2.26$,高次谐波;(e) $\beta=2.52$,混沌态

优化能够实现单偏振模式工作。但是在光反馈或光注入下,VCSEL 的另一偏振模式还是容易被激发。两个偏振模式的相互作用导致 VCSEL 产生混沌激光具有不同于 DFB 半导体的特性。本节将从以下几个方面介绍 VCSEL 产生混沌激光的独特之处:①VCSEL 的双偏振模式及跳变;②光反馈 VCSEL 产生混沌的路径;③VCSEL 产生宽带混沌激光;④自由运行 VCSEL 中的偏振混沌。

1. VCSEL 的双偏振模式及跳变

VCSEL 由于有源区具有对称的圆形结构、弱的各向异性,使得基横模在与晶体方向相关的两个正交偏振方向。偏置电流在阈值附近 I_{th} 时,激光器呈现单个线偏振态输出。

VCSEL 典型的特征之一是偏置电流变化会导致偏振模式切换。如图 5.6.12(a)所示,对于 $I_{\text{th}} \leqslant I < 6.7\text{mA}$,具有短波长的线性偏振模式(记为 y-LP)呈现激光出射,长波长 x-LP 偏振模式未获得增益而被抑制。当偏置电流约为 6.7mA 时,发生偏振切换(PS)。x-LP 模式起振,y-LP 模式功率显著下降。进一步将偏置电流增加到 8.0mA,x-LP 模式成为主导模式,而 y-LP 模式被抑制。能否清晰观察到 PS 现象,取决于激光介质材料特性及器件结构,通常对于大双折射、小横截面的 VCSEL 偏振切换现象更加显著。作为 PS 发生前后情况的两个例子,在 $I=2.4\text{mA}$ 和 $I=7.2\text{mA}$ 下的光谱分别在图 5.6.12(b)和(c)中给出。可以观察到两个正交偏振在光谱上分开约 0.26nm。尽管随着偏置电流的增加,两种偏振模式的波长向长波长移动,但是在实验过程中两种偏振模式之间的波长差几乎保持在恒定水平。此外,y-LP 模式的光频率高于 x-LP 模式的,频差通常为数吉赫兹到数十吉赫兹,这取决于晶体介质的各项异性程度。

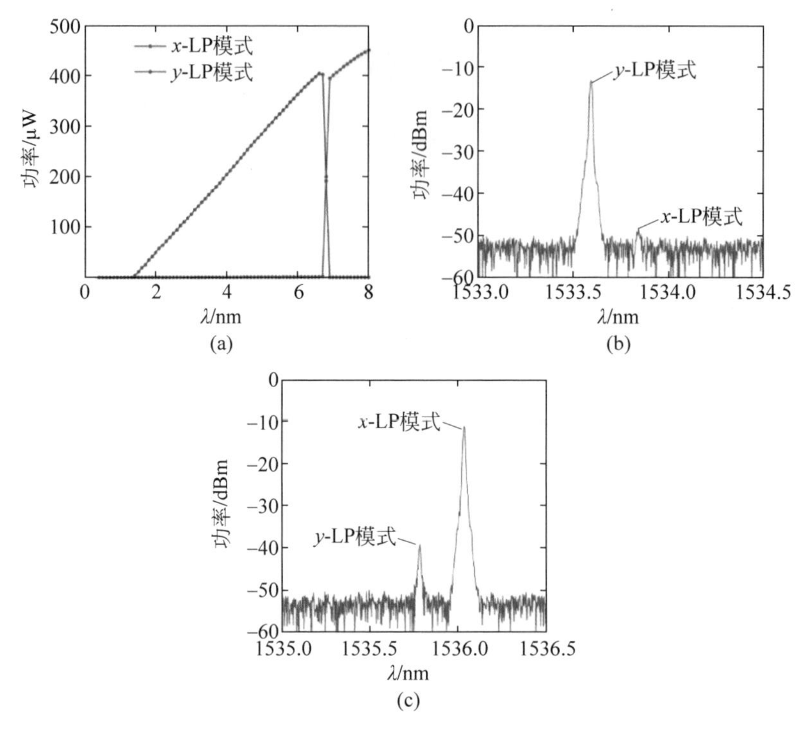

图 5.6.12 实验上测得 VCSEL 的 P-I 曲线(a)；自由运行的 1550nm-VCSEL 的光谱((b)，(c))，偏置电流分别为 $I=2.4$mA 和 $I=7.2$mA(Chen et al.，2016)

2. VCSEL 产生混沌

(1) 光反馈 VCSEL 产生混沌

虽然 VCSEL(99%端面反射率)与边发射半导体激光器(10%反射率)相比内部反射率非常高，但有源区厚度(约为 1μm)很小，这两个参数的组合导致 VCSEL 的光子寿命与边发射半导体激光器的光子寿命相当(Langley et al.，1997)。同样，尽管高反射率降低了光电反馈强度，然而，VCSEL 通过较小的腔内往返时间可获得与边发射半导体激光器几乎相同的光反馈速率 $\kappa_{\mathrm{f}}/\tau_{\mathrm{in}}$，实验(Chunp et al.，1991；Chen et al.，1993)与数值模拟(Langley et al.，1997)均已发现，VCSEL 对光反馈的灵敏度与边发射半导体激光器相似。在光反馈 VCSEL 中，低频起伏(Giudici et al.，1999；Soriano et al.，2004)及规则脉冲包络现象均已被发现(Tabaka，2006)。除了与边发射半导体激光器相似的动力学特性，研究还发现 VCSEL 的双偏振模式带来更加丰富的动力学特性及应用潜力，例如偏振转换(Paul et al.，2006)、偏振双稳(Pan et al.，2003)、偏振模式跳变(Olejniczak et al.，2011)和偏振自调制(Li et al.，1998)等。

此外，在偏振保持光反馈 VCSEL 中还存在稳态-准周期(S-QP)切换及稳态-稳态(S-S)切换的动力学现象。两种切换的切换周期都等于外腔往返时间。

图 5.6.13(a1)～(a3)是典型的 S-QP 动力学切换。激光输出光谱呈梳状，中心波长为 λ_q，光频率间隔为 f_q，对应于 QP 态。另外，在 λ_q 的长波长一侧存在一波长，对应于 S 态。在频谱图 5.6.13(a2)中，可以观察到 f_q 附近的一个展宽峰和一系列外腔频率 $1/\tau_{EC}$ 整数倍的峰。在时间波形图 5.6.13(a3)中，S 态和 QP 态以 $\tau=1/\tau_{EC}$ 周期性地交替出现。图 5.6.13(b1)～(b3)是典型的 S-S 动力学切换。激光输出光谱中存在两个稳态的 y-LP 波长 $\lambda_{S1}=1543.629\text{nm}$ 和 $\lambda_{S2}=1543.642\text{nm}$。时间波形图 5.6.13(b3)中，$\lambda_{S1}$ 态和 λ_{S2} 态在 $1/\tau_{EC}$ 周期内交替出现。频谱图 5.6.13(b2)中，没有出现 λ_{S1} 与 λ_{S2} 的拍频峰(约 1.6GHz)，说明两个波长是交替出现而非共存的。这种状态切换过程中，线偏振态保持不变。随着反馈强度增加，输出状态演变为稳定状态，如图 5.6.13(c)所示。

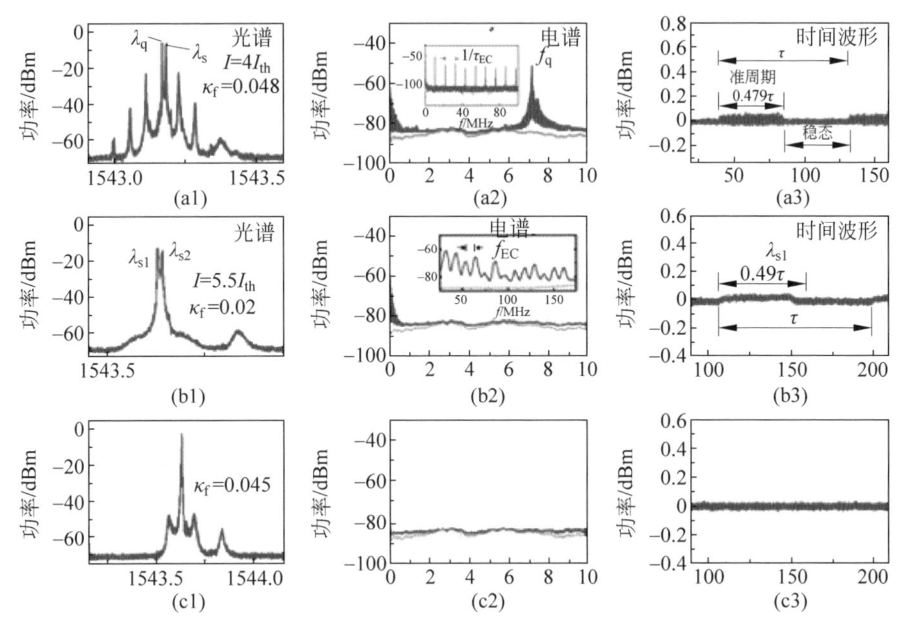

图 5.6.13　偏振保持光反馈中的动力学现象

(a1)～(a3)稳态与准周期切换态的实验结果，$I=4I_{th}$，$\kappa_f=0.0048$；(b1)～(b3)稳态与稳态切换态的实验结果，$I=5.5I_{th}$，$\kappa_f=0.0102$；(c1)～(c3)稳态的实验结果，$I=5.5I_{th}$，$\kappa_f=0.045$。第1～3列，从左至右分别为光谱、频谱及时序

如图 5.6.14 所示，在偏振保持光反馈 VCSEL 中，增加反馈强度依次出现了四种进入混沌的路径。在阈值电流附近时($1I_{th}\sim3.4I_{th}$)，随着反馈强度的增加，激光器由稳态演化为准周期，最终进入混沌。当偏置电流远离阈值时，随着反馈强

度的增加，会依次出现以下动力学状态：稳态、稳态与准周期态的切换、准周期状态、混沌。继续增加偏置电流，垂直腔面发射激光器将会由第三种路径进入混沌，依次出现稳态、稳态与稳态的切换、稳态、稳态与准周期的切换态、准周期状态、混沌六个阶段。偏置电流超过 $6.6I_{th}$，增加反馈强度，VCSEL 要先经过 y-LP 到 x-LP 偏振切换，再经准周期进入混沌。依次出现的动力学状态分别是：稳态（y-LP）、S-S 切换（y-LP）、稳态（y-LP）、稳态（x-LP）、S-QP（x-LP）、QP-IQP（x-LP）、QP（x-LP）、混沌。

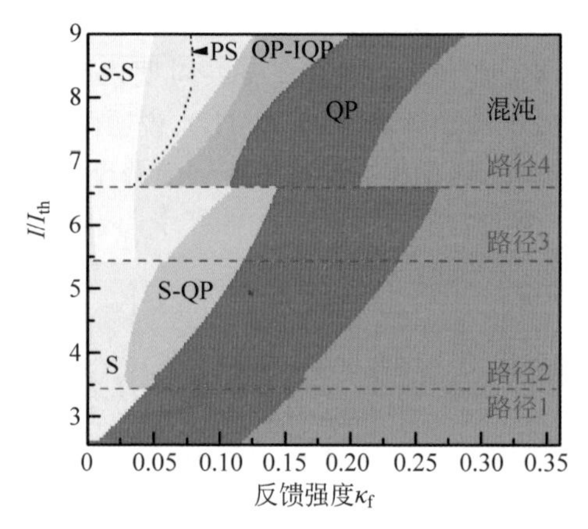

图 5.6.14　偏振保持光反馈 VCSEL 中激光器输出动力学状态随反馈强度及偏置电流变化图

图 5.6.15 给出了反馈强度为 0.3 时，不同偏置电流下激光器产生混沌的光谱和频谱。如图 5.6.15(a)所示，当 $I=4I_{th}$ 时，激光器 y-LP 模式主导光谱，其光功率比长波 x-LP 模式高出 20dB。此时，频谱如图 5.6.15(a2)所示，被弛豫振荡频率占主导，这与 DFB 激光器频谱相似。但不同之处在于，VCSEL 输出频谱低频能量较高。如图 5.6.15(b1)、(c1)所示，随着电流增加，光谱红移，且 x-LP 模式增强。相应地，频谱展宽且低频能量提升，呈现“陷波”特征，如图 5.6.15(b2)、(c2)所示。频谱展宽的原因是电流增加导致的弛豫频率增大。低频部分的谱线呈“低通”形状，且频谱宽度随电流增加而增宽。其原因应是 x-LP 模式与 y-LP 模式交叉增益调制。

(2) 光注入 VCSEL 产生混沌

通过注入一个或多个偏振模式，VCSEL 系统中产生注入锁定、单周期脉冲、倍周期脉冲、多倍周期脉冲及混沌振荡等一系列非线性动力学态（Sciamanna et al.，2006；Hong et al.，2002；Gatare et al.，2007）。通过选择偏振光注入 VCSEL 可呈现偏振开关效应（PS）和偏振双稳（PB）现象（Pan et al.，2003；Regalado et al.，1997；Altés et al.，2006）。

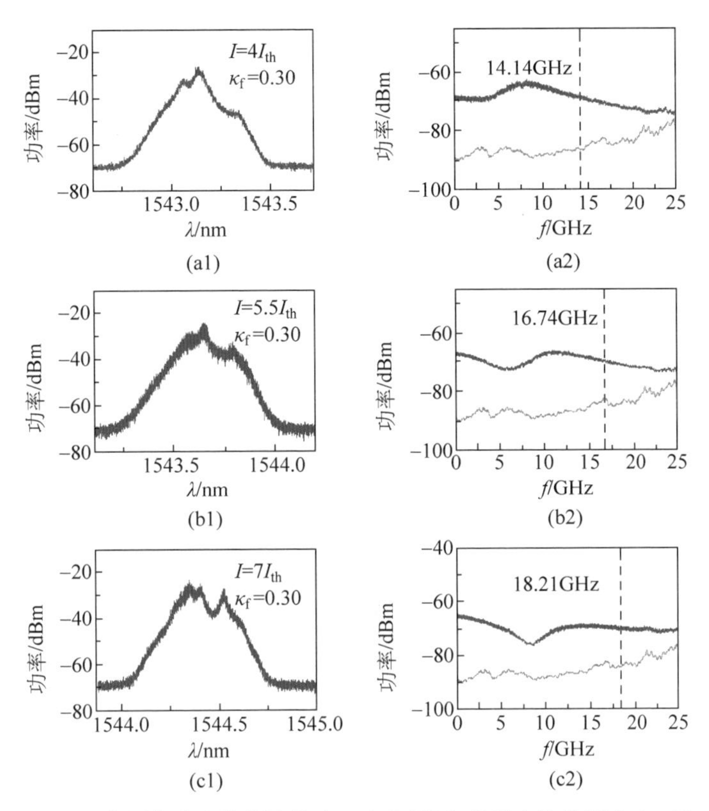

图5.6.15 不同偏置电流下的混沌状态。由上至下，偏置电流分别为 $I=4I_{th}$，$5.5I_{th}$，$7I_{th}$，反馈强度均为 $\kappa_f=0.3$。其中左列为光谱图，右列为功率谱图

在VCSEL中，偏振光注入对激光振荡状态起着至关重要的作用。不同偏振模式以及频率失谐导致VCSEL激光器呈现不同的动态，如图5.6.16所示(Hurtado et al.，2010)。图5.6.16(a)是平行偏振光注入1550nm-VCSEL的实验结果，图5.6.16(b)是正交偏振光注入1550nm-VCSEL的实验结果，相应注入电流为4mA($I=2.44I_{th}$)。图5.6.16(a)可以观察到单周期、倍周期、混沌、稳定的注入锁定区域，这些状态与边发射半导体激光器的情况非常相似。图5.6.16(b)不仅可以观察到以上几种动态，还可以观察到偏振切换区域，且稳定的注入锁定区域在更宽频率失谐范围内呈现出几乎对称的形状。

VCSEL激光器的双偏振模式带来更加丰富的动力学特性及应用潜力。基于VCSEL的宽带混沌产生及时延特征抑制也受到广泛关注。

3. 自由运行椭圆偏振VCSEL

布鲁塞尔自由大学Virte等实验证实了自由运行的椭圆偏振VCSEL在不需要外部扰动的情况下通过控制偏置电流也能够产生混沌，如图5.6.17所示(Virte

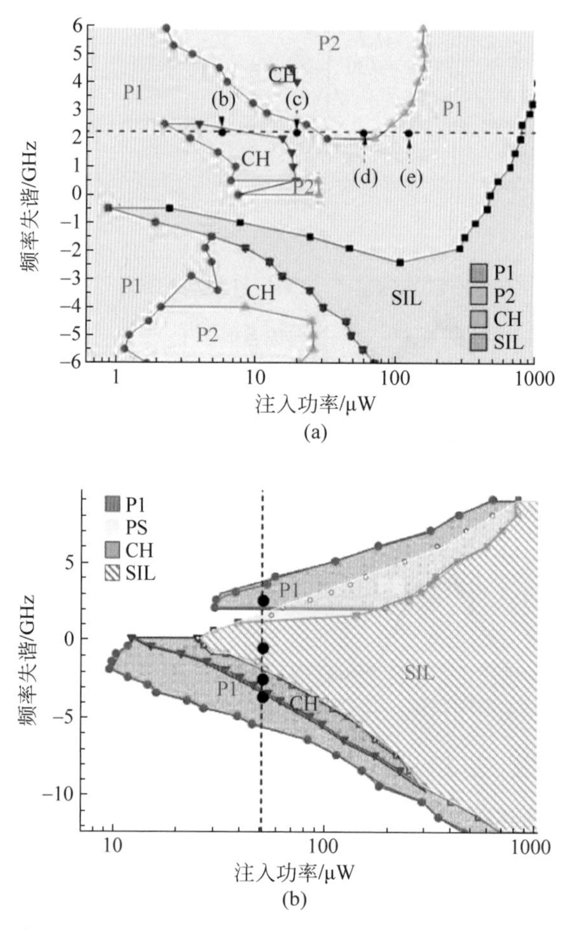

图 5.6.16　实验上光注入 1550nm-VCSEL 的动态特性图(Hurtado et al.,2010)

(a) 平行光注入；(b) 偏振光注入

et al.,2012)。图 5.6.17(a)显示了单模 990nmVCSEL 的结构和输出偏振态示意图。如图 5.6.17(b)～(e)显示了工作电流增加时,VCSEL 稳态、周期振荡、准周期振荡和混沌振荡的相图。如图 5.6.17(b)所示,随着注入电流增加,产生两个对称的椭圆偏振态。如图 5.6.17(c)所示,随着电流进一步增加,两个椭圆偏振态变得不稳定,并产生两个极限环在不稳定的稳态周围振荡。如图 5.6.17(d)所示,随后演变到两个对称的单涡旋混沌吸引子；吸引子的大小随着电流的增加而增大。如图 5.6.17(e)所示,偏振电流超过某一临界值,它们合并成一个类似于洛伦茨的混沌吸引子。图 5.6.17(f)和(g)绘制了不同偏振态的输出功率,也显示出了不同椭圆偏振态的混沌行为。

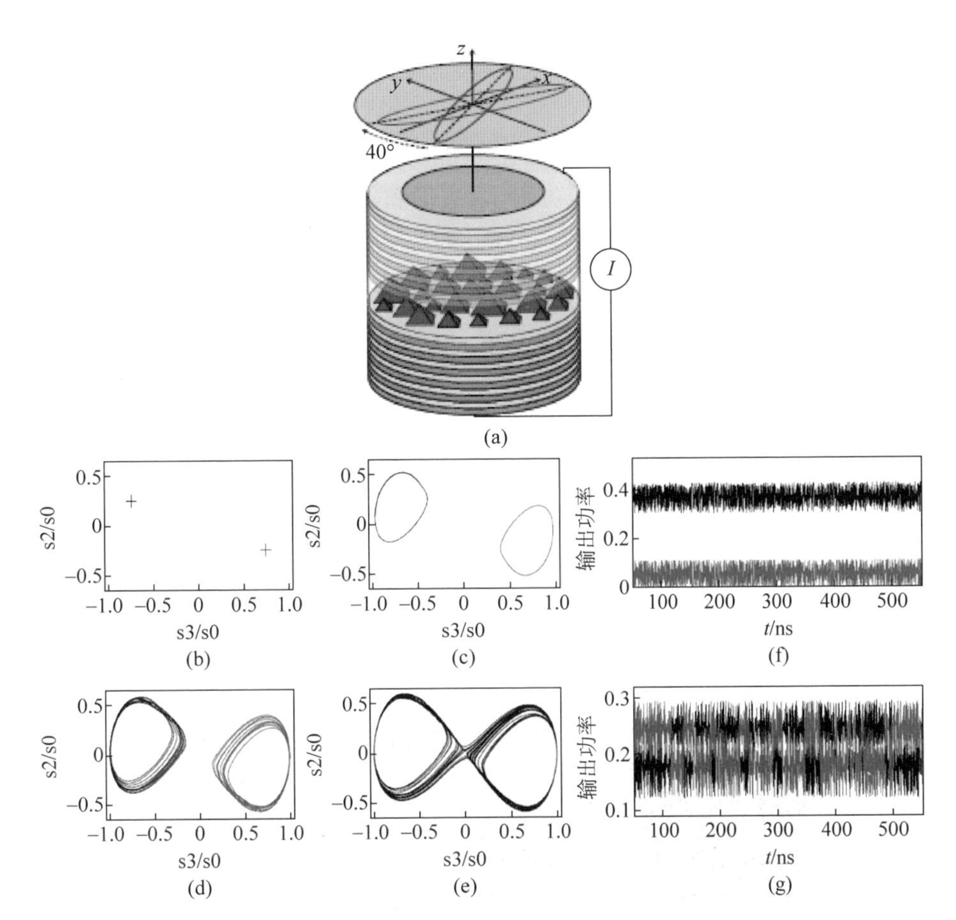

图 5.6.17 (a)自由运行椭圆偏振 VCSEL 示意图；(b)～(e)不同工作电流时 VCSEL 的相图，(f)、(g)周期态和混沌态的激光器输出波形，分别对应于(c)和(e)(Virte et al.,2012)

(b) $\mu=1.34$,(c) $\mu=1.39$,(d) $\mu=1.41$,(e) $\mu=1.425$,(f) $\mu=1.34$ 时，黑色代表0°偏振模式、红色代表90°偏振模式的输出功率；(g) $\mu=1.425$ 时，黑色代表45°偏振模式、红色代表−45°偏振模式的输出功率

5.6.4 微腔激光器

微腔激光器是一种特殊的半导体激光器，其谐振腔为平行于半导体激光材料外延层的二维微腔，具有高达 10^5 至 10^9 量级的 Q 因子，通常表现为窄线宽单模激光输出特性和高的弛豫振荡频率(Xiao et al.,2017)。微腔激光器的高 Q 谐振腔似乎不利于外部光扰动，但是由于其非常小的谐振腔尺寸，微腔激光器在光反馈或光注入下同样能够进入混沌状态(申志儒,2021)，同时高弛豫振荡频率使微腔混沌激光往往具有较大的混沌带宽(Wang et al.,2020)。另外，由于微腔激光器灵活的

谐振腔设计，能够实现双模或三模激光输出，从而实现混沌带宽增强。本节将从以下两个方面介绍：①单模激射微腔激光器产生宽带混沌（Wang et al.，2020）；②双模/三模微腔激光器混沌带宽增强（Ma et al.，2021；Li et al.，2022）。

目前回音壁型微腔激光器的研究主要集中在圆形谐振腔（圆盘、圆柱、圆环和球形）和多边形谐振腔（三角形、正方形、六边形和八边形等）（图 5.6.18）以及他们的变形腔结构上。微腔激光器的速率方程模型可以在普通 DFB 激光器的基础上修正得到：

$$\frac{\mathrm{d}n}{\mathrm{d}t}=\frac{\eta I}{qV_{\mathrm{a}}}-An-Bn^{2}-Cn^{3}-v_{\mathrm{g}}g(n,s)s \tag{5.6.1}$$

$$\frac{\mathrm{d}s}{\mathrm{d}t}=\left[\Gamma v_{\mathrm{g}}g(n,s)-\alpha_{\mathrm{i}}v_{\mathrm{g}}-\frac{1}{\tau_{\mathrm{pc}}}\right]s+\Gamma\beta Bn^{2} \tag{5.6.2}$$

$$\frac{\mathrm{d}\Psi}{\mathrm{d}t}=\frac{\alpha}{2}\left[\Gamma v_{\mathrm{g}}g(n,s)-\alpha_{\mathrm{i}}v_{\mathrm{g}}-\frac{1}{\tau_{\mathrm{pc}}}\right] \tag{5.6.3}$$

式中，n 和 s 分别为微腔激光器的载流子密度和腔内激射模式光子数密度，I 为工作电流，Ψ 为光场相位，η 为电流注入效率，q 为电子电荷电量，V_{a} 为有源层体积，A、B、C 分别为缺陷复合系数、辐射复合系数、俄歇复合系数，$\tau_{\mathrm{pc}}=Q/\omega_0$ 为冷腔模

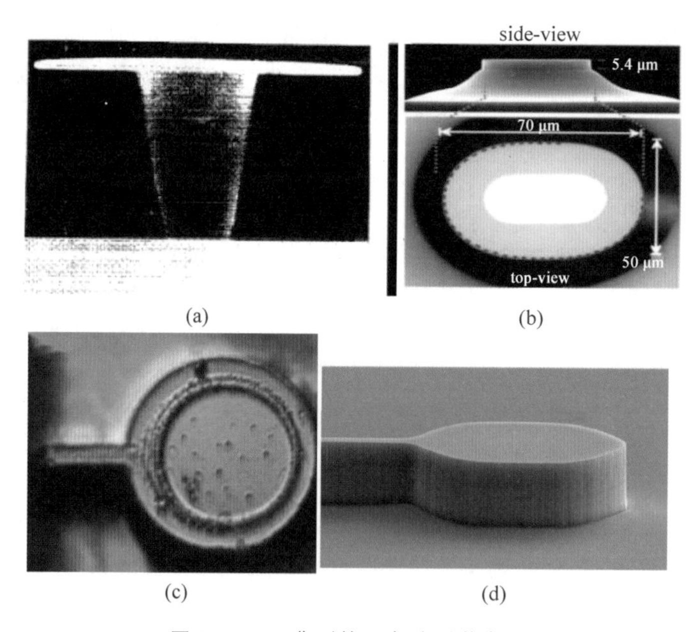

图 5.6.18　典型的回音壁型激光器

(a) 圆盘形微腔激光器；(b) 椭圆变形微腔激光器；(c) 直连输出波导的弧边六角微腔激光器；(d) 直连输出波导的微盘激光器

式光子寿命，$v_g=c/n_g$ 为激射模式群速度，α_i 为材料内的吸收损耗，Γ 为光限制因子，β 为自发辐射因子。应变量子阱材料的增益系数为

$$g(n,s)=\frac{g_0}{1+\varepsilon s}\ln\left(\frac{n+Ns}{N_{tr}+N_s}\right) \tag{5.6.4}$$

式中，g_0 为材料增益，ε 为增益压缩因子，N_{tr} 为透明载流子浓度，N_s 为增益参数。

微腔激光器的弛豫振荡频率可以表示为

$$f_R=\frac{1}{2\pi}\left(v_g a_n\frac{\eta}{qV_a/\Gamma}\right)^{1/2}(I-I_{th})^{1/2} \tag{5.6.5}$$

1. 单模微腔激光器产生宽带混沌

(1) 微腔激光器进入混沌的路径

中国科学院半导体研究所黄永箴课题组报道了一种弧边六角(CSHR)微腔激光器，其弛豫振荡频率可达 11GHz。笔者课题组探索该激光器在结构简单的光反馈作用下产生宽带混沌的可行性。

研究发现，弧边六角微腔激光器的内腔往返时间比分布反馈半导体激光器更短，在光反馈作用下其输出更容易进入非稳定状态。当偏置电流偏小时，长外腔光反馈 CSHR 微腔激光器与传统光反馈半导体激光器的非线性动力学特性相似，随着反馈强度的改变，主要呈现“稳态-单倍周期-准周期-混沌”(S-P1-QP-C)路径，这与光反馈 DFB 激光器准周期进入混沌路径相似。在高偏置电流、长腔反馈情况下，将呈现“稳态-准周期态切换-准周期-混沌”(S-SQPS-QP-C)路径。相比于低偏置电流，激光器在非周期状态之前出现新的动力学现象，即稳态-准周期切换(SQPS)。这是因为：①激光器阻尼较大，反馈不足以驱动激光器持续处于无阻尼振荡；②反馈延时大于光反馈下激光器的阻尼时间，使其能够经过阻尼振荡后回到稳态模式(申志儒，2021)。

图 5.6.19(a)给出了稳态-准周期态切换的典型波形。可见，SQPS 的周期即反馈时间 τ_f，准周期振荡的频率 f_q 约为激光器弛豫振荡频率。图 5.6.19(b)和(c)分别给出了偏置电流对准周期振荡幅值和持续时间 t_D 的影响。随着偏置电流的增加，幅值呈下降趋势。这是因为激光器弛豫振荡阻尼因子增加。如图 5.6.19(c)，准周期态的持续时间随偏置电流的增加而减小。其原因也是高偏置电流时激光器阻尼因子更大。

(2) 临界反馈强度

通过图 5.6.20(a)、(b)可以看出，CHSR 与传统 DFB 半导体激光器在光反馈作用下的路径基本相似。激光器输出信号进入非稳定状态的最小反馈强度，称为激光器的临界反馈强度。临界反馈强度随外腔往返时间的增加呈周期性变化。由于微腔激光器的增益使其具有更小的内腔往返时间，弧边六角微腔激光器的临界

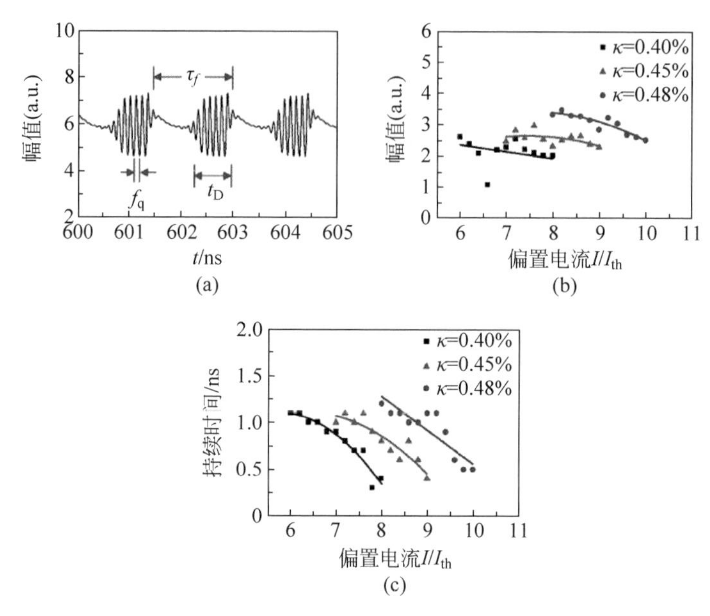

图 5.6.19　稳态-准周期态切换的时序(a),偏置电流对稳态-准周期态切换幅值和持续时间的影响 $\tau_f=1.5$ns((b),(c))(申志儒,2021)

反馈强度低于传统 DFB 激光器约一个量级。这是理论分析结果,实际中还要考虑激光器与反馈光的耦合效率。

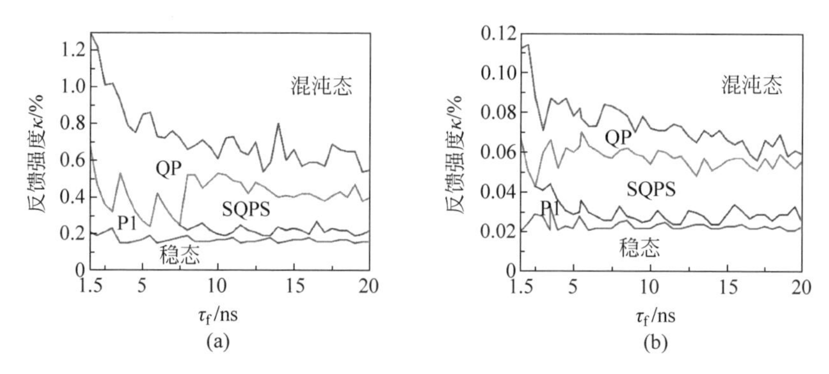

图 5.6.20　光反馈 DFB 激光器(a)和光反馈弧边六角微腔激光器(b)在不同反馈强度和外腔往返时间下不同状态的边界。(申志儒,2021)

P1:单倍周期振荡;SQPS:稳态-准周期态切换;QP:准周期振荡

(3) 微腔激光器产生宽带混沌

理论上微腔激光器的宽带平坦调制响应特性可以用于产生频谱平坦的宽带混沌激光。在 $5I_{th}$、$12I_{th}$ 偏置电流下,CHSR 微腔激光器的弛豫振荡频率分别为

8.8GHz和13.7GHz(图5.6.21(a)),阻尼因子分别为27.8GHz和66.7GHz。光反馈弧边六角微腔激光器产生的宽带平坦混沌信号如图5.6.21(b)、(c)所示。频谱中具有明显的外腔谐振特征,可以借鉴5.2节所述方法抑制或消除反馈谐振特征,从而产生频谱平坦的宽带、无时延特征混沌激光(Wang et al.,2020)。

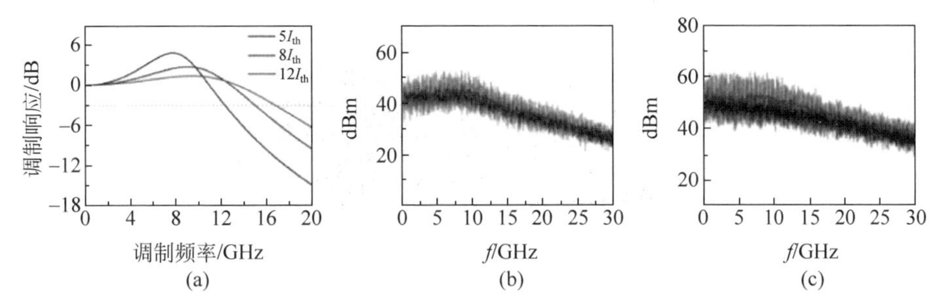

图5.6.21　数值模拟的CSHR微腔激光器的小信号响应曲线(a),及CSHR微腔激光器在$I=5I_{th}$,$I=12I_{th}$时的典型混沌状态(b),(c):$\kappa_f=2.80\%$,$\tau_f=5$ns(Wang et al.,2020)

除CSHR微腔激光器,微盘激光器也能够产生非线性动力学行为(Zou et al.,2015)。如图5.6.22所示,在外光注入下,随着光频失谐从负到正变化,激光器会依次经过四波混频-倍周期分岔-混沌-注入锁定-单周期-四波混频状态。

2. 双模/三模微腔激光器产生宽带混沌

黄永箴课题组通过设计正方形微腔激光器微腔大小及电极覆盖位置等,实现了双模/三模激光输出(图5.6.23)。对于双模正方形微腔激光器,优化两个模式的强度比及反馈强度可产生宽带平坦的混沌信号(Ma et al.,2021)。对于三模微腔激光器,通过适当地选择模式间隔,进一步优化混沌带宽(Li et al.,2022)。

双模或者三模正方形微腔激光器产生宽带混沌的原理类似于光注入增强混沌带宽,均通过模式拍频增大混沌带宽,但仅需单个激光器的光反馈即可实现,结构更简单。此外,双模或者三模光反馈产生宽带混沌可进一步推广至更多模式或者其他类型的多模激光器中。需要注意的是,这类型增强带宽的方法应用于混沌同步时会对模式间隔失配容限提出更严苛的要求。

5.6.5　纳米半导体激光器

纳米激光器是指谐振腔尺寸在纳米量级的激光器,其尺寸与激光器波长相当甚至更小,因而纳米激光器具有超快响应、低阈值的特点和超大规模集成的潜力,在生物传感、显微成像、高密度存储、高速通信、光学计算等领域具有广泛应用前景。2013年,美国和荷兰研究人员联合研制出电注入室温连续波工作的纳米激光

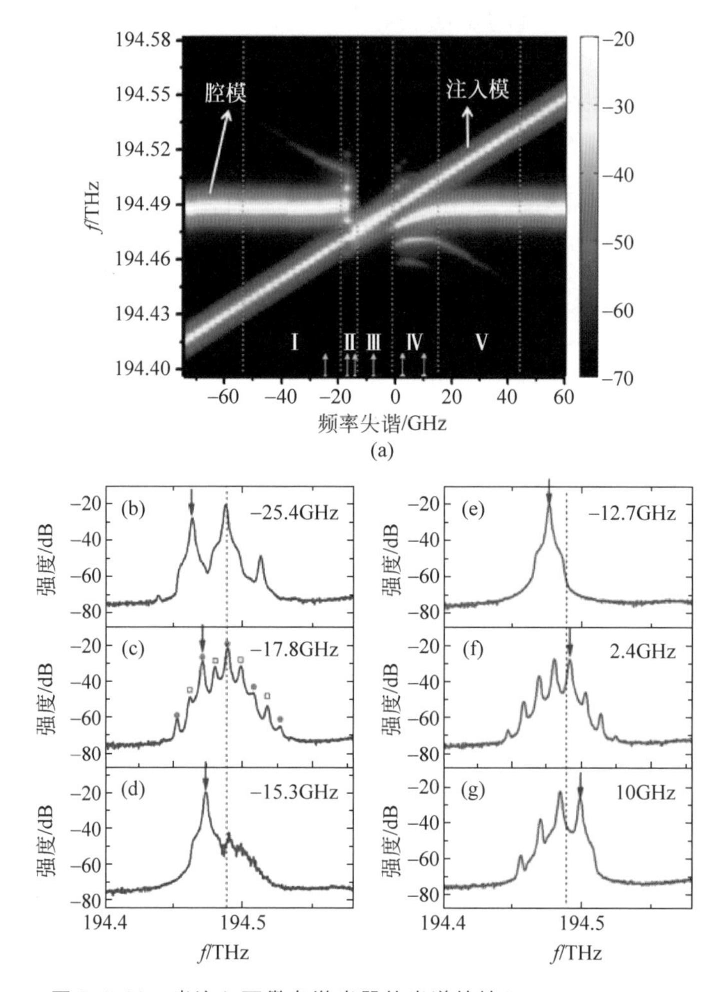

图 5.6.22 光注入下微盘激光器的光谱特性(Zou et al.,2015)

(a) 微盘激光器在偏置电流为 12mA、光注入功率为 2mW 下的激射光谱;(b)~(g) 微盘激光器分别在失谐频率为−25.4GHz、−17.8GHz、−15.3GHz、−12.7GHz、−2.4GHz 和 10GHz 处的光谱,对应于四波混频、倍周期、混沌、注入锁定、单周期振荡、四波混频状态。图中虚线表示无光注入时的微盘激光器的激射模式,箭头处表示注入光频率

器,展示出了纳米激光器迈向应用的可能性(Ding et al.,2013)。自此,纳米激光器的非线性动力学特性开始受到研究人员关注。

理论上,纳米半导体激光器仍属于 B 类激光器,在光反馈(Sattar et al.,2015,2016a; Fan et al.,2019)、光注入(Han et al.,2016; Sattar et al.,2016b)等外部扰动下可以产生丰富的动力学行为。与传统半导体激光器相比,纳米激光器具有很短的谐振腔长度(约 1μm)。因而,纳米激光器对外部光扰动更加敏感。例如,相同

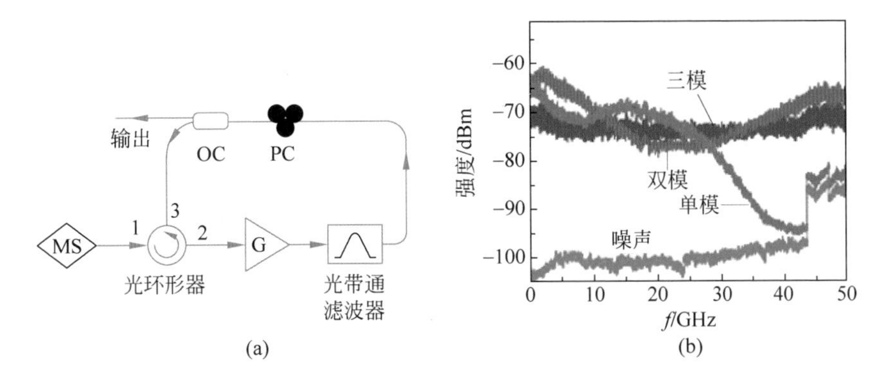

图 5.6.23　光反馈双模/三模正方形微腔激光器产生宽带混沌的原理图(a)和实验结果图(b)

的光反馈强度下，纳米激光器具有更大的反馈速率(速率方程(5.2.1)中反馈项系数)。

另一个显著的区别是，纳米激光器具有较大的珀塞尔因子 F(Purcell cavity-enhanced spontaneous emission factor)。纳米激光器的珀塞尔因子 F 取值为 20～40，而传统半导体激光器中 $F=1$。因此，自发辐射对纳米激光器动力学特性的影响不能被忽略，成为研究的主要关注点之一。需指出，纳米激光器速率方程中，自发辐射而导致的载流子数变化速率为 $-[1+(F-1)\beta]N/\tau_N$、光子数密度变化速率为 $F\beta N/\tau_N$，其中 β 为自发辐射因子，τ_N 为载流子寿命。

班戈大学 Sattar 等的数值研究发现，谐振腔长度为 1.39μm、端面强度反射率 $R_2=0.85$ 的纳米激光器，外部镜面反射率大于 10^{-4} 时即可以产生混沌(Sattar et al.,2015)，产生混沌的阈值反馈强度比传统 DFB 半导体激光器低约 1 个数量级。此外，阈值反馈强度随着反射镜距离增大而进一步降低，或随着偏置电流增加而增大，这些规律与传统 DFB 激光器相似。纳米激光器在相位共轭光反馈、光注入等情况下的动力学特征及混沌产生情况也有相关理论研究。然而，目前尚未见到纳米激光器产生混沌信号的实验报道。

下文将以典型的镜面光反馈为例，对纳米激光器的混沌动力学特性进行介绍。

镜面反馈纳米激光器的动态特性可由如下单模速率方程描述：

$$\frac{\mathrm{d}N(t)}{\mathrm{d}t}=\frac{I_\mathrm{b}}{eV_\mathrm{a}}-\frac{N(t)}{\tau_\mathrm{n}}[F\beta+(1-\beta)]-\frac{g_\mathrm{n}[N(t)-N_0]}{1+\zeta S(t)}S(t) \tag{5.6.6}$$

$$\begin{aligned}\frac{\mathrm{d}S(t)}{\mathrm{d}t}=&\Gamma\left\{\frac{F\beta N(t)}{\tau_\mathrm{n}}+\frac{g_\mathrm{n}[N(t)-N_0]}{1+\zeta S(t)}S(t)\right\}-\\&\frac{1}{\tau_\mathrm{p}}S(t)+\frac{2k}{\tau_\mathrm{in}}\sqrt{S(t)S(t-\tau)}\cos(\theta(t))\end{aligned} \tag{5.6.7}$$

$$\frac{\mathrm{d}\phi(t)}{\mathrm{d}t}=\frac{\alpha}{2}\Gamma g_{n}[N(t)-N_{\mathrm{th}}]-\frac{k}{\tau_{\mathrm{in}}}\frac{\sqrt{S(t-\tau)}}{\sqrt{S(t)}}\sin(\theta(t)) \tag{5.6.8}$$

$$\theta(t)=\omega_{0}\tau+\phi(t)-\phi(t-\tau) \tag{5.6.9}$$

式(5.6.6)和式(5.6.7)描述珀塞尔自发辐射因子 F 和自发辐射耦合因子 β 对自发辐射效率的影响；式(5.6.8)描述激光的相位。$S(t)$为光子数密度，$N(t)$为载流子密度，$\phi(t)$为相位，Γ 为光场限制因子，τ_n 和 τ_{p} 分别为载流子寿命和光子寿命，g_{n} 为微分增益系数，N_0 为透明载流子密度，ζ 为增益饱和系数，α 为线宽增强因子。I_{b} 为纳米激光器偏置电流，V_{a} 为有源区体积，N_{th} 为阈值载流子密度，e 为元电荷量，ω_0 为光(角)频率，外腔往返时间 $\tau=2l_{\mathrm{ext}}/c$，l_{ext} 为激光器激光出射面到外部反射镜的距离。反馈系数 k 定义为反射回激光器的光场占激光器输出光场的比例，并由下式给出

$$k=f(1-R_{2})\sqrt{\frac{R_{\mathrm{ext}}}{R_{2}}} \tag{5.6.10}$$

式中，c 为真空中的光速，n 为折射率，L 为激光器谐振腔长度，R_2 和 R_{ext} 分别为激光器出射端面和外部反射镜的强度反射率。f 为反馈耦合系数。

外腔镜面反馈纳米激光器随着反馈耦合系数 f 的增加展现了复杂的动力学特征，如图 5.6.24 中分岔图所示，纳米激光器经由稳态、单周期态、2 倍周期态和准周期态，最后进入混沌态。

结合图 5.6.24(a)和(b)，当自发辐射耦合因子 $\beta=0.05$ 增大至 $\beta=0.1$ 时，纳米激光器产生混沌所需的反馈耦合系数从 $f=1\times10^{-2}$ 增大至 $f=3\times10^{-2}$，增幅约为 200%。因此对于同一偏置电流 I_{b} 和珀塞尔自发辐射因子 F，纳米激光器产生混沌的反馈阈值随自发辐射因子 β 的增大而显著增大。结合图 5.6.24(b)和(c)，当珀塞尔自发辐射因子 $F=14$ 增大至 $F=30$ 时，反馈耦合系数阈值从 $f=3\times10^{-2}$ 增大至 $f=6\times10^{-2}$，增幅约为 100%。可见，纳米激光器产生混沌所对应的反馈耦合系数的阈值随珀塞尔自发辐射因子 F 的增大而增大。

在图 5.6.24(b)、(c)或(e)、(f)中，当纳米激光器中珀塞尔自发辐射因子 F 和自发辐射耦合因子 β 较大时，激光器产生混沌的反馈阈值随偏置电流 I_{b} 的增加而减小，这一变化趋势与传统的半导体激光器不同。因此，在纳米激光器中产生混沌的反馈耦合系数的变化并不与弛豫振荡频率的变化相匹配。

外腔长度 l_{ext} 对激光器产生混沌的反馈阈值的影响，如图 5.6.25 所示，可见当纳米激光器到镜面的距离(外腔长度 l_{ext})增加时，激光器输出为稳态的区域逐渐减小，而混沌态区域逐渐增大，即反馈阈值随外腔长度 l_{ext} 的增加而减小，这一特性与传统的外腔镜面反馈半导体激光器相似。

在外腔长度较短的相干反馈下，反馈光的相位也将对激光器的输出特性产生

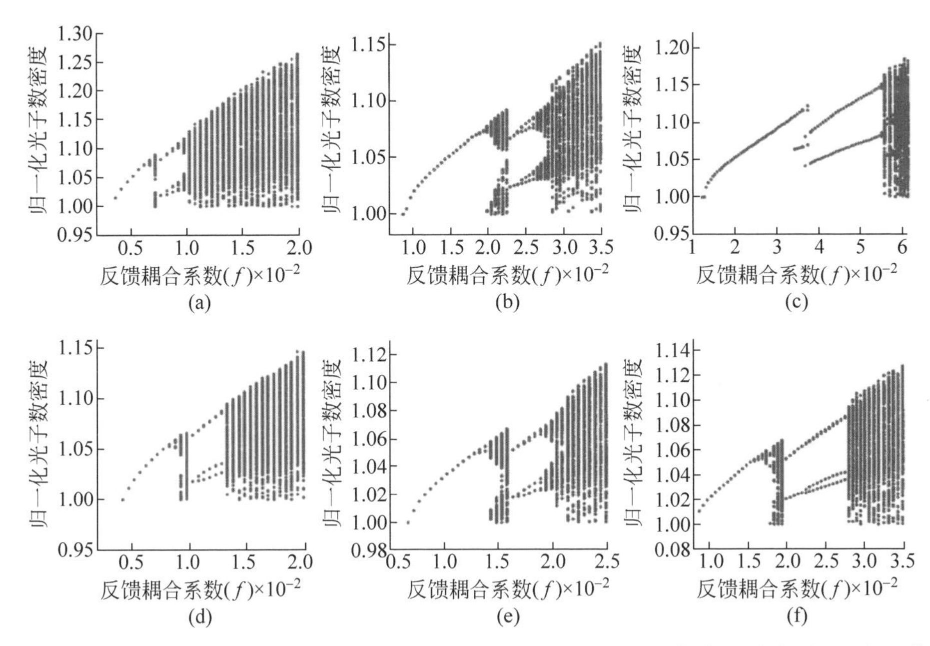

图 5.6.24　纳米激光器在不同的珀塞尔自发辐射因子 F 和偏置电流 I_b 的条件下，光子数密度关于反馈耦合系数 f 的分岔图(Sattar et al.,2015)

(a) $F=14, \beta=0.05, I_b=2I_{th}$; (b) $F=14, \beta=0.1, I_b=2I_{th}$; (c) $F=30, \beta=0.1, I_b=2I_{th}$; (d) $F=14, \beta=0.05, I_b=4I_{th}$; (e) $F=14, \beta=0.1, I_b=4I_{th}$; (f) $F=30, \beta=0.1, I_b=4I_{th}$

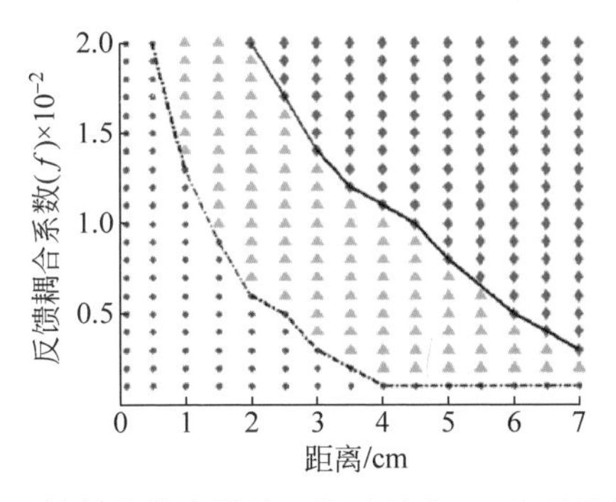

图 5.6.25　外腔镜面反馈纳米激光器关于外腔长度 l_{ext} 和反馈耦合系数 f 的动态分布图：蓝色圆点表示激光器处于稳态，绿色三角形表示激光器处于周期态，红色菱形表示激光器处于混沌态，$F=30, \beta=0.1$(Sattar et al.,2015)

影响(Fan,2019)。图 5.6.26(a)～(c)给出了不同反馈强度下纳米激光器光子数密度随反馈光相位变化的分岔图。可见，通过反馈相位和反馈强度可以调控激光器输出状态，包括稳态、周期振荡、混沌振荡等。在较强反馈情况下，纳米激光器可以在较大的反馈相位范围内产生混沌振荡。

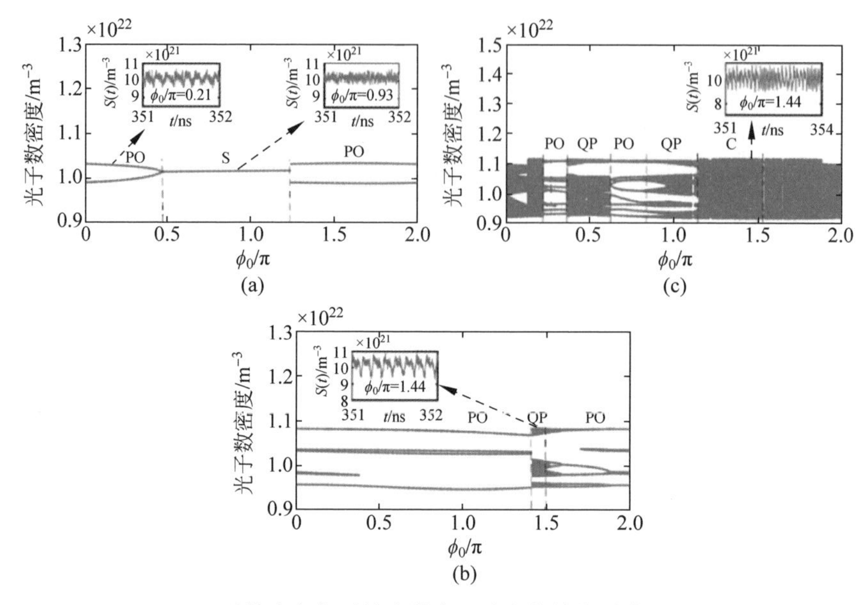

图 5.6.26 反馈光相位对纳米激光器动态特性的影响(Fan et al.,2019)

(a)~(c)光子数密度分岔图。(a) $f=6.6\times10^{-6}$,(b) $f=2.2\times10^{-5}$,(c) $f=3.8\times10^{-5}$,S 表示稳态,PO 表示周期态,QP 表示准周期态,C 表示混沌态; $F=20$,$\beta=0.05$,$I_b=2.7I_{th}$,$I_{th}=1.1$mA,$l_{ext}=1.5$cm

5.7 集成混沌激光器

基于半导体激光器产生混沌激光具有重要的应用前景。然而,混沌半导体激光器系统最初均由分立器件组合而成。导致系统具有体积大、能耗高、稳定性低、不利于大规模应用等问题,限制了实际应用。因此,集成化是混沌激光器系统发展的必然趋势。

混沌半导体激光器系统的集成化属于光电子集成的范畴。目前报道的集成混沌激光器可分为两类。第一类,将具有一定功能的光电子芯片,如激光器、放大器、探测器芯片以及外部光学元件进行模块化封装,实现混沌激光输出,本书称为模块化集成混沌激光器;第二类,在同一芯片衬底上将混沌激光产生和优化所需的各功能器件进行集成,实现集成混沌激光器芯片,称为片上集成混沌激光器。模块化集成混沌激光器具有器件选择灵活、参数调谐方便、性能优化等优点,但是集成度低,不适于大规模集成。片上集成混沌激光器具有体积极小、性能稳定、便于大规模集成的优点。但是由于同一衬底上往往无法实现所有器件的同时最优化,甚至部分器件仍无法在片上实现,因此片上集成混沌激光器在参数调谐、性能优化等方面具有局限性。

本章将分别介绍模块化集成混沌激光器和片上集成混沌激光器的结构、特点及已报道的成果，并进行一定的展望。

5.7.1　模块化集成混沌激光器

已报道的模块化集成混沌激光器采用外腔光反馈结构，本节将分别从光纤外腔和自由空间外腔两个方面对模块化集成混沌激光的结构、性能和优缺点进行介绍。

1. 光纤外腔模块化集成混沌激光器

由于各类光纤元器件发展成熟，光纤光路的搭建操作简单，在分立器件混沌激光产生系统的研究中，光纤光路被广泛采用。

光纤外腔反馈混沌激光产生系统一般包括一个尾纤输出的 DFB 半导体激光器、一个光纤耦合器、一个可调光衰减器及一个光纤反射器。可以将激光器之外的光纤器件按次序紧凑地制备在同一根光纤上，构成光纤外腔反馈模块，再与激光器输出尾纤熔接耦合，实现模块化集成。

图 5.7.1 为欧盟框架计划 PICASSO 项目研制的模块化集成光纤外腔混沌激光器(Syvridis et al.，2009)。图 5.7.1(a)和(b)分别是该集成激光器的结构示意图和实物照片。结构图中，OC 是分光比 90：10 的光纤耦合器。其中一个光纤臂上依次连接相位控制器(PS)、可调光衰减器(VOA)，对光纤末端面(镀高反膜，反射率大于 95%)的反射光进行调控，实现可控的光反馈。光纤耦合器的另一臂用于输出混沌激光。左上角为 VOA 和 PS 驱动电流输入接口。示意图虚线框中部分被集成为一个光纤外腔模块，如图 5.7.1(b)中黑色模块所示，该模块与激光器

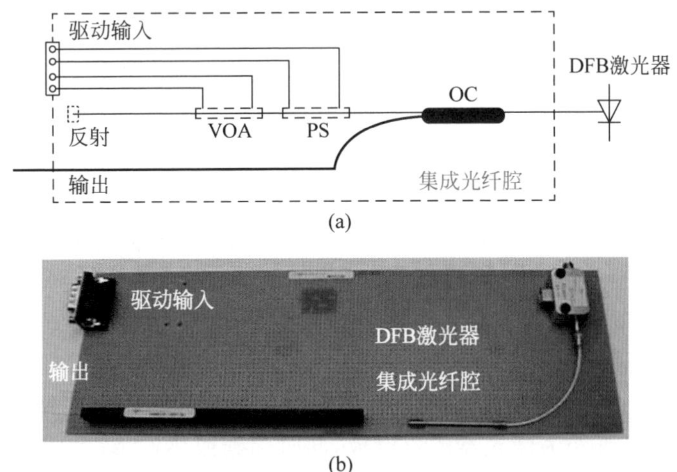

(a)

(b)

图 5.7.1　光纤外腔混合集成光反馈混沌激光器结构示意图(a)和照片(b)(Syvridis et al.，2009)

尾纤熔接即构成集成的混沌激光器，该集成反馈腔的长度为 29.83cm（从激光器到光纤腔模块输出端面的几何长度）。该光纤外腔混合集成光反馈混沌激光器的输出频谱如图 5.7.2 所示。

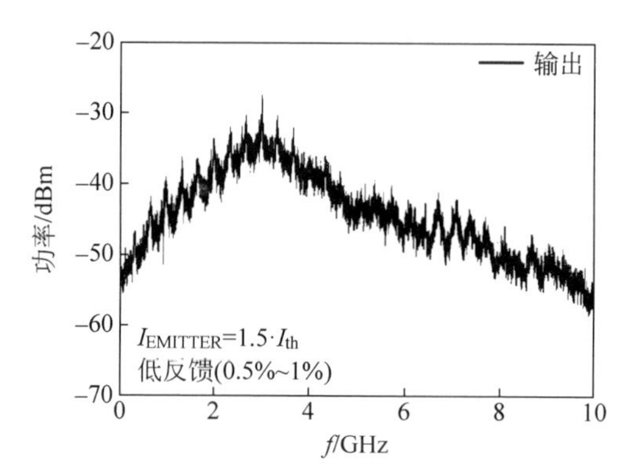

图 5.7.2 光纤外腔混合集成光反馈混沌激光器输出频谱（Syvridis et al.，2009）

需要指出，面向混沌保密通信等应用或混沌同步研究时，需要一对参数匹配的集成混沌激光器。由于工艺偏差，集成光纤外腔的长度不可避免地存在微小偏差。因而在集成结构中引入了相位控制器，目的是调控反馈光的相位，进而消除或减小腔长的工艺偏差。对于其他应用，可以移除相位控制器，简化结构、缩小尺寸。

光纤分立器件直接集成只能在一定程度上提高系统稳定性，但受到光纤器件尺寸、熔接长度的限制，集成系统的尺寸较大，约为 30cm。

2. 空间外腔混合集成混沌激光器

利用微小光学元件，对自由空间系统进行模块化集成，可有效缩小尺寸。注意到，DFB 半导体激光器的蝶形封装结构中，激光器芯片与输出尾光纤之间是由微透镜构成的自由空间光路。因此，王云才教授团队提出基于半导体激光器封装结构的自由空间光反馈混沌激光器集成方案（Zhang et al.，2017）。该方案不仅可实现厘米级尺寸集成器件，还可以利用成熟的封装工艺，易于制备。

当混合集成混沌激光器采用与普通 DFB 半导体激光器一致的封装形式时，可以理解成：在激光器芯片封装过程中把扰动所需光学元件一同调试封装，使激光器输出混沌激光。图 5.7.3(a)为一般的蝶形封装 DFB 半导体激光器的封装结构示意图。其中，激光器芯片尺寸一般为宽 300～500μm，长 300～2000μm，厚 100μm 左右，芯片两端按照具体需求镀膜。激光器芯片的一个底面整体焊接在一个金属热沉上，热沉作为激光器的负电极，同时起到散热作用；利用金丝球焊技术将激光器芯片的另一面引到与热沉绝缘的另一电极上，作为激光器的正电极。焊接有激光器芯片的热沉安装在一金属基板上，其下为热电制冷片，热沉上粘接有精密热敏电阻，测试热沉温度，进而外接控温电路控制热敏电阻和TEC实现对激光器的工作温度控制。激光器芯片发射的具有一定发散角的激光束经透镜会聚，进入光纤输出。在上述普通半导体激光器的封装结构中，加入扰动所需的元件并将各项参数调整至合适的区间，即空间光外腔混合集成混沌激光器。

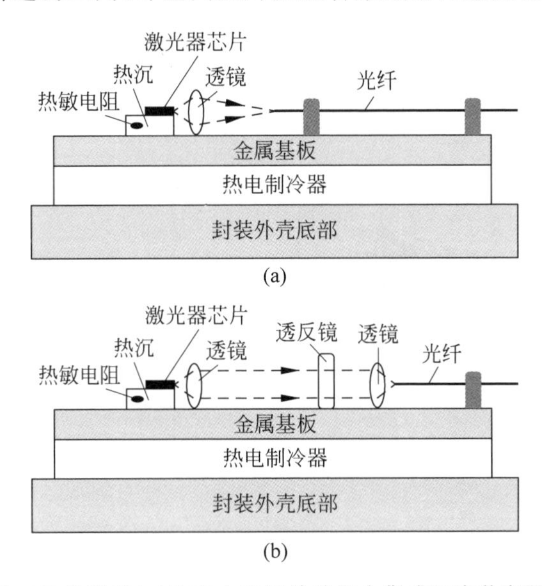

图5.7.3 普通DFB激光器(a)和自由空间外腔混合集成混沌激光器(b)的封装结构

自由空间外腔混合集成光反馈混沌激光器的封装结构如图5.7.3(b)所示，在激光器芯片与输出光纤之间设置标准微透镜、会聚微透镜，其中透反镜用于构建外腔反馈。在封装过程中，通过选取不同的透反镜位置实现对反馈腔长和反馈相位的调谐，通过选取不同反射率的透反镜实现对反馈强度的调谐，经调试优化混沌激光状态之后将透反镜进行固定。采用这种封装结构的自由空间外腔集成混沌激光器的相关报道参见文献(Zhang et al.,2017)，其输出混沌激光的表征结果如图5.7.4所示。

这种封装结构的混合集成光反馈混沌激光器要求在透反镜的反射率选取之前，进行精准的理论计算，同时，该混合集成光反馈混沌激光器具有明显的局限性，一旦封装完成，其反馈参数将无法调谐，限制了其作为保密通信收发机的应用。

进一步基于激光器芯片两端光输出的特点，可以对如图5.7.4(b)所示封装结构进行适当的调整，将光反馈元件与光纤耦合输出分别放置于激光器芯片的两端，即将反馈与输出分离，从而提高激光输出功率，并可扩大反馈强度的设置范围。

这种将激光扰动元件封装进管壳之中实现混合集成混沌激光器的思路同样适用于光注入扰动方式。目前，这方面研究工作还未见报道。

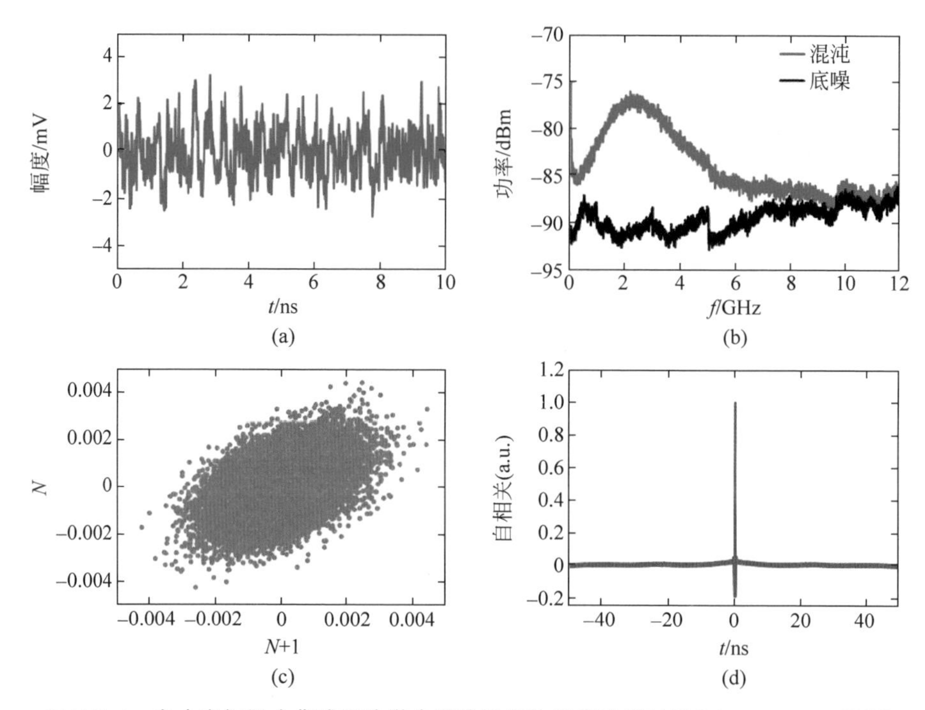

图 5.7.4　自由空间混合集成混沌激光器输出混沌激光表征结果(Zhang et al.,2017)

(a) 时序;(b) 频谱;(c) 相图;(d) 自相关函数

5.7.2　片上集成混沌激光器

片上光电子集成技术源自电子集成电路芯片技术。基于电子集成芯片在计算能力、能耗、成本等方面的巨大优势及其飞速发展,并随着半导体激光器、放大器、探测器、调制器等基本功能器件的不断成熟,研究人员发展了片上光电子集成技术,将各种光电子器件集成在一个芯片上,实现复杂的光电子系统的集成化。

片上集成混沌激光器是指将激光器芯片及提供外部扰动所需的元件在同一衬底上进行集成,从而实现可以输出混沌激光的光电子集成芯片。早在 20 世纪,人们已经开始研究光电子集成芯片中的各种非线性动力学行为(Franck et al.,1996),并发现周期振荡和锁模等非线性动力学现象。之后,一种被称为有源光反馈激光器(active feedback laser,AFL)的片上集成激光器结构被提出(Bauer et al.,2002,2004; Brox et al.,2003),这一结构在 2013 年被证明是一种能够实现宽带混沌输出的器件结构(Wu J G et al.,2013; Yu et al.,2014)。2007 年,光电子集成芯片中的低频混沌现象和瞬态混沌现象相继被报道(Yousefi et al.,2007; Ushakov et al.,2007)。2008 年,第一支面向混沌激光产生设计的片上集成混沌激光器被报道(Argyris et al.,2008)。随后,德国、日本和中国的研究人员相继报道了片上集成混沌激光器(Tronciu et al.,2010；Harayama et al.,2011；Sunada et al.,2011；Wu J G et al.,2013;Liu et al.,2013)。本节将依据扰动类型的不同,对片上集成混沌激光器进行介绍和讨论。

1. 片上集成光反馈混沌激光器

无论是对于分立器件还是集成器件,光反馈半导体激光器是目前应用最为广泛的混沌激光器实现方法。

在光反馈混沌激光器中,需要对反馈强度、反馈相位、反馈腔长进行调谐,从而实现混沌激光的输出和优化。因此,片上集成光反馈混沌激光器的基本结构如图 5.7.5 所示,包括五个功能区:激光器区、放大/吸收区、相位区、波导传输区、反射区。各区之间存在一定宽度(一般尺寸为 20μm)的电隔离沟,实现相互电隔离,从而避免不可控制的串扰。

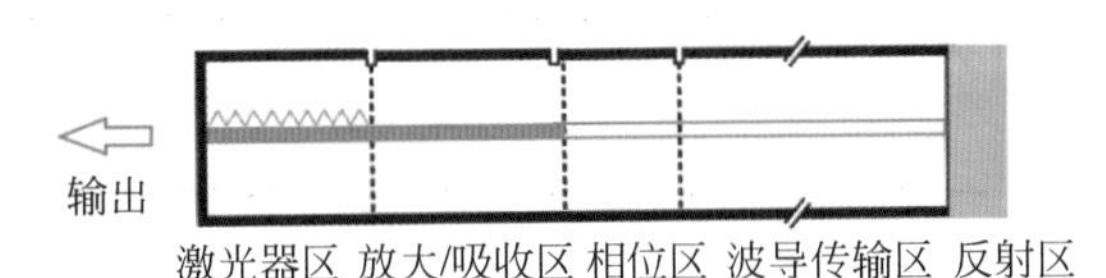

图 5.7.5　片上集成光反馈混沌激光器的基本结构

激光器区是一个可以独立工作的激光器,一般为 DFB 激光器。通过改变激光器区的驱动电流能够实现不同功率的激光输出。激光器区的左端腔面作为激光输出腔面,右端输出的激光传输经放大/吸收区、相位区、波导传输区后在光反射区被反馈,然后沿原路返回激光器区,形成光反馈扰动。若激光器区需要采用法布里-珀罗(F-P)激光器时,需将激光器区与放大/吸收区之间的电隔离沟至少刻蚀到上分别限制层,甚至制备空气间隙,从而提供足够强度的端面反馈,与激光器区左端解理腔面构成 F-P 腔。

放大/吸收区为有源区,通过改变放大区电流,能够对反馈强度进行调谐。当光传输损耗过大或反射区的反射率过小时,放大/吸收区加正向偏置电流,增大反馈强度；当反射区反射率过大时,放大/吸收区加反向偏置电流,减小反馈强度。磷化铟(InP)衬底上的片上光电子集成,一般光传输损耗大,需加正向偏置电流,因此 InP 衬底上的片上集成光反馈混沌激光器中,放大/吸收区可以称为放大区或 SOA 区。

相位区为有源区,通过改变相位区电流能够对反馈光的相位进行调谐。相位区可以有增益也可以没有增益,若没有增益,相位区长度一般较其他区短,只起到调谐反馈相位的作用；若有增益,则相位区与放大区共同调节反馈强度和相位,这时相位区也可以称作放大区或 SOA 区。

波导传输区为无源区,也不会加电,其作用在于与相位区、放大区共同构成外反馈腔。在芯片制备过程中，设计不同的波导传输区长度，可以改变反馈腔长。波导区主要用于增加反馈腔长度，以满足“长腔”反馈条件，使激光器易于产生混沌。

反射区为光反馈发生的位置，可以直接利用半导体芯片解理腔面实现光反馈，也可以制备分布布拉格反射器(DBR)、随机光栅或者其他类型反射体实现光反馈。

2008年，希腊雅典大学 Argyris 与德国海因里希-赫兹研究所(Heinrich-Hertz Institute Hamacher)等报道了第一支面向混沌激光产生的片上集成混沌激光器(Argyris et al.，2008)，其结构如图5.7.6(a)所示。光反馈通过在右端解理腔面处蒸镀高反膜来实现，波导传输区长达1cm，从而实现长腔光反馈，即反馈时延大于激光器的弛豫振荡周期，此时在弱反馈情况下容易产生复杂的混沌输出。通过调谐反馈强度，该器件能够实现较宽频谱的混沌激光输出。图5.7.6(b)和(c)中分别给出该器件输出混沌激光的相图和频谱。

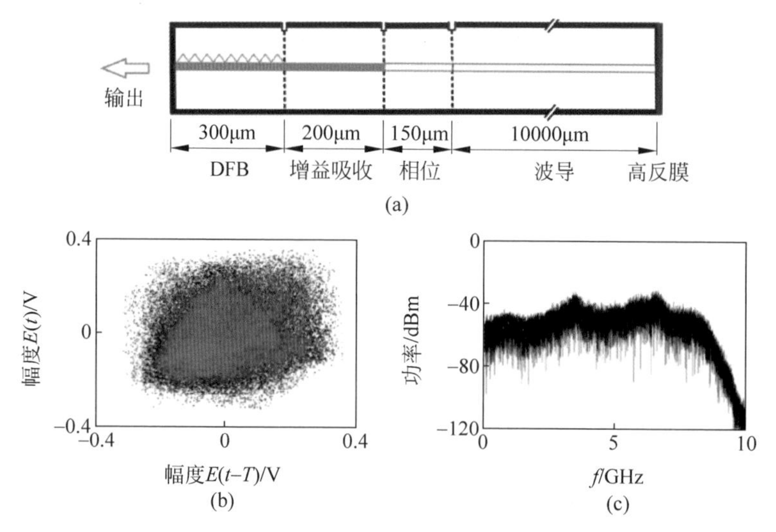

图5.7.6 第一支片上集成光反馈混沌激光器

(a) 器件结构：DFB为InP基InGaAsP有源区DFB激光器，HR为解理腔面蒸镀高反射膜作为反馈区，具体尺寸如图中所标注；(b) 输出混沌激光的相图；(c) 输出混沌激光的频谱

片上集成光反馈混沌激光器输出的混沌激光需要经过一个光电探测器将光信号转化为电信号才能被示波器和频谱仪等仪器分析。一种带有集成光电探测器的片上集成光反馈混沌激光器(Harayama et al.，2011；Dal Bosco et al.，2016，2017)，能够同时输出混沌激光信号和混沌电信号，从而在片上集成混沌激光器的测试过程中避免外部光电探测器的使用。其结构如图5.7.7所示，在右端解理腔面处蒸镀高反膜来实现光反馈，主要区别在于：在DFB激光器区的激光输出端集成一个光电探测器，将混沌激光信号转化为混沌电信号，且集成光电探测器对片上集成器件的混沌特性没有影响。文献(Dal Bosco et al.，2017)报道了具有不同长

度波导区的集成混沌激光器。

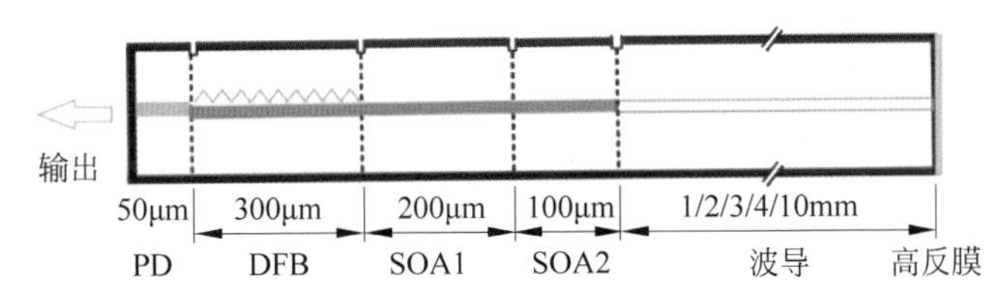

图 5.7.7　集成光电探测器的片上集成光反馈混沌激光器(Uchida et al.,2017)

实际上片上集成光电探测器的实现很容易,只需将激光器的外延结构制作电极之后加反向偏置电压,即可作为光电探测器使用。当 DFB 激光器左端输出的激光传输经过集成光电探测器时,发生受激吸收,将改变有源区两端的载流子分布状态,从而产生光电流。集成光电探测器的尺寸一般很小,激光在经过集成光电探测器的时候不会被全部吸收,因此这种集成光电探测器的片上光反馈混沌激光器能够同时输出混沌激光信号和混沌电信号。

Dal Bosco 等制备了不同反馈腔长的集成混沌激光器,并研究了动力学特性(Dal Bosco et al.,2017)。图 5.7.7 中,不同器件的反馈腔长分别为 1.3mm、2.3mm、3.3mm、4.3mm、10.3mm。通过改变 SOA 区电流调谐反馈强度,不同器件表现出类似的非线性动力学演化过程,但其分布区间差别较大,具体结果如图 5.7.8(a)所示。出现的非线性动力学现象包括:稳态、周期态和准周期振荡态、混沌态、间歇性混沌态、低频起伏。反馈腔长为 3.3mm 和 4.3mm 的器件在较大的反馈强度范围内呈现间歇性混沌现象,其时序如图 5.7.8(b)所示。随着反馈腔长增大至 10.3mm,间歇混沌区间缩小,混沌区间显著增大。

如前所述,磷化铟衬底上光传输损耗大,即使采用长腔反馈的设计,也需要放大/吸收区工作在光放大状态,才能提供足够的光反馈强度。然而,这一条件并不是绝对的,一种采用空气间隙的片上集成双反馈混沌激光器就是例外(Tronciu et al.,2010)。该片上集成混沌激光器的结构如图 5.7.9 所示,该器件包括两个相位区和两个波导传输区,而没有放大区。激光器区右侧发射的激光经过传输会分别在空气间隙处和右侧腔面高反射膜处发生一次反射,即该集成器件包含了两个光反馈腔长。该片上集成双反馈混沌激光器的实验证明,双光反馈扰动能够在更低的反馈强度下使激光器输出混沌激光。

相比于长腔反馈,短外腔反馈的器件结构则需要更大的反馈强度才可以产生混沌激光。早在 2002 年便被提出的有源光反馈激光器(AFL)正是采用了短腔反馈(Bauer et al.,2002),其器件结构如图 5.7.10 所示。AFL 没有波导传输区,反馈腔由相位区、放大区共同构成。反馈腔长短,外腔腔模的波长间隔大,光反馈只诱发一个外腔谐振模式,需要足够大的反馈强度才能使外腔模强度与激光模式相

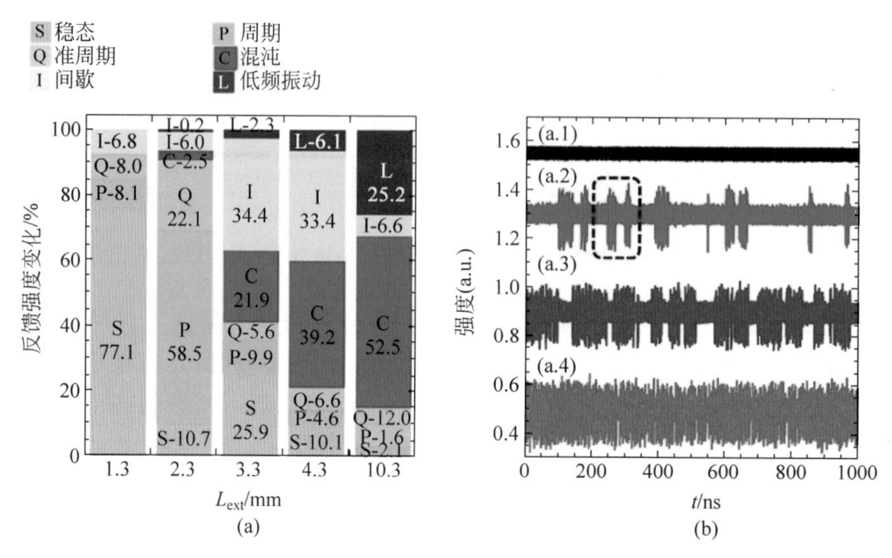

图 5.7.8 不同外腔长度片上集成光反馈激光器(图 5.2.7)的非线性动力学过程

(a) 不同反馈腔长的片上集成光反馈混沌激光器在不同反馈强度下的非线性动力学演化,横坐标为反馈腔长,纵坐标为反馈强度变化,S 表示稳态,P 表示周期振荡态,Q 表示准周期振荡态,C 表示混沌态,I 表示间歇性混沌态,L 表示低频起伏态(Dal Bosco et al.,2017);(b) 反馈腔长为 3.3mm 器件中在不同反馈强度下的时序,虚线框中为间歇性混沌态(Dal Bosco et al.,2016)

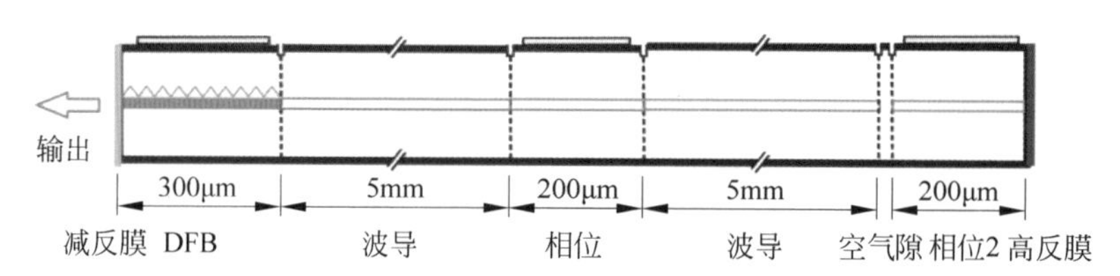

图 5.7.9 采用空气间隙的片上集成双反馈混沌半导体激光器(Tronciu et al.,2010)

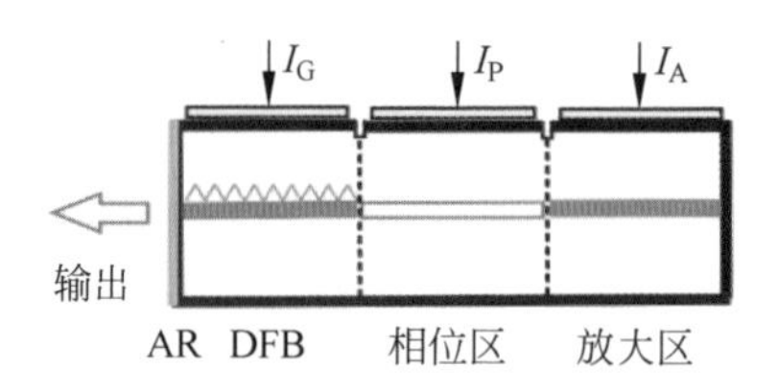

图 5.7.10 有源光反馈激光器:DFB 为激光器区,phase 为相位区,SOA 为放大区,AR 为减反射膜,右侧未镀膜 $R=0.3$,I_G、I_P、I_A 分别表示加在三个区上的电流(S. Bauer et al.,2003)

当,两者相互作用从而诱导激光器非线性动态。通过改变 I_A 或 I_G 可以调谐外腔模式和激光器模式间的频率失谐,该片上集成器件由稳态进入周期振荡状态、倍周期振荡状态，然后进入混沌状态，输出混沌激光带宽达26GHz以上。随着反馈强度的继续增大，激光器进入一种模式拍频的状态，光谱上表现为双模工作，两个模式拍频信号频率达40GHz(Wu J G et al.，2013；Yu et al.，2014)。

以上为典型的四类已见报道的片上集成光反馈混沌激光器，均为基于InP衬底的片上集成器件。InP衬底上的光波导传输损耗较大，且InP材料质地易碎，因此当片上集成光反馈混沌激光器的尺寸大于5mm时，不仅功耗较大，而且器件成品率非常低。AFL激光器虽然反馈腔短，但不易产生混沌振荡，能否实现高质量混沌同步还有待研究。

2. 集成互注入混沌激光器

光注入扰动是实现半导体激光器混沌激光输出的另一常用方法。由于目前在片上还无法制备光隔离器，因此已报道的均为片上集成互注入混沌激光器。

互注入混沌激光器的实现中，需要对互注入相位和互注入强度进行调谐。因此，片上集成互注入混沌激光器的基本结构应如图5.7.11所示，包括四个功能区：激光器区1、相位区、放大区、激光器区2。各区之间存在电隔离沟，实现相互电隔离，从而避免不可控制的串扰。

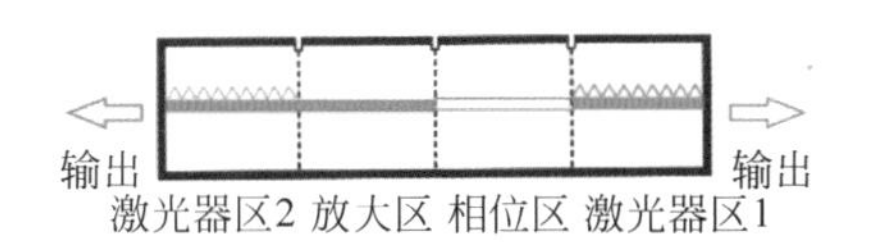

图5.7.11　片上集成互注入混沌激光器的基本结构

激光器区1和激光器区2为两个相互独立的激光器，一般为分布反馈半导体激光器，两个激光器的尺寸、中心波长、驱动电流可在一定程度上不同，而且驱动电流的改变不仅影响激光输出功率，同时也会改变两个激光器区的波长失谐和互注入强度，因此片上集成互注入混沌激光器的设计工作更为复杂。激光器区1的左端腔面和激光器区2的右端腔面作为输出腔面，分别输出一路激光。通过器件结构的设计和工作条件的改变，两路激光可以均为混沌激光(其相关性可以调谐)，也可以一路为混沌激光而另一路不为混沌激光。

放大区为有源，通过改变放大区电流，能够对互注入强度进行调节。在片上集成互注入混沌激光器中，放大区一般不会加反向偏置电流作为吸收区，故称作放大区或SOA区。这是因为互注入强度不仅受放大区电流影响，也与两个激光器区的驱动状态有关。相位区可以是无源或有源，通过改变相位区电流能够对互注入相位进行调谐。

放大区和相位区也可以合二为一，由一个区同时实现对互注入相位和强度的调节，从而构成一种三区结构。其缺点在于控制条件不够丰富，但是胜在结构简单,易于实现。这种三区结构中,中间区可以称为相位区、放大区或波导传输区。

早在 2005 年,三区片上集成互注入激光器已经有文献报道(Bauer et al.,2005),其结构如图 5.7.12 所示,两个激光器区的互注入锁定到周期性振荡状态被观察到,同时其混沌状态也被预测。基于周期振荡行为或者两个激光器区的拍频,这种结构的器件也可以用于光子微波信号的产生(Liu et al.,2013)。

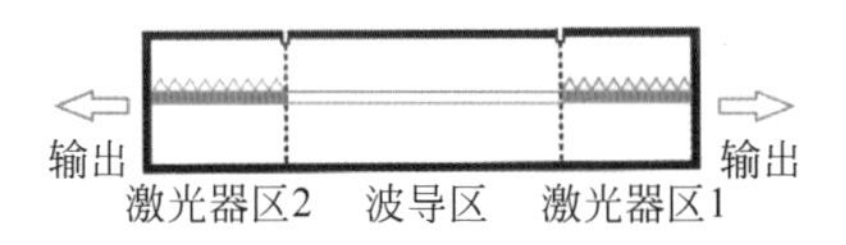

图 5.7.12 三区片上集成互注入激光器(Bauer et al.,2005)

通过改变两个激光器区的驱动电流,该三区片上集成互注入激光器能够工作在混沌激光输出状态(Liu et al.,2014)。激光器区 1 的驱动电流固定,随着激光器区 2 驱动电流的增大,激光器区 1 端发射的激光由稳态经过周期振荡状态、准周期振荡状态、进入混沌状态。激光器区 2 驱动电流继续增大,激光器区 1 最终进入注入锁定状态。关于中间区电流变化对器件工作状态的影响,两端输出激光的相关性等还有待进一步研究。

3. 片上集成环形自注入混沌激光器

2011 年,日本 NTT 通信实验室 Sunada 等报道了一种基于环形无源波导反馈或自注入的光子集成混沌激光器芯片(Sunada et al.,2011)。环形自注入是一种不同于光反馈和光注入的激光器扰动方式。片上集成环形自注入混沌激光器的器件结构如图 5.7.13 所示,DFB 激光器区右端输出的激光经 SOA1 放大后,传输经过一段带有集成光电探测器的环形无源波导,再经 SOA2 放大,之后注入 DFB 激光器区左端。同样地,DFB 激光器区左端发出的激光也会对称地注入右端,形成双向的环形自注入,使 DFB 激光器区进入混沌工作状态。集成光电探测器会吸收部分混沌激光,同时输出混沌电信号。

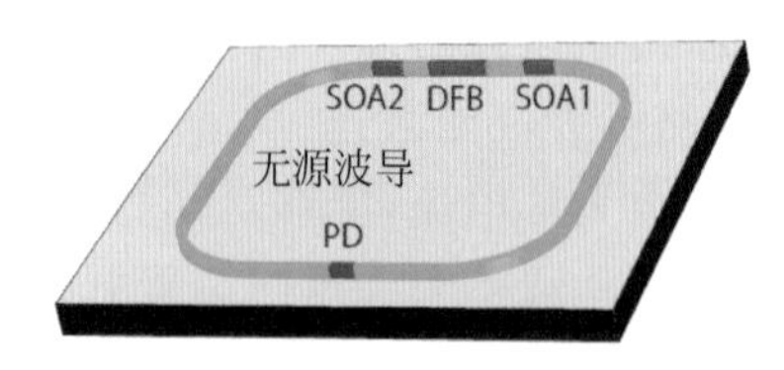

图 5.7.13 片上集成环形自注入混沌激光器(Sunada et al.,2011)

所报道的芯片中,DFB、SOA1、SOA2、PD 以及环形波导的长度分别为 500μm、200μm、100μm、50μm 和 11.43μm,芯片尺寸为 3.5mm×3.5mm。相比于直波导结构,其反馈腔长度相当,也易于产生混沌。有意义的是,环形结构降低了直波导过长的问题。

4. 片上集成混合扰动混沌激光器

本节主要介绍片上集成混合扰动混沌激光器，即同时包含光反馈和互注入两种扰动机制的片上集成混沌激光器。

片上集成混合扰动混沌激光器的结构如图5.7.14所示(Ohara et al.,2017)。激光器区1右端输出的激光经过一段斜波导传输至右端反射镜面处被反射，然后一部分沿原路返回激光器区1，一部分沿着直波导经SOA区放大后注入激光器区2。激光器区2右端输出的激光经放大区和直波导传输至右端反射镜面处被反射；然后同样地，一部分沿斜波导注入激光器区1，一部分沿着直波导经SOA区放大后返回激光器区2。两个激光器区的左端发射激光均经过一个集成光电探测器后输出。

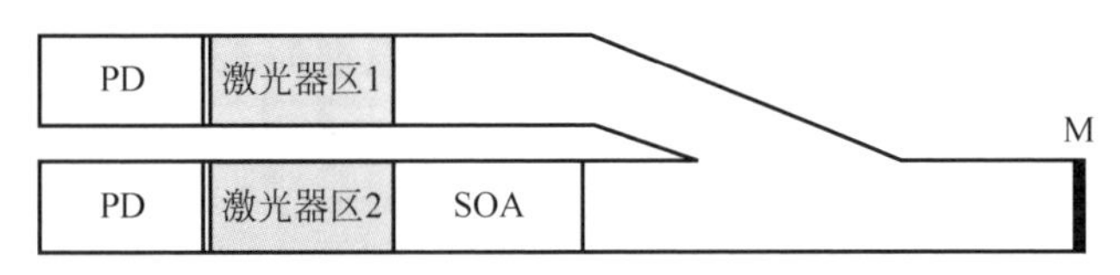

图5.7.14 片上集成混合扰动混沌激光器(Ohara et al.,2017)

通过对SOA区电流的控制，能够同时调谐两个激光器区的互注入强度和激光器区2的光反馈强度。激光器区1的反馈强度不可调，其非线性动力学行为的演化依靠两个激光器区驱动电流的改变。非对称的器件结构导致两路输出的混沌激光信号不同，其相关性和同步性根据工作条件的不同而变化，甚至出现一路输出混沌激光，另一路输出低频起伏激光的输出状态。

5.7.3 展望

混沌激光器在通信安全领域具有重大的应用潜力，而集成混沌激光器的研究工作还处于起步阶段，存在极大的发展空间。笔者建议未来可考虑以下研究方向。

1. Si基集成混沌激光器

目前，光电子集成领域，存在硅(Si)基光电子集成和磷化铟(InP)基光电子集成两大主流研究方向。Si基光电子集成具有与CMOS工艺兼容、芯片机械性能好、光传输损耗低等优点，然而Si基上缺乏合适的激光光源，极大限制了Si基光电子集成技术的发展。InP基光电子集成的优势在于激光光源丰富，外延、加工技术较成熟，但是InP材质易碎，限制了芯片尺寸，同时InP基波导的光传输损耗较Si基波导大很多。到目前为止，片上集成混沌激光器的实现全都基于InP基光电子集成技术，器件腔长、反馈或注入强度调节受限，一定程度上影响混沌激光输出的复杂性和稳定性，Si基片上集成混沌激光器仍有待发展。

2. 集成混沌激光器阵列

同时产生多路、互不相关的混沌激光，无论是对于保密光通信应用，还是对于随机密钥产生混沌激光雷达，都具有重要的意义。

首先容易想到的片上集成混沌激光器阵列是最直接的实现方案。此外，利用多模激光器，例如 FP 激光器、微环激光器等，研制片上集成多模混沌激光器是另一种可行方案。

3. 集成混沌激光器的扩展集成

集成混沌激光器的目标不仅是产生混沌激光，而且更要能够满足一定应用需求。因此，集成混沌激光器的未来必然会朝着功能化集成芯片的方向发展，需更进一步扩展集成其他的光电子器件，来实现某一特定功能。

目前，混沌激光的主要应用领域有随机数产生、混沌激光雷达、保密光通信等。集成混沌激光器的扩展集成也将围绕这些应用领域展开，包括光电子集成随机数产生芯片、混沌激光雷达收发芯片、混沌调制/解调器芯片等。随着混沌应用的发展及需求的更新，新型的集成混沌激光器将不断涌现。

参考文献

冯野，杨毅彪，王安帮，等，2011. 利用半导体激光器环产生 27GHz 的平坦宽带混沌激光[J]. 物理学报，60(6)：5.

彭小慧，杜以成，高华，等，2022. 随机数字光信号注入半导体激光器产生混沌[J]. 光学学报，42(22)：2214001.

申志儒，2021. 弧边六角形微腔半导体激光器的光反馈灵敏度研究[D]. 太原：太原理工大学.

王安帮. 宽带混沌产生与混沌光时域反射测量[D]. 太原：太原理工大学，2014.

王大铭，2019. 色散反馈半导体激光器消除时延特征及其密钥空间增强研究[D]. 太原：太原理工大学.

AGRAWAL G P，DUTTA N K，1993. Semiconductor lasers[M]. 2nd. New York：Van Nostrand Reinhold.

AGREWAL G P，DUTTA N K，1986. Long-wavelength semiconductor lasers[M]. New York：Van Nostrand Reinhold.

ALTÉS J B，GATARE I，PANAJOTOV K，et al，2006. Mapping of the dynamics induced by orthogonal optical injection in vertical-cavity surface-emitting lasers[J]. IEEE Journal of Quantum Electron，44(2)：198-207.

AL-HOSINY N M，HENNING I D，ADAMS M J，2007. Tailoring enhanced chaos in optically injected semiconductor lasers[J]. Optics Communications，269(1)：166-173.

ANNOAZZI-LODI V，DONATI S，MANNA M，1994. Chaos and locking in a semiconductor laser due to external injection[J]. IEEE Journal of Quantum Electronics，30(7)：1537-1541.

ARECCHI F T, LIPPI G L, PUCCIONI G P, et al, 1984. Deterministic chaos in laser with injected signal[J]. Optics Communications, 51(5): 308-314.

ARGYRIS A, HAMACHER M, CHLOUVERAKIS K E, et al, 2008. Photonic integrated device for chaos applications in communications[J]. Physical Review Letters, 100(19): 194101.

BAUER S, BROX O, KREISSL J, et al, 2002. Optical microwave source[J]. Electronics Letters, 38(7): 1.

BAUER S, BROX O, KREISSL J, et al, 2004. Nonlinear dynamics of semiconductor lasers with active optical feedback[J]. Physical Review E, 69(1): 016206.

BOUCHEZ G, MALICA T, WOLFERSBERGER D, et al, 2020. Manipulating the chaos bandwidth of a semiconductor laser subjected to phase-conjugate feedback[C]. Online Only: Semiconductor Lasers and Laser Dynamics Ⅸ.

BOUCHEZ G, UY C H, MACIAS B, et al, 2019. Wideband chaos from a laser diode with phase-conjugate feedback[J]. Optics Letters, 44(4): 975-978.

BROX O, BAUER S, RADZIUNAS M, et al, 2003. High-frequency pulsations in DFB lasers with amplified feedback[J]. IEEE Journal of Quantum Electronics, 39(11): 1381-1387.

CHAN S C, TANG W K S, 2009. Chaotic dynamics of laser diodes with strongly modulated optical injection[J]. International Journal of Bifurcation and Chaos, 19(10): 3417-3424.

CHANG P F, WANG C, JIANG T, et al, 2023. Optical scrambler using WGM micro bottle cavity [J]. Chinese Optics Letters, 21(6): 060601.

CHEN H M, TAI K, HUANG K F, et al, 1993. Instability in surface emitting lasers due to external optical feedback[J]. Journal of Applied Physics, 73(l): 16-20.

CHEN J J, WU Z M, DENG T, et al, 2016. Current-and feedback-induced state bistability in a 1550nm-VCSEL with negative optoelectronic feedback [J]. IEEE Photonics Journal, 10: 1109.

CHUNG Y C, LEE Y H, 1991. Spectral characteristics of vertical-cavity surface-emitting lasers with external optical feedback[J]. IEEE Photonics Technology Letters, 3(7): 597-599.

COHEN I S, DENTINE R R, VERBEEK B H, 1988. The effect of optical feedback on the relaxation oscillation in semiconductor lasers [J]. IEEE Journal of Quantum Electron, 24(10): 1989-1995.

DAL BOSCO A K, AKIZAWA Y, KANNO K, et al, 2016. Photonic integrated circuits unveil crisis-induced intermittency[J]. Optics Express, 24(19): 22198-22209.

DAL BOSCO A K, OHARA S, SATO N, et al, 2017. Dynamics versus feedback delay time in photonic integrated circuits: Mapping the short cavity regime[J]. IEEE Photonics Journal, 9(2): 1-12.

DING K, HILL M T, LIU Z C, et al, 2013. Record performance of electrical injection subwavelength metallic-cavity semiconductor lasers at room temperature [J]. Optics Express, 21(4): 4728-4733.

FAN Y, HONG Y, LI P, 2019. Numerical investigation on feedback insensitivity in semiconductor nanolasers[J]. IEEE Journal of Selected Topics in Quantum Electronics, 25(6): 1-7.

FISCHER I, VAN TARTWIIK G H M, LEVINE A M, et al, 1996. Fast pulsing and chaotic itinerancy with a drift in the coherence collapse of semiconductor lasers[J]. Physical Review Letters,76(2): 220.

FRAEDRICH K,RISHENG W,1993. Estimating the correlation dimension of an attractor from noisy and small datasets based on re-embedding. Physica D,65(4): 373-398.

FRANCK T, BRORSON S D, MOLLER-LARSEN A, et al, 1996. Synchronization phase diagrams of monolithic colliding pulse-modelocked lasers[J]. IEEE Photonics Technology Letters,8(1): 40-42.

GATARE I,PANAJOTOV K,SCIAMANNA M,2007. Frequency-induced polarization bistability in vertical-cavity surface-emitting lasers with orthogonal optical injection[J]. Physical Review A,75(2): 023804.

GIACOMELLI G,CALZAWARA M,ARECCHI F T,1989. Instabilities in a semiconductor laser with delayed optoelectronic feedback[J]. Optics Communications,74(1-2): 97-101.

GIUDICI M, BALLE S, ACKEMANN T, et al, 1999. Polarization dynamics in vertical-cavity surface-emitting lasers with optical feedback: experiment and model[J]. Journal of the Optical Society of America B,16(11): 2114-2123.

GOEDGEBUER J P,LARGER L,PORTE H,1998. Chaos in wavelength with a feedback tunable laser diode[J]. Physical Review E,57(3): 2795-2798.

GRAY G R,HUANG D,AGRAWAL G P,1994. Chaotic dynamics of semiconductor lasers with phase-conjugate feedback[J]. Physical Review A,49(3): 2096.

GRIGORIEVA E V,HAKEN H,KASCHENKO S A,1999. Theory of quasiperiodicity in model of lasers with delayed optoelectronic feedback[J]. Optics Communications,165(4): 279-292.

HAKEN H,1975. Analogy between higher instabilities in fluids and lasers[J]. Physics Letters A, 53(1): 77-78.

HAKEN H, 1985. Light: laser light dynamics[M]. Amsterdam: North-Holland Physics Publishing.

HAN H,SHORE K A,2016. Dynamics and stability of mutually coupled nano-lasers[J]. IEEE Journal of Quantum Electronics,52(11): 1-6.

HARAYAMA T,SUNADA S,YOSHIMURA K,et al,2011. Fast nondeterministic random-bit generation using on-chip chaos lasers[J]. Physical Review A,83(3): 031803.

HEIL T,FISCHER I,ELSABER W,2003. Delay dynamics of semiconductor lasers with short external cavities: Bifurcation scenarios and mechanisms[J]. Physical Review E,67(6): 066214.

HEIL T,FISCHER I,ELSABER W,et al,2001a. Dynamics of semiconductor lasers subject to delayed optical feedback: The short cavity regime[J]. Physical Review Letters,87(24): 2439010.

HEIL T, FISCHER I, ELSASSER W, et al, 2001b. Chaos synchronization and spontaneous symmetry-breaking in symmetrically delay-coupled semiconductor lasers[J]. Physical Review Letters,86(5): 795.

HEIL T, FISCHER I, ELSER W, 1998. Coexistence of low-frequency fluctuations and stable emission on a single high-gain mode in semiconductor lasers with external optical feedback [J]. Physical Review A,58(4): 2672-2675.

HELMS J,PETERMANN K,1990. A simple analytic expression for the stable operation range of laser diode with optical feedback[J]. IEEE Journal of Quantum Electron,26(5): 833-836.

HENRY C H,1986. Theory of spontaneous emission noise in open resonators and its applications to lasers and optical amplifiers[J]. Journal of Lightwave Technol,4: 288-297.

HONG Y H,SPENCER P S,REES P,et al,2002. Optical injection dynamics of two-mode vertical surface-emitting semiconductor lasers[J]. IEEE Journal of Quantum Electronics, 38(3): 274-278.

HONG Y H,SPENCER P S,SHORE K A,2012a. Enhancement of chaotic signal bandwidth in vertical-cavity surface-emitting lasers with optical injection[J]. Journal of the Optical Society of America B,29(3): 415-419.

HONG Y H, SPENCER P S, SHORE K A, 2012b. Flat broadband chaos in vertical-cavity surface-emitting lasers subject to chaotic optical injection[J]. IEEE Journal of Quantum Electronics,48(12): 1536-1541.

HORI Y,SERIZAWA H,SATO H,1988. Chaos in directly modulated semiconductor lasers[J]. Journal of the Optical Society of America B,5: 1128-1133.

HURTADO A,QUIRCE A,VALLE A,et al,2010. Nonlinear dynamics induced by parallel and orthogonal optical injection in 1550 nm vertical-cavity surface-emitting lasers(VCSELs)[J]. Optics Express,18(9): 9423-9428.

HWANG S K,LIU J M,2000. Dynamical characteristics of an optically injected semiconductor laser[J]. Optics Communications,183(1-4): 195-205.

IKEDA K,1979. Multiple-valued stationary state and its instability of the transmitted light by a ring cavity system[J]. Optics Communications,30(2): 257-261.

JIANG N,WANG C,XUE C P,et al,2017. Generation of flat wideband chaos with suppressed time delay signature by using optical time lens[J]. Optics Express,25(13): 14359-14367.

JIANG N,ZHAO A K,LIU S Q,et al,2018. Generation of broadband chaos with perfect time delay signature suppression by using self-phase-modulated feedback and a microsphere resonator[J]. Optics Letters,43(21): 5359-5362.

JIANG N, ZHAO A K, ZHANG Y Q, et al, 2020. Wideband physical random optical chaos generation using semiconductor lasers [C]. Online Only: Semiconductor Lasers and Applications Ⅹ.

JUAN Y S,LIN F Y,2008. Dynamical characteristics of a semiconductor laser injected by optical pulses with high repetition rate[C]. Strasbourg,France: Semiconductor Lasers and Laser Dynamics.

KANTER I,AVIAD Y,REIDLER I,et al,2010. An optical ultrafast random bit generator[J]. Nature Photonics,4(1): 58-61.

KANTZ T,SCHREIBER T,1997. Nonlinear time series analysis[M]. Cambridge: Cambridge University Press.

LANG R,KOBAYASHI K,1980. External optical feedback effects on semiconductor injection laser properties[J]. IEEE Journal of Quantum Electronics,16(3): 347-355.

LANGLEY L N,SHORE K A,1997. Effect of optical feedback on the noise properties of vertical cavity surface emitting lasers[J]. IEE Proceedings-Optoelectronics,144(1): 34-38.

LARGER L,GOEDGEBUER J P,MEROLLA J M,1998. Chaotic oscillator in wavelength: a new setup for investigating differential difference equations describing nonlinear dynamics[J]. IEEE Journal of Quantum Electronics,34(4): 594-601.

LEE C H, SHIN S Y, 1988. Optical short-pulse generation using diode lasers with negative optoelectronic feedback[J]. Optics Letters,13(6): 464-466.

LEE C H,SHIN S Y,1992. Self-pulsing,spectral bistability,and chaos in a semiconductor laser diode with optoelectronic feedback[J]. Applied Physics Letters,62(9): 922-924.

LEE M W,REES P,SHORE K A,et al,2005. Dynamical characterization of laser diode subject to double optical feedback for chaotic optical communications [J]. IEEE Proceedings-Optoelectronics,152(2): 97-102.

LEVINE A M, VAN TARTWIJK G H M, LENSTRA D, et al, 1995. Diode lasers with optical feedback: stability of the maximum gain mode [J]. Physical Review A, 52 (5): R3436-R3439.

LI H, HOHL A, GAVRIELIDES A, et al, 1998. Stable polarization self-modulation in vertical-cavity surface-emitting[J]. Applied Physics Letters,72(19): 2355-2357.

LI N Q, PAN W, LOCQUET A, et al, 2015. Statistical properties of an external-cavity semiconductor laser: experiment and theory [J]. IEEE Journal of Selected Topics in Quantum Electronics,21(6): 1-1.

LI N Q,PAN W,XIANG S Y,et al,2012a. Loss of time delay signature in broadband cascade-coupled semiconductor lasers[J]. IEEE Photonics Technology Letters,24(23): 2187-2190.

LI N Q,PAN W,XIANG S Y,et al,2012b. Photonic generation of wideband time-delay-signature-eliminated chaotic signals utilizing an optically injected semiconductor laser[J]. IEEE Journal of Quantum Electronics,48(10): 1339-1345.

LI N Q, PAN W, YAN L S, et al, 2013. Enhanced two-channel optical chaotic communication using isochronous synchronization [J]. IEEE Journal of Selected Topics in Quantum Electronics,19(4): 0600109.

LI P, CAI Q, ZHANG J G, et al, 2019. Observation of flat chaos generation using an optical feedback multi-mode laser with a band-pass filter[J]. Optics Express,27(13): 17859-17867.

LI S S,CHAN S C,2015. Chaotic time-delay signature suppression in a semiconductor laser with frequency-detuned grating feedback [J]. IEEE Journal of Selected Topics in Quantum Electronics,21(6): 541-552.

LI S S,Li X Z,CHAN S C,et al,2018. Chaotic time-delay signature suppression with bandwidth broadening by fiber propagation[J]. Optics Letters,43(19): 4751-4754.

LI W,ZHU N H,WANG L X,et al,2010. Frequency-pushing effect in single-mode diode laser subject to external dual-beam injection[J]. IEEE Journal of Quantum Electronics,46(5): 796-803.

LI X Z, CHAN S C, 2013. Heterodyne random bit generation using an optically injected semiconductor laser in chaos[J]. IEEE Journal of Quantum Electronics,49(10): 829-838.

LI Y L, MA C G, XIAO J L, et al, 2022. Wideband chaotic tri-mode microlasers with optical feedback[J]. Optics Express,30(2): 2122-2130.

LIN C J, ALMULLA M, LIU J M, 2014. Harmonic analysis of limit-cycle oscillations of an optically injected semiconductor laser[J]. IEEE Journal of Quantum Electronics, 50(10): 1-8.

LIN F Y, CHAO Y K, WU T C, 2012. Effective bandwidths of broadband chaotic signals[J]. IEEE Journal of Quantum Electronics, 48(8): 1010-1014.

LIN F Y, LIU J M, 2002. Harmonic frequency locking in a semiconductor laser with delayed negative optoelectronic feedback[J]. Applied Physics Letters, 81(17): 3128-3130.

LIN F Y, LIU J M, 2003a. Nonlinear dynamical characteristics of an optically injected semiconductor laser subject to optoelectronic feedback[J]. Optics Communications, 221(1-3): 173-180.

LIN F Y, LIU J M, 2003b. Nonlinear dynamics of a semiconductor laser with delayed negative optoelectronic feedback[J]. IEEE Journal of Quantum Electronics, 39(4): 562-568.

LIN F Y, LIU J M, 2004a. Ambiguity functions of laser-based chaotic radar[J]. IEEE Journal of Quantum Electronics, 40(12): 1732-1738.

LIN F Y, LIU J M, 2004b. Diverse waveform generation using semiconductor lasers for radar and microwave applications[J]. IEEE Journal of Quantum Electronics, 40(6): 682-689.

LIN F Y. TU S Y. HUANG C C, et al, 2009, Nonlinear dynamics of semiconductor lasers under repetitive optical pulse injection [J]. IEEE Journal of Selected Topics in Quantum Electronics, 15(3): 604-611.

LIU D, SUN C Z, XIONG B, et al, 2013. Suppression of chaos in integrated twin DFB lasers for millimeter-wave generation[J]. Optics Express, 21(2): 2444-2451.

LIU D, SUN C Z, XIONG B, et al, 2014. Nonlinear dynamics in integrated coupled DFB lasers with ultra-short delay[J]. Optics Express, 22(5): 5614-5622.

LIU H, LI N, ZHAO Q, 2015. Photonic generation of polarization-resolved wideband chaos with time-delay concealment in three-cascaded vertical-cavity surface-emitting lasers[J]. Applied Optics, 54(14): 4380-4387.

MA C G, WU J L, XIAO J L, et al, 2021. Wideband chaos generation based on a dual-mode microsquare laser with optical feedback[J]. Chinese Optics Letters, 19(11): 111401-1-5.

MALICA T, BOUCHEZ G, WOLFERSBERGER D, et al, 2020. Spatiotemporal complexity of chaos in a phase-conjugate feedback laser system[J]. Optics Letters, 45(4): 819-822.

MERCIER E, UY C H, WEICKER L, et al, 2016a. Self-determining high-frequency oscillation from an external-cavity laser diode[J]. Physical Review A, 94(6): 061803.

MERCIER E, WEICKER L, WOLFERSBERGER D, et al, 2017. High-order external cavity modes and restabilization of a laser diode subject to a phase-conjugate feedback[J]. Optics Letters, 42(2): 306-309.

MERCIER E, WOLFERSBERGER D, SCIAMANNA M, 2016b. High-frequency chaotic dynamics enabled by optical phase-conjugation[J]. Scientific Reports, 6(1): 1-6.

MERCIER E, WOLFERSBERGER D, SCIAMANNA M, 2016c. Improving the chaos bandwidth of a semiconductor laser with phase-conjugate feedback[C]. Brussels, Belgium: Semiconductor Lasers and Laser Dynamic.

MIKAMI T, KANNO K, AOYAMA K, et al, 2012. Estimation of entropy rate in a fast physical random-bit generator using a chaotic semiconductor laser with intrinsic noise[J]. Physical

Review E,85(1 Pt 2): 016211.

MU P, PAN W, YAN L S, et al, 2013. Route to broadband optical chaos generation and synchronization using dual-path optically injected semiconductor lasers[J]. Optik,124(21): 4867-4872.

MU P H,PAN W,YAN L S,et al,2015. Experimental evidence of time-delay concealment in a DFB laser with dual-chaotic optical injections[J]. IEEE Photonics Technology Letters, 28(2): 131-134.

MURAKAMI A, OHTSUBO J,1999. Dynamics of semiconductor lasers with optical feedback from photorefractive phase conjugate mirror[J]. Optical Review,6(4): 359-364.

MØRK J,MARK J. TROMBORG B,1990. Route to chaos and competition between relaxation oscillations for a semiconductor laser with optical feedback[J]. Physical Review Letters, 65(16): 1999-2002.

MØRK J, TROMBORG B, CHRISTIANSEN P L, 1988. Bistability and low-frequency fluctuations in semiconductor lasers with optical feedback: a theoretical analysis[J]. IEEE Journal of Quantum Electron 24: 123-133.

OHARA S,DAL BOSCO A K,UGAJIN K,et al,2017. Dynamics-dependent synchronization in on-chip coupled semiconductor lasers[J]. Physical Review E,96: 032216.

OHTSUBO J, 2008. Semiconductor lasers: stability, instability and chaos[M]. 2nd. Berlin Heidelberg: Springer-Verlag.

OLEJNICZAK L, PANAJOTOV K, THIENPONT H, et al, 2011. Polarization switching and polarization mode hopping in quantum dot vertical-cavity surface-emitting lasers[J]. Optics Express,19(3): 2476-2484.

PAN Z G,JIANG S J,DAGENAIS M,2003. Optical injection induced polarization bistability in vertical-cavity surface-emitting lasers[J]. Applied Physics Letters,63(22): 2999-3001.

PAUL J,MASOLLER C,HONG Y H,et al,2006. Experimental study of polarization switching of vertical-cavity surface-emitting lasers as a dynamical bifurcation[J]. Optics Letters, 31(6): 748-750.

PEIL M, FISCHER I, ELSAESSER W, et al, 2006. Rainbow refractometry with a tailored incoherent semiconductor laser source[J]. Applied Physics Letters,89(9): 277-291.

PRESS W H,FLANNERY B P,TEUKOLSKY S A,et al,1986. Numerical recipes: the art of scientific computing[M]. Cambridge: Cambridge University Press.

QIAO L J,LV T S,XU Y H,et al,2019. Generation of flat wideband chaos based on mutual injection of semiconductor lasers[J]. Optics Letters,44(22): 5394-5397.

REGALADO J M,CHILLA J L A,ROCCA J J,1997. Polarization switching in vertical-cavity surface emitting lasers observed at constant active region temperature[J]. Applied Physics Letters,70(23): 3350-3352.

RONTANI D,LOCQUET A,SCIAMANNA M,et al,2007. Loss of time-delay signature in the chaotic output of a semiconductor laser with optical feedback[J]. Optics Letters,32(20): 2960-2962.

RONTANI D,MERCIER E,WOLFERSBERGER D,et al,2016. Enhanced complexity of optical chaos in a laser diode with phase-conjugate feedback[J]. Optics Letters,41(20): 4637-4640.

SACHER I, ELSASSER W, GOBEL E O, 1989. Intermittency in the coherence collapse of a semiconductor laser with external feedback[J]. Physical Review A,63(20): 2224-2227.

SACHER J,BAUMS D,PANKNIN P,et al,1992. Intensity instabilities of semiconductor lasers under current modulation,external light injection,and delayed feedback[J]. Physical Review A,45(3): 1893-1905.

SAKURABA R,IWAKAWA K,KANNO K,et al,2015. Tb/s physical random bit generation with bandwidth-enhanced chaos in three-cascaded semiconductor lasers[J]. Optics Express, 23(2): 1470-1490.

SANO T, 1994. Antimode dynamics and chaotic itinerancy in the coherence collapse of semiconductor lasers with optical feedback[J]. Physical Review A,50(3): 2719-2726.

SASAKI T, KAKESU I, MITSUI Y, et al, 2017. Common-signal-induced synchronization in photonic integrated circuits and its application to secure key distribution[J]. Optics Express, 25(21): 26029-26044.

SATTAR Z A,KAMEL N A,SHORE K A,2016b. Optical injection effects in nanolasers[J]. IEEE Journal of Quantum Electronics,52(2): 1-8.

SATTAR Z A,SHORE K A,2015. External optical feedback effects in semiconductor nanolasers [J]. IEEE Journal of Selected Topics in Quantum Electronics,21(6): 1-6.

SATTAR Z A,SHORE K A,2016a. Phase conjugate feedback effects in nano-lasers[J]. IEEE Journal of Quantum Electronics,52(4): 1-8.

SCIAMANNA M,PANAJOTOV K,2006. Route to polarization switching induced by optical injection in vertical-cavity surface-emitting lasers[J]. Physical Review A,73(2): 023811.

SCIAMANNA M,TABAKA A,THIENPONT H,et al,2005. Intensity behavior underlying pulse packages in semiconductor lasers that are subject to optical feedback[J]. Journal of the Optical Society of America B,22(4): 777-785.

SIMPSON T B,LIU J M,GAVRIELIDES A,et al,1994. Period-doubling route to chaos in a semiconductor laser subject to optical injection[J]. Applied Physics Letters, 64(26): 3539-3541.

SIMPSON T B,LIU J M,GAVRIELIDES A,et al,1995. Period-doubling cascades and chaos in a semiconductor laser with optical injection[J]. Physical Review A,51(5): 4181-4185.

SIMPSON T B,LIU M,HUANG K F,et al,1997. Nonlinear dynamics induced by external optical injection in semiconductor lasers[J]. Quantum and Semiclassical Optics: Journal of the European Optical Society Part B,9(5): 765-784.

SORIANO M C, YOUSEFI M, DANCKAERT J, et al, 2004. Low-frequency fluctuations in vertical-cavity surface-emitting lasers with polarization selective feedback: experiment and theory[J]. IEEE Journal of Selected Topics in Quantum Electronics,10(5): 998-1005.

SUNADA S, HARAYAMA T, ARAI K, et al, 2011. Chaos laser chips with delayed optical feedback using a passive ring waveguide[J]. Optics Express,19(7): 5713-5724.

SYVRIDIS D, ARGYRIS A, BOGRIS A, et al, 2009. Integrated devices for optical chaos generation and communication applications[J]. IEEE Journal of Quantum Electronics,

45(11)：1421-1428.

TABAKA A，PEIL M，SCIAMANNA M，et al，2006. Dynamics of vertical-cavity surface-emitting lasers in the short external cavity regime：Pulse packages and polarization mode competition [J]. Physical Review A，73(1)：2518-2521.

TAKIGUCHI Y，LIU Y，OHTSUBO J，1999. Low-frequency fluctuation and frequency-locking in semiconductor lasers with long external cavity feedback[J]. Optical Review，6(5)：399-401.

TAKIGUCHI Y，OHYAGI K，OHTSUBO J，2003. Bandwidth-enhanced chaos synchronization in strongly injection-locked semiconductor lasers with optical feedback[J]. Optics Letters，28(5)：319-321.

TANG S，LIU J M，2001. Chaotic pulsing and quasi-periodic route to chaos in a semiconductor laser with delayed opto-electronic feedback[J]. IEEE Journal of Quantum Electronics，37(3)：329-336.

TREDICCE J R，ARECCHI F T，LIPPI G L，et al，1985. Instabilities in lasers with an injected signal[J]. Journal of the Optical Society of America B，2：173-183.

TROMBORG B，OLSSEN H，PAN X，et al，1987. Transmission line description of optical feedback and injection locking for Fabry-Perot and DFB lasers[J]. IEEE Journal of Quantum Electron，23(15)：1875-1889.

TROMBORG B，OSMUNDSEN J H，OLESEN H，1984. Stability analysis for a semiconductor laser in an external cavity[J]. IEEE Journal of Quantum Electron，20(9)：1023-1032.

TRONCIU V Z，MIRASSO C R，COLET P，et al，2010. Chaos generation and synchronization using an integrated source with an air gap[J]. IEEE Journal of Quantum Electronics，46(12)：1840-1846.

TSENG C H，HWANG S K，2020. Broadband chaotic microwave generation through destabilization of period-one nonlinear dynamics in semiconductor lasers for radar applications[J]. Optics Letters，45(13)：3777-3780.

UCHIDA A，2012. Optical Communication with chaotic lasers：applications of nonlinear dynamics and synchronization[M]. Berlin：Wiley-VCH.

UCHIDA A，HEIL T，LIU Y，et al，2003. High-frequency broad-band signal generation using a semiconductor laser with a chaotic optical injection[J]. IEEE Journal of Quantum Electronics，39(11)：1462-1467.

USHAKOV O V，WUNSCHE H J，HENNEBERGER F，et al，2007. Excitability of chaotic transients in a semiconductor laser[C]. Munich，Germany：European Conference on Lasers and Electro-Optics and the International Quantum Electronics Conference.

VIRTE M，PANAJOTOV K，THIENPONT H，et al，2012. Deterministic polarization chaos from a laser diode[J]. Nature Photonics，7：60-65.

WANG A B，WANG B J，LI L，et al，2015. Optical heterodyne generation of high-dimensional and broadband white chaos[J]. IEEE Journal of Selected Topics in Quantum Electronics，21(6)：531-540.

WANG A B，WANG L S，Li P，et al，2017. Minimal-post-processing 320-Gbps true random bit generation using physical white chaos[J]. Optics Express，25(4)：3153-3164.

WANG A B, WANG N, YANG Y B, et al, 2012. Precise fault location in WDM-PON by utilizing wavelength tunable chaotic laser[J]. Journal of Lightwave Technology, 30(21): 3420-3426.

WANG A B, WANG Y C, HE H C, 2008. Enhancing the bandwidth of the optical chaotic signal generated by a semiconductor laser with optical feedback[J]. IEEE Photonics Technology Letters, 20(19): 1633-1635.

WANG A B, WANG Y C, WANG J F, 2009. Route to broadband chaos in a chaotic laser diode subject to optical injection[J]. Optics Letters, 34(8): 1144-1146.

WANG A B, WANG Y C, YANG Y B, et al, 2013a. Generation of flat-spectrum wideband chaos by fiber ring resonator[J]. Applied Physics Letters, 102(3): 031112.

WANG A B, YANG Y C, WANG B J, et al, 2013b. Generation of wideband chaos with suppressed timedelay signature by delayed self-interference[J]. Optics Express, 21(7): 8701-8710.

WANG D M, WANG LS. ZHAO T, et al, 2017. Time delay signature elimination of chaos in a semiconductor laser by dispersive feedback from a chirped FBG[J]. Optics Express, 25(10): 10911-10924.

WANG L S, ZHAO T, WANG D M, et al, 2017. Real-time 14-Gbps physical random bit generator based on time-interleaved sampling of broadband white chaos[J]. IEEE Photonics Journal, 9(2): 1-13.

WANG Y C, KONG L Q, WANG A B, et al, 2009. Coherence length tunable semiconductor laser with optical feedback[J]. Applied Optics, 48(5): 969-973.

WANG Y C, LIANG J S, WANG A B, et al, 2010. Time-delay extraction in chaotic laser diode using RF spectrum analyzer[J]. Electronics Letters, 46(24): 1621-1623.

WANG Y C, WANG A B, ZHAO T, 2012. Generation of the non-periodic and delay-signature-free chaotic light[J]. IEICE Proceeding Series, 1: 126-129.

WANG Y C, WANG B J, WANG A B, 2008. Chaotic correlation optical time domain reflectometer utilizing laser diode[J]. IEEE Photonics Technology Letters, 20(19): 1636-1638.

WANG Y X, JIA Z W, GAO Z S, et al, 2020. Generation of laser chaos with wide-band flat power spectrum in a circular-side hexagonal resonator microlaser with optical feedback[J]. Optics Express, 28(12): 18507-18515.

WEICKER L, ERNEUX T, WOLFERSBERGER D, et al, 2015. Laser diode nonlinear dynamics from a filtered phase-conjugate optical feedback[J]. Physical Review E, 92(2): 022906.

WEISS C O, KLISCHE W, ERING P S, et al, 1985. Instabilities and chaos of a single mode NH_3 ring laser[J]. Optics Communications, 52(6): 405-408.

WU J G, WU Z M, TANG X, et al, 2011. Simultaneous generation of two sets of time delay signature eliminated chaotic signals by using mutually coupled semiconductor lasers[J]. IEEE Photonics Technology Letters, 23(12): 759-761.

WU J G, XIA G Q, WU Z M, 2009. Suppression of time delay signatures of chaotic output in a semiconductor laser with double optical feedback[J]. Optics Express, 17(22): 20124-20133.

WU J G, ZHAO L J, WU Z M, et al, 2013. Direct generation of broadband chaos by a monolithic integrated semiconductor laser chip[J]. Optics Express, 21(20): 23358-23364.

WU Y, WANG B J, ZHANG J Z, et al, 2013. Suppression of time delay signature in chaotic semiconductor lasers with filtered optical feedback [J]. Mathematical Problems in Engineering, 571393: 1-7.

WU Y, WANG Y C, LI P, et al, 2012. Can fixed time delay signature be concealed in chaotic semiconductor laser with optical feedback [J]. IEEE Journal of Quantum Electronics, 48(11): 1371-1379.

WÜNSCHE H, BAUER S, KREISSL J, et al, 2005. Synchronization of delay-coupled oscillators: a study of semiconductor lasers[J]. Physical Review Letters, 94: 163901.

XIANG S Y, PAN W, LI N Q, et al, 2012a. Randomness-enhanced chaotic source with dual-path injection from a single master laser [J]. IEEE Photonics Technology Letters, 24 (19): 1753-1756.

XIANG S Y, PAN W, LUO B, et al, 2012b. Wideband unpredictability-enhanced chaotic semiconductor lasers with dual-chaotic optical injections [J]. IEEE Journal of Quantum Electronics, 48(8): 1069-1076.

XIAO Z X, HUANG Y Z, YANG Y D, et al, 2017. Modulation bandwidth enhancement for coupled twin-square microcavity lasers[J]. Optics Letters, 42(16): 3173.

XU H, WANG B J, ZHANG J G, et al, 2015. Fault location for WDM-PON using a multiple-longitudinal-mode laser modulated by chaotic wave[J]. Microwave and Optical Technology Letters, 57(11): 2502-2506.

XU Y P, ZHANG M J, LU P, et al, 2017. Time-delay signature suppression in a chaotic semiconductor laser by fiber random grating induced random distributed feedback[J]. Optics Letters, 42(20): 4107-4110.

YANG Q, QIAO L J, ZHANG M J, et al, 2020. Generation of a broadband chaotic laser by active optical feedback loop combined with a high nonlinear fiber [J]. Optics Letters, 45 (7): 1750-1753.

YE J, LI H, MCINERNEY J G, 1993. Period-doubling route to chaos in a semiconductor laser with weak optical feedback[J]. Physical Review A, 47(3): 2249-2252.

YOUSEFI M, BARBARIN Y, BERI S, et al, 2007. New role for nonlinear dynamics and chaos in integrated semiconductor laser technology[J]. Physical Review Letters, 98(4): 044101.

YU L Q, LU D, PAN B W, et al, 2014. Monolithically integrated amplified feedback lasers for high-quality microwave and broadband chaos generation [J]. Journal of Lightwave Technology, 32(20): 3595-3601.

YUAN G H, ZHANG X, WANG Z R, 2013. Chaos generation in a semiconductor ring laser with an optical injection[J]. Optik, 124(22): 5715-5718.

ZENG Y, ZHOU P, HUANG Y, et al, 2021. Optical chaos generated in semiconductor lasers with intensity-modulated optical injection: a numerical study [J]. Applied Optics, 60 (26): 7963-7972.

ZHANG M J, LIU T G, LI P, et al, 2011. Generation of broadband chaotic laser using dual-wavelength injection Fabry-Perot laser diode with optical feedback[J]. Photonics Technology Letters, IEEE, 23(24): 1872-1874.

ZHANG M J,XU Y H,ZHAO T,et al,2017. A hybrid integrated short-external-cavity chaotic semiconductor laser[J]. IEEE Photonics Technology Letters,29(21): 1911-1914.

ZHAO A K,JIANG N,CHANG C C,et al,2020. Generation and synchronization of wideband chaos in Semiconductor lasers subject to constant-amplitude self-phase-modulated optical injection[J]. Optics Express,28(9): 13292-13298.

ZHAO A K,JIANG N,LIU S Q,et al,2019. Wideband complex-enhanced chaos generation using a semiconductor laser subject to delay-interfered self-phase-modulated feedback[J]. Optics Express,27(9): 12336-12348.

ZHONG X H,JIA Z W,LI Q T,et al,2023. Multi-wavelength broadband chaos generation and synchronization using long-cavity FP lasers[J]. IEEE Journal of Selected Topics in Quantum Electronics,29(6): 1-7.

ZHONG Z Q,LIN G R,WU Z M,et al,2017. Tunable broadband chaotic signal synthesis from a WRC-FPLD subject to filtered feedback[J]. Photonics Technology Letters,IEEE,29(17): 1506-1509.

ZOU L X,HUANG Y Z,LIU B W,et al,2015. Nonlinear dynamics for semiconductor microdisk laser subject to optical injection[J]. IEEE Journal of Selected Topics in Quantum Electronics,21(6): 1-8.

第6章

光电振荡系统产生混沌

除了半导体激光器，具有非线性的光学或光电器件原理上也可以实现混沌信号的产生。例如，电光调制器对大信号调制呈现非线性响应，在引入光电延时反馈之后能够产生混沌。电光调制器与光电延时反馈构成了典型的光电振荡器。本章以马赫-曾德尔强度调制器、相位调制器为例介绍光电振荡器的非线性动力学行为及混沌信号的产生。

6.1 混沌光电振荡器简介

6.1.1 基本原理

1979年，日本京都大学池田健介(Kensuke Ikeda)建立了一个非线性方程组，理论研究如图6.1.1所示光学环形腔(内置非线性电介质)内部激光电场 E 的复杂动态特性(Ikeda,1979)。次年，池田健介等简化模型得到了一元延时微分方程

$$\varphi(t)+\frac{1}{\gamma}\frac{\mathrm{d}\varphi(t)}{\mathrm{d}t}=A^{2}\{1+2B\cos[\varphi(t-T)-\varphi_{0}]\} \tag{6.1.1}$$

并利用该方程揭示了环形腔内激光强度从稳态到混沌状态的分岔过程(Ikeda et al.,1980)。方程中变量 $\varphi(t)$ 为激光电场经过电介质后的相移，等号右边为电介质出射光场强度的表达式，它是延时变量 $\varphi(t-T)$ 的非线性函数，A、B、φ_0 为实数值参量，γ 为电介质弛豫速率，T 为光在环形腔内传播一周的时间。

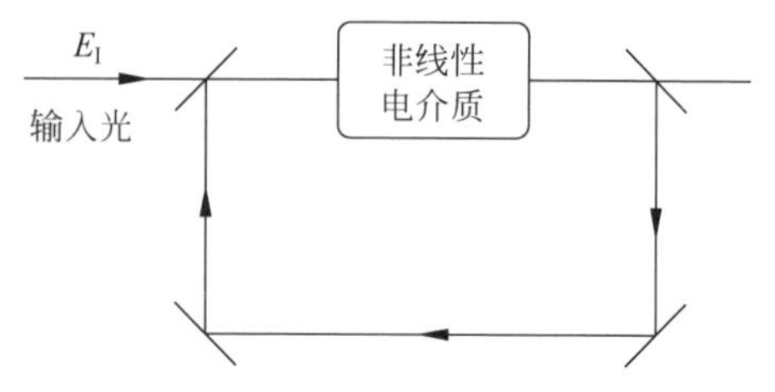

图6.1.1 非线性光学环形腔

池田方程的意义在于，理论预期了包含延时反馈的非线性系统可以产生复杂动力学行为。池田健介等当时研究的是全光系统，需要高非线性介质或者高强度入射光才能产生显著的光学非线性效应，因而并未实验观察到混沌现象。亚利桑那大学 H. M. Gibbs 等构建了光电反馈振荡系统，首次实验验证了池田方程的复杂动态行为（Gibbs et al.，1981）。该光电振荡系统采用夹在正交偏振器之间的 Pb 基掺镧锆钛酸盐（PLZT）压电晶体作为非线性介质，然后将其输出光转换为电信号并延时反馈进入晶体电极。Gibbs 实验激发了光电振荡器（optoelectronic oscillator，OEO）的动力学及混沌产生研究。

混沌光电振荡器的基本原理可从池田方程理解。回顾方程（6.1.1），池田方程类似于带有延时反馈的一阶 RC 低通滤波器方程：变量为滤波器输出信号，等号的右边为滤波器输入信号，可将其视为输出信号的延时和非线性变换。因此，可将池田系统推广为一般的环形非线性振荡器，由滤波、非线性变化、延迟反馈、增益四个要素构成，其中增益用于调节反馈强度（对应于池田方程的系数 B）。基于电光非线性效应的环形振荡器，即混沌光电振荡器，其混沌振荡也被称为池田式混沌。

目前通常采用电光调制器作为混沌 OEO 中的非线性变换器件。电光调制器的作用是将电信号转化为光信号，当电调制信号幅度较大时，调制器将呈现非线性光电响应。将调制器的输出光转化为电信号，再延时反馈到调制器的电信号输入端，就可以构成混沌 OEO，如图 6.1.2(a)所示。系统中的电光调制器、光电探测器等器件存在一定的电学带宽，因而具有电学滤波效应。将系统电学滤波效应等效于一个“虚拟”带通滤波器，可得到如图 6.1.2(b)所示的混沌 OEO 原理图，其中滤波器之外的射频或光电器件带宽均为无限大。可见，带通滤波器的输出信号 $x(t)$，经过非线性变化和延时反馈之后成为其自身的输入信号。输入信号可表示为 $\beta f[x(t-T)]$，其中函数 $f[\cdot]$表示非线性变化，β 表示反馈强度系数。因此，根据池田方程（6.1.1）可得到描述光电振荡器的原理性方程

$$\left(1+\frac{\tau_{\mathrm{H}}}{\tau_{\mathrm{L}}}\right)x(t)+\tau_{\mathrm{H}}\frac{\mathrm{d}x(t)}{\mathrm{d}t}+\frac{1}{\tau_{\mathrm{L}}}\int^{t}x(t')\mathrm{d}t'=\beta f[x(t-T)] \tag{6.1.2}$$

该方程称为带通滤波型 OEO 的微分-积分方程，微分项表示低通滤波，积分项表示高通滤波，等号右边为滤波器输入信号。式中，时间常数 $\tau_{\mathrm{H}}=1/2\pi f_{\mathrm{H}}$、$\tau_{\mathrm{L}}=1/2\pi f_{\mathrm{L}}$，其中 f_{H} 和 f_{L} 分别是系统高截止频率和低截止频率；对于宽带调制器 $\tau_{\mathrm{H}}/\tau_{\mathrm{L}}\ll 1$ 可忽略。方程右边非线性函数的具体表达式取决于采用何种电光调制器。常用的调制器主要为电光强度调制器和相位调制器，6.2 节和 6.3 节将分别介绍以两者为核心构成的混沌光电振荡器。

若 $f_{\mathrm{L}}=0$，则系统称为低通滤波型 OEO。将 $1/\tau_{\mathrm{L}}=0$ 代入式（6.1.2）即可获得低通滤波型 OEO 的微分方程 $x(t)+\tau_{\mathrm{H}}\mathrm{d}x(t)/\mathrm{d}t=\beta f[x(t-T)]$。对于长延时反馈（$T/\tau_{\mathrm{H}}\gg 1$）低通滤波型 OEO，滤波效应可以忽略，则系统方程变为非线性差

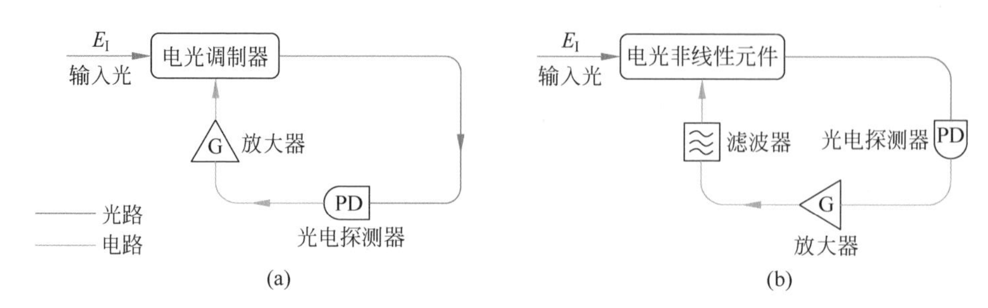

图 6.1.2 基于电光调制器的光电振荡器

(a) 结构图；(b) 等效原理图

分方程 $x(t)=\beta f[x(t-T)]$。

6.1.2 研究进展

如前所述，混沌光电振荡器的研究起源于池田关于非线性光学环形腔混沌振荡的理论研究。H. M. Gibbs 等利用压电晶体构建光电反馈振荡环实验验证了池田混沌，启发了利用光电振荡器产生混沌的研究思路。电光强度调制器(Okada et al.，1981)、声光调制器(Vallée et al.，1985)、分布布拉格反射激光器(Larger et al.，1998)、电光相位调制器(Genin et al.，2004)、偏振调制器(Zheng et al.，2013)等光电器件先后被用作非线性元件构建混沌 OEO。由于具有更大的带宽，基于电光调制器的 OEO 成为混沌产生及应用研究的主要对象。

早期研究集中于低通滤波型 OEO，其动态方程中含有两个时间常数 T 和 τ_H。M. Okada 等理论和实验研究了短延时反馈($T/\tau_H \sim 1$)的情况，发现了多周期及准混沌振荡(Okada et al.，1981)。A. Neyer 等则研究了长延时反馈 $T/\tau_H \gg 1$ 的情况，发现了周期方波、多周期方波和准混沌现象，但信号以 T 为时间尺度变化(Neyer et al.，1982)。值得注意的是，当反馈延时随时间变化，低通滤波型 OEO 会出现层流混沌现象(Hart et al.，2019)。

2002 年，J. P. Goedgebuer 等提出了带通滤波型光电反馈振荡系统，实验产生了频率范围 24.5～166.5MHz 的混沌信号，并验证了混沌保密通信的可行性(Goedgebuer et al.，2002)。此后，研究者开始关注带通滤波型 OEO，并相继揭示了一些独特的动力学现象。L. Weicker 等利用低速调制器和 4km 光纤延迟线构建了超长光电反馈振荡器($T \sim 20\mu s$，$\tau_H \sim 0.2\mu s$，$\tau_L \sim 0.8s$)，产生了非对称方波(Weicker et al.，2012)。Y. C. Kouomou 等发现带通滤波型 OEO 存在混沌呼吸子(chaotic breather)，此时输出为一种特殊的周期性振荡，其形状类似于呼吸起伏，但每个周期内呈现无规则的混沌振荡(Kouomou et al.，2005)。K. E. Callan 等研究发现，在带通滤波型 OEO 中引入放大器增益饱和效应，可产生超短脉冲序列输出，进一步增大反馈强度产生了带宽8GHz的混沌信号(Callan et al.，2010)。

随着保密通信等应用的发展，宽带混沌信号产生成为研究关注点之一。光电振荡器产生混沌的带宽，由电光调制器、光电探测器、射频放大器三者带宽“交集”决定。R. Lavrov等利用相位调制器与差分相移键控解调器级联，将混沌信号带宽提高到13GHz(Lavrov et al.，2009)。M. Nourine等利用一个正交相移键控调制器构建OEO，也实现了13GHz带宽的混沌输出(Nourine et al.，2011)。电子科技大学江宁团队利用相位调制器实现光信号的自相位调制，将混沌信号的有效带宽提升至20GHz以上(Zhao et al.，2020)。华中科技大学刘德明教授团队利用正交振幅(IQ)调制器结合双延迟反馈环构建光电布尔混沌系统，实验产生了带宽为29GHz的混沌信号(Luo et al.，2021)。目前电光调制器、光电探测器的带宽已经发展到100GHz，因此光电振荡器具有产生更大带宽混沌的前景。但是，也存在一些实际的挑战，例如需要超宽带、超高增益的射频放大器，功耗大、不易集成等。

由于电光调制器非线性来源于余弦函数，其复杂度受限。如何提高OEO混沌复杂度也成了研究关注点之一。一种思路是将激光器非线性与OEO非线性相结合。例如，将激光器光电反馈与OEO结合，抑制系统输出信号的时延特征(Nguimdo et al.，2010)。激光器光反馈(Elsonbaty et al.，2018)、光注入(Zhu et al.，2017)等与OEO的结合也得到了相似的效果。另一种思路是在光电反馈环中引入附加非线性。例如，在OEO环路中加入多项式运算(Márquez et al.，2014)、低维混沌信号(Suárez-Vargas et al.，2012)、随机数字序列(Cheng et al.，2015)、群时延(Hou et al.，2016)、非线性放大器(Talla Mbe et al.，2021)、非线性滤波器(Kamaha et al.，2020)、相位-强度转换(Oden et al.，2017)等。

混沌OEO的发展必定跟随着电光调制器的步伐。目前混沌OEO主要是采用体材料铌酸锂($LiNbO_3$)调制器。随着硅基光电子器件发展，硅基电光调制器也被用于混沌OEO(Zhang et al.，2016；Tian et al.，2018)。近年来，薄膜铌酸锂调制器展现了大带宽、低半波电压的显著优势，笔者认为利用薄膜铌酸锂调制器构建混沌OEO可以有效提升混沌带宽和复杂度，是未来的研究趋势之一。

6.2 基于强度调制器的混沌光电振荡器

6.2.1 装置与模型

基于强度调制器的光电振荡器，简称为强度型光电振荡器。典型的强度型OEO采用马赫-曾德尔强度调制器(MZM)作为非线性元件。如图6.2.1(a)所示，MZM是由两个晶体波导构成的马赫-曾德尔干涉仪，并且其中一臂被施加外部电压信号，用以调控光的传输相位。因此，光经过调制器两臂传输之后的相位差会受到外加电压信号的调控，进而通过干涉实现光的强度调制。MZM 的调制传递函数为

$$P_{\text{out}} = P_{\text{in}} \cos^2 \left[\pi \frac{V(t)}{2V_{\pi\text{RF}}} + \pi \frac{V_{\text{B}}}{2V_{\pi\text{DC}}}\right] \tag{6.2.1}$$

其中，P_{in} 为输入光功率，P_{out} 为输出光功率，$V_{\pi\text{DC}}$ 和 $V_{\pi\text{RF}}$ 分别是 MZM 直流输入端和射频输入端的半波电压，V_{B} 为直流偏压，$V(t)$为外加调制信号。直流偏压和调制信号引起的总相位差 $\Delta\varphi = \pi V(t)/2V_{\pi\text{RF}} + \pi V_{\text{B}}/2V_{\pi\text{DC}}$。图 6.2.1(b)给出了 MZM 功率传输曲线 $P_{\text{out}}/P_{\text{in}} \sim \Delta\varphi$。可见，当相位变化较小时，MZM 呈线性调制。但当相位变化较大(即大信号调制)时，调制器将会呈现非线性。

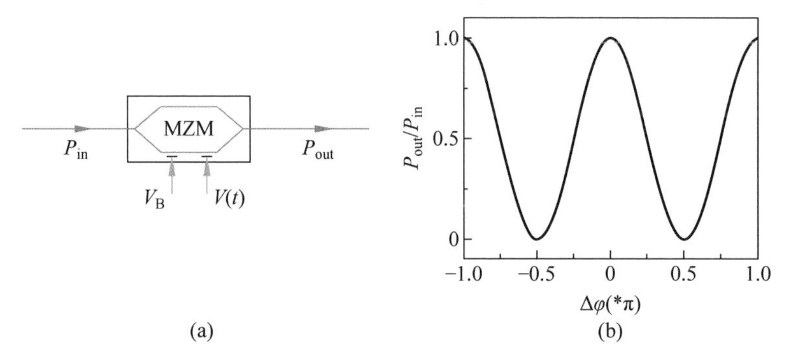

图 6.2.1　马赫-曾德尔调制器

(a) 结构图；(b) 调制响应曲线

基于 MZM 的光电振荡器结构如图 6.2.2 所示。激光器产生连续波激光并输入 MZM，其输出光经过光纤延迟线传输至光电探测器，转化后的电信号经过射频放大，然后接入调制器的射频端口，形成光电延时反馈。

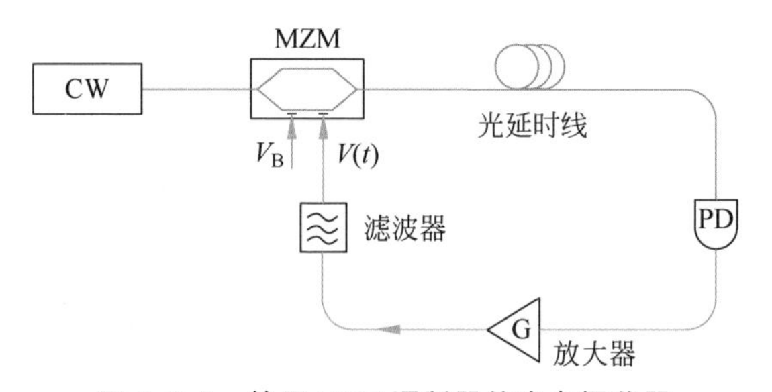

图 6.2.2　基于 MZM 调制器的光电振荡器

下面简要推导该光电振荡器的动力学方程。设调制器输入连续光的功率为 P_0，输出光信号的功率为 $P(t)$。调制器直流偏压为 V_{B}，可用于调节工作点。光电反馈环的周期为 T，光电探测器响应系数为 s(单位为 A/W)，射频放大系数为 g(单位为 V/A)，系统总损耗系数为 k。由于系统中 MZM、光电探测器、射频放大

器、射频传输线具有一定的带宽，为方便起见，将系统的总体射频响应等效于一个带通滤波器，此时上述器件等效于无限大带宽。不妨将该带通滤波器放置于映射放大器与 MZM 之间，则滤波器输出即 MZM 的射频输入，记为 $V(t)$。根据式(6.2.1)可知，该滤波器的输入信号为

$$V_{\text{in}}(t)=sgkP(t-T)=sgkP_0\cos^2\left[\pi\frac{V(t-T)}{2V_{\pi\text{RF}}}+\pi\frac{V_{\text{B}}}{2V_{\pi\text{DC}}}\right] \tag{6.2.2}$$

根据方程(6.1.2)，可得

$$\left(1+\frac{\tau_{\text{H}}}{\tau_{\text{L}}}\right)V(t)+\tau_{\text{H}}\frac{\text{d}V(t)}{\text{d}t}+\frac{1}{\tau_{\text{L}}}\int^{t}V(t')\text{d}t'=sgkP_0\cos^2\left[\pi\frac{V(t-T)}{2V_{\pi\text{RF}}}+\pi\frac{V_{\text{B}}}{2V_{\pi\text{DC}}}\right] \tag{6.2.3}$$

令 $x(t)=\pi V(t)/2V_{\pi\text{RF}}$，可得描述 MZM-OEO 动态特性的微分-积分方程

$$\left(1+\frac{\tau_{\text{H}}}{\tau_{\text{L}}}\right)x(t)+\tau_{\text{H}}\frac{\text{d}x(t)}{\text{d}t}+\frac{1}{\tau_{\text{L}}}\int^{t}x(t')\text{d}t'=\beta\cos^2[x(t-T)+\varphi_0] \tag{6.2.4}$$

其中，$\beta=\pi sgkP_0/2V_{\pi\text{RF}}$，$\varphi_0=\pi V_{\text{B}}/2V_{\pi\text{DC}}$。该方程的变量 $x(t)$ 实际是调制器两臂之间相位差的变化，实验上通常观测的是调制器输出光功率变化 $P(t)=P_0\cos^2[x(t)+\varphi_0]$。对于宽带 OEO，方程(6.2.4)可简化为

$$x(t)+\tau_{\text{H}}\frac{\text{d}x(t)}{\text{d}t}+\frac{1}{\tau_{\text{L}}}\int^{t}x(t')\text{d}t'=\beta\cos^2[x(t-T)+\varphi_0] \tag{6.2.5}$$

由于方程(6.2.4)或方程(6.2.5)同时包含变量的微分和积分，为方便分析和计算，引入新变量 $y(t)=\int^{t}x(t')\text{d}t'$，将一元微分-积分方程变为二元微分方程组

$$\tau_{\text{H}}\frac{\text{d}x(t)}{\text{d}t}=-x(t)-\frac{1}{\tau_{\text{L}}}y(t)+\beta\cos^2[x(t-T)+\varphi_0] \tag{6.2.6}$$

$$\frac{\text{d}y(t)}{\text{d}t}=x(t) \tag{6.2.7}$$

6.2.2 线性稳定性分析

利用微扰方法，可以在定态解的邻域内将微分方程线性化，从而得到系统特征方程并分析系统稳定性。下面简要推导基于 MZM 的带通滤波型光电振荡器的特征方程。

首先，将 $\text{d}x/\text{d}t=\text{d}y/\text{d}t=0$ 代入式(6.2.6)和式(6.2.7)，得到定态解

$$x_{\text{s}}=0,\quad y_{\text{s}}=\tau_{\text{L}}\beta\cos^2\varphi_0 \tag{6.2.8}$$

再引入微扰，即设 $x(t)=x_{\text{s}}+\delta x(t)$，$y(t)=y_{\text{s}}+\delta y(t)$。将其代入式(6.2.6)和式(6.2.7)，可以得到关于微扰量的微分方程组

$$\tau_{\mathrm{H}} \frac{\mathrm{d}\delta x(t)}{\mathrm{d}t} = -\delta x(t) - \frac{1}{\tau_{\mathrm{L}}}\delta y(t) - \beta\sin(2\varphi_0)\delta x(t-T) \tag{6.2.9}$$

$$\frac{\mathrm{d}\delta y(t)}{\mathrm{d}t} = \delta x(t) \tag{6.2.10}$$

设 $\delta x(t)=\delta x_0 \mathrm{e}^{\lambda t}$、$\delta y(t)=\delta y_0 \mathrm{e}^{\lambda t}$，可将微分方程(6.2.9)和方程(6.2.10)化简为线性方程组

$$\begin{pmatrix} \lambda + \frac{1}{\tau_{\mathrm{H}}} + \frac{\beta\sin(2\varphi_0)}{\tau_{\mathrm{H}}}\mathrm{e}^{-\lambda T} & \frac{1}{\tau_{\mathrm{H}}\tau_{\mathrm{L}}} \\ 1 & -\lambda \end{pmatrix} \begin{pmatrix} \delta x(t) \\ \delta y(t) \end{pmatrix} = 0 \tag{6.2.11}$$

由方程组系数矩阵的行列式可得到系统特征方程

$$\lambda^2 + \frac{1}{\tau_{\mathrm{H}}}\lambda + \frac{\beta\sin(2\varphi_0)}{\tau_{\mathrm{H}}}\lambda\mathrm{e}^{-\lambda T} + \frac{1}{\tau_{\mathrm{H}}\tau_{\mathrm{L}}} = 0 \tag{6.2.12}$$

特征方程的根一般为复数，可表示为 $\lambda=\Gamma+\mathrm{i}\omega$，意味着系统对微扰的响应实质上是一个频率为 ω、振幅随时间呈指数变化的振荡。当方程根的实部 $\Gamma<0$ 时，该频率的振动呈现阻尼特性，系统趋于稳定。反之，当实部 $\Gamma>0$ 时，振荡幅度不断增大，系统是不稳定的。

从特征方程(6.2.12)可知，其方程根或系统稳定性与反馈强度系数 β、调制器偏置点 φ_0 相关。在 $\varphi_0=0$、$\pi/2$、π 三处存在稳定区域，在其他工作点系统均可以进入不稳定状态。其原因是，调制器函数(图 6.2.1(b))在上述三处的斜率为 0，对微扰的响应弱。由于 $\varphi_0=0$、π 处调制器输出功率最大，因而随着反馈强度增大，系统在这两处的状态会由稳定变得不稳定。具体稳定性分析可参见文献(Nguimdo et al.，2010; Callan et al.，2010)。

6.2.3 进入混沌路径

当改变某个参数时，系统会历经一系列动力学状态演变至混沌振荡，这一过程称为进入混沌的路径。对于低通滤波型 OEO，当 $T/\tau_{\mathrm{H}}>0.2$ 时，增大反馈强度系统才有可能进入混沌(Udaltsov et al.，2001)。典型的进入混沌路径是倍周期或准周期路径，即随反馈强度增大，系统从稳态经过霍普分岔之后变为周期振荡，再经过级联的倍周期或者准周期振荡进入混沌振荡(Goedgebuer et al.，1998; Udaltsov et al.，2001)。随着反馈延时 T 增加，进入混沌振荡所需的临界反馈强度逐渐降低。若将注入 OEO 的连续光换成脉冲激光，还可观察到经过周期三振荡状态进入混沌的路径(Larger et al.，2005)。

带通滤波型 OEO 具有三个时间常数，因而比低通滤波型 OEO 具有更丰富的动力学特性。除了典型的倍周期或准周期路径(Cohen et al.，2008)，还存在混沌呼吸路径(Kouomou et al.，2005)、超短脉冲路径(Callan et al.，2010)等。下文简

要介绍带通滤波型 OEO 进入混沌的几种路径。

1. 倍周期路径

A. B. Cohen 等实验和数值研究了带通滤波型 OEO 的动态特性，其参数为 $T=22.5\text{ns}$、$\tau_H=1\text{ns}$、$\tau_L=1\mu\text{s}$、$\varphi_0=\pi/4$（Cohen et al.，2008）。此时，$T/\tau_H\sim22.5$、$\tau_L/T\sim44.44$。图 6.2.3(a)显示了光电振荡器在五个不同反馈强度下的时域波形图，左列为通过改变入射连续光功率获得的实验结果，右列是直接改变 β 参数所获得的模拟结果。图 6.2.3(b)则为实验和模拟所得系统分岔图，其中竖线标示了图 6.2.3(a)所示的五种状态所在位置。从分岔图可知，当 $\beta<1$ 时系统处于稳定状

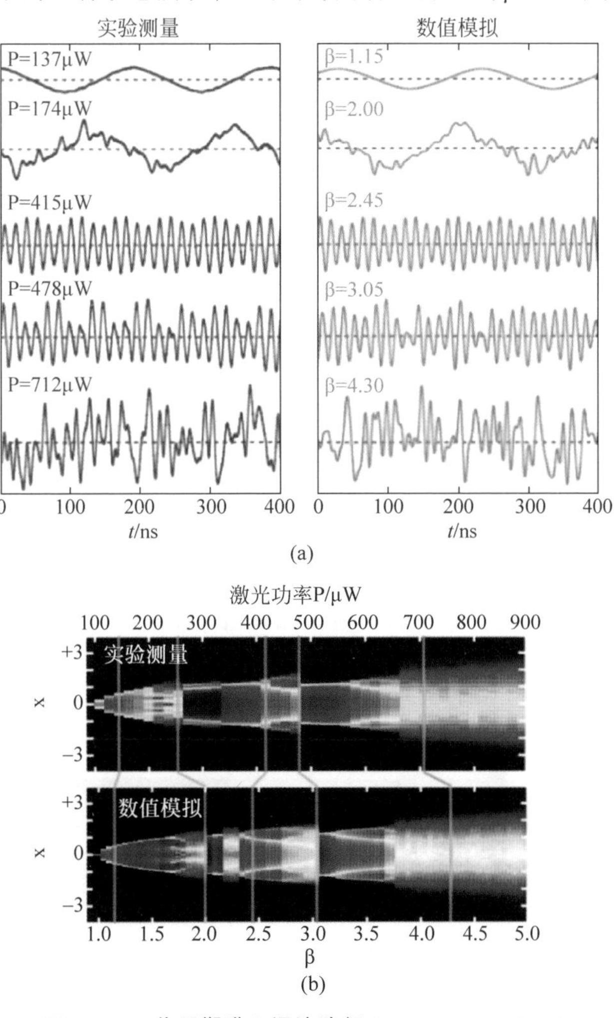

图 6.2.3　倍周期进入混沌路径（Cohen et al.，2008）

(a) 不同反馈强度下的时间波形；(b) 分岔图

态。增大反馈强度，系统会从稳态演变为周期振荡，如图 6.2.3(a)最上面正弦波形所示。随着反馈强度进一步增大，系统会经历多周期振荡演化为混沌振荡。

2. 混沌呼吸路径

Y. C. Kouomou 等在基于宽带强度调制器构建的带通滤波型 OEO 中发现了混沌呼吸子(chaotic breather)现象，以及经过混沌呼吸子状态演化进入混沌振荡的路径(Kouomou et al.，2005)。该系统 $T=30\text{ns}$、$\tau_{\text{H}}=25\text{ps}$、$\tau_{\text{L}}=5\mu\text{s}$，相应的 $T/\tau_{\text{H}}\sim1200$、$\tau_{\text{L}}/T\sim166$。图 6.2.4 显示了随着反馈强度的增加，系统经过混沌呼吸子进入混沌的典型过程。随着反馈强度增加，系统首先经历霍普分岔从稳态演变为周期振荡。继续增加 β 会产生第二次分岔，系统开始呈现快慢两个时间尺度的叠加态。如图 6.2.4(a)所示，当 $\beta-1.5$，系统输出长周期类方波振荡，其周期为 $\tau_{\text{L}}=5\mu\text{s}$。增加反馈强度，会使波形的极值处出现快速的方波振荡，如图 6.2.4(b)及图 6.2.5(a)所示。方波振荡周期为 $2T$，并且呈现幅值快速减小并消失，直到下一个慢周期起始时重复出现。这一状态称为方波呼吸子。当继续增加 β 时，呼吸子波形变得复杂混乱，如图 6.2.4(c)及图 6.2.5(b)所示，该状态称为混沌呼吸子。进一步增加 β 导致慢尺度行为消失，产生连续的快速混沌振荡，如图 6.2.4(d)所示。混沌呼吸子的产生取决于大延时反馈，例如在窄带滤波型 OEO($T=19.6\mu\text{s}$，$\tau_{\text{L}}=51.3\text{ms}$，$\tau_{\text{H}}=332\text{ns}$)中，也观察到了同样的现象(Talla Mbé et al.，2015)。

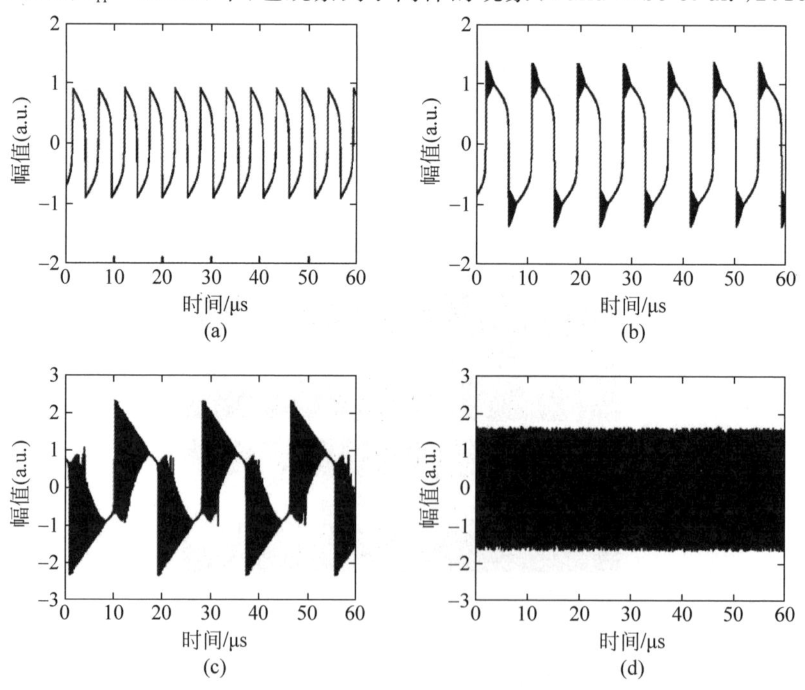

图 6.2.4 混沌呼吸子路径进入混沌的典型状态演变(Kouomou et al.，2005)

(a) $\beta=1.5$；(b) $\beta=2.0$；(c) $\beta=3.0$；(d) $\beta=3.5$

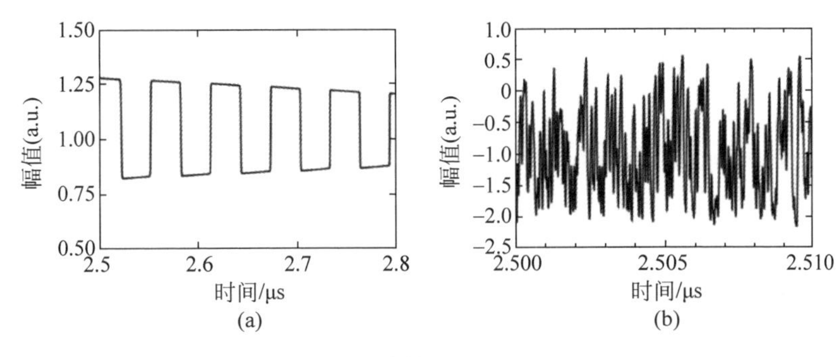

图 6.2.5 呼吸子结构(Kouomou et al.,2005)

(a) 方波(图 6.2.4(b)放大);(b) 混沌(图 6.2.4(c)放大)

3. 脉冲振荡路径

如方程(6.2.5),OEO 的非线性函数通常为余弦函数。K. E. Callan 等则考虑了 OEO 中射频放大器的增益饱和效应,理论上在余弦函数中引入双曲正切函数(Callan et al.,2010)。研究发现,当偏置点设置为 $\varphi_0=0$ 时,增大反馈强度可以观察到如图 6.2.6(a)所示的脉冲振荡。脉冲序列的初始时间间隔为 T,经过几个周期循环后脉冲幅值趋于饱和,并出现另一组脉冲序列,其幅值亦快速增大并趋于饱和。最终形成多周期脉冲序列,脉冲半高全宽为 200ps。通过改变系统的低截止频率,脉冲宽度可以在 100ps～100ns 范围调控(Rosin et al.,2011)。进一步增大反馈强度,系统即可从该脉冲状态演化进入宽带混沌振荡状态,如图 6.2.6(b)所示(Callan et al.,2010)。

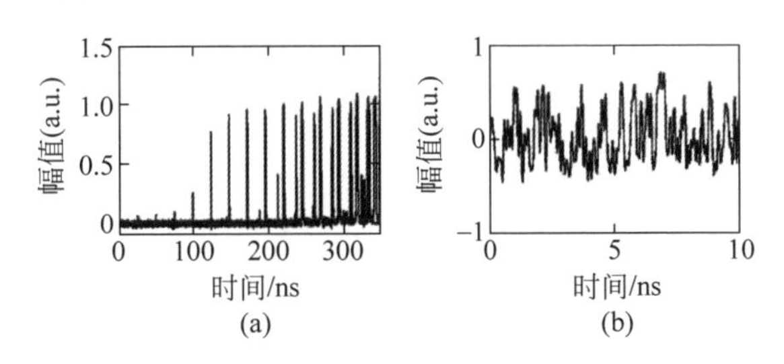

图 6.2.6 增益饱和 OEO(Callan et al.,2010)

(a) 超短脉冲序列 $\beta=4.36,\varphi_0=0$;(b) 混沌输出 $\beta=4.80,\varphi_0=0$

6.2.4 光电振荡器混沌信号特性

1. 宽带且频谱平坦

由于没有像半导体激光器弛豫振荡频率那样的特征频率,OEO 混沌的频谱比较平坦,典型频谱如图 6.2.7 所示。注意到,光电振荡器混沌信号的频谱带宽取决于系统器件带宽，因此，采用宽带调制器、光电探测器和宽带射频放大器可以产生宽带混沌信号。

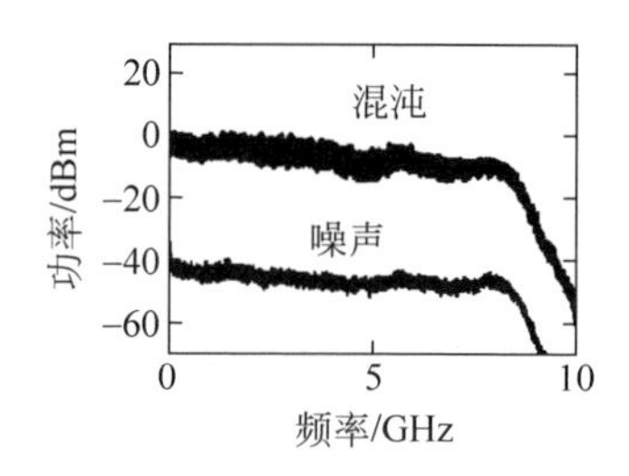

图 6.2.7　光电振荡器产生混沌信号的频谱（Callan et al.，2010）

2. 反馈时延特征

光电振荡器是一个典型的延时反馈系统，类似于光反馈半导体激光器，其混沌输出也具有反馈时延特征。2013 年，李凯等研究了 OEO 系统的时延特征随反馈强度和 MZM 工作点的变化规律（Li et al.，2013）。该工作采用典型的方法，将 OEO 输出波形的自相关曲线在 T 处的峰值定义为时延特征。结果如图 6.2.8(a)所示，时延特征随着反馈强度的增大而减小。但是若要使时延特征趋于零，对于 $\varphi_0=\pm\pi/4$ 需要 β 大于 23，对于 $\varphi_0=0$ 也需要 β 大于 20。如此大的射频增益，在实验上是难以实现的。因此，OEO 混沌信号通常具有时延特征。图 6.2.8(b)给出了 $\beta=5$ 时，调制器偏置相位 φ_0 对 OEO 输出波形时延特征的影响。可见，当 MZM 工作在 $\varphi_0=\pm\pi/4$（非线性函数斜率最大处）时，时延特征明显；而在 $\varphi_0=0,\pm\pi/2$ 的波峰波谷位置，反馈时延特征较弱。抑制反馈时延特征，也成为 OEO 混沌产生的关注点之一。例如，西南交通大学闫连山教授团队在 OEO 环路内引入啁啾布拉格光栅构成色散光电反馈，从而抑制时延特征（Feng et al.，2023）。

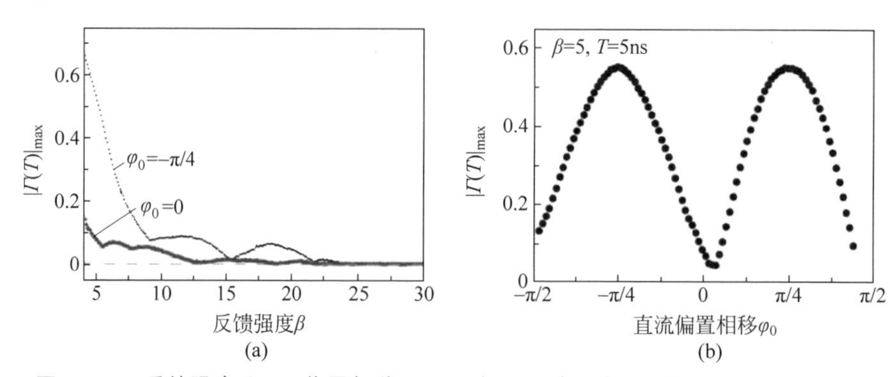

图 6.2.8　反馈强度 β(a)，偏置相移 φ_0(b)对 OEO 时延特征的影响（Li et al.，2013）

3. 信号复杂度及可预测时间

研究表明 OEO 混沌具有很高的李雅普诺夫维度（Lyapunov dimension），且在同样带宽情况下，带通滤波型 OEO 混沌的李雅普诺夫维度高于低通滤波型 OEO 混沌（Goedgebuer et al.，2002）。然而，OEO 混沌的最大李雅普诺夫指数却比较小（Cohen et al.，2008）。即使在考虑放大器增益饱和非线性的情况下，产生宽带混沌的最大李雅普诺夫指数也仅为 0.03ns^{-1}（Callan et al.，2010），是半导体激光器混沌最大李雅普诺夫指数的百分之一。2008 年，A. B. Cohen 等研究发现利用实验测量的混沌波形训练 OEO 数学模型，可以预测系统后续时段的输出波形。如图 6.2.9 所示，平均可预测时间长度约为最大李雅普诺夫指数的倒数。因此，OEO 混沌序列的可预测长度在达数十纳秒。这为混沌保密传输提供了一种机器学习辅助的解调方法(Ke et al.，2019)。

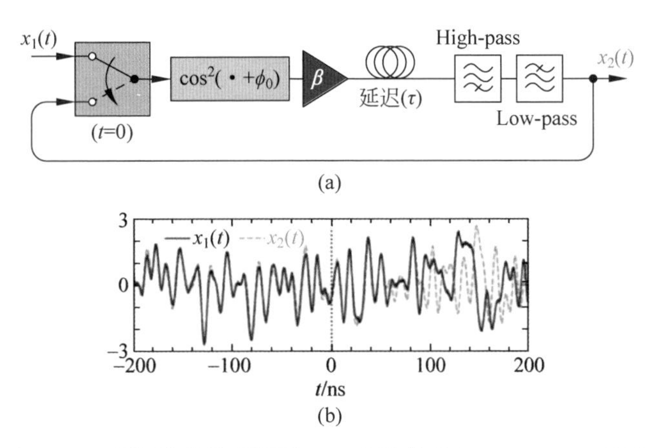

图 6.2.9　利用数学模型预测 OEO 混沌信号(Cohen et al.，2008)

(a) 原理；(b) 结果示意图

6.2.5　反馈环路结构改进

光电振荡器的混沌信号最大李雅普诺夫指数较小，有明显的时延特征，这些特点不利于混沌保密通信、密钥分发(Fabian et al.，2020；Xue et al.，2022)等应用。此外，通常需要较大的反馈强度才能够产生混沌，需要宽带且高增益的射频放大器，不利于集成。针对以上问题，学者们相继提出改进措施。

在光电反馈回路中引入新的具有非线性特性的器件，有望提高系统输出信号的复杂度。J. H. Talla Mbé 等提出基于非线性滤波器(Talla Mbé et al.，2019)和非线性放大器(Talla Mbé et al.，2021)的混沌 OEO，如图 6.2.10(a)和(b)所示。数值模拟证明了非线性放大器引入复杂的非线性函数，可以减小进入混沌所需的反馈强度，并增大最大李雅普诺夫指数。但是由于非线性放大器带宽较低，产生混沌的带宽仅为数 MHz(Talla Mbé et al.，2021)。

此外，已有多种非线性器件被引入 OEO 反馈回路，提高混沌复杂度，主要包括：如图 6.2.10(c)～(g)，频率依赖的群时延模块(Hou et al.，2016)，随机采样的光纤布拉格光栅(Huang et al.，2020)，复杂多项式函数(Márquez et al.，2014)，数字混沌(Cheng et al.，2015)，磁性材料器件(Xiong et al.，2020)，背向瑞利散射光(Ge et al.，2021)等。例如，利用瑞利散射光反馈，可使混沌信号最大李雅普诺夫指数相较于基础 OEO 结构提高 4 倍。

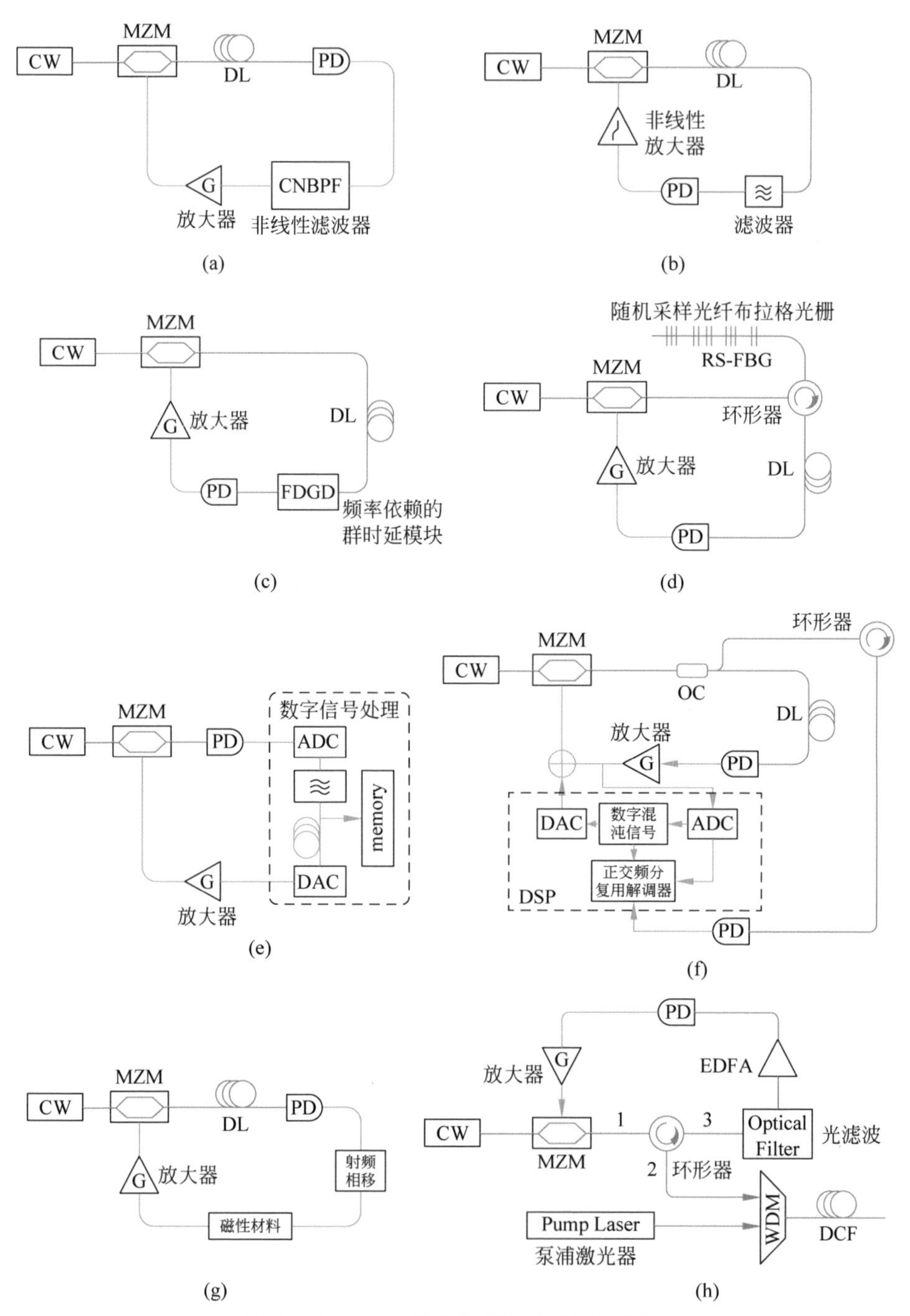

图 6.2.10　MZM 光电振荡器的改进示意图

在反馈环路中引入(a) 非线性滤波器(CNBPF)；(b) 非线性放大器(NLA)；(c) 频率依赖的群时延模块FDGD；(d) 随机采样的光纤布拉格光栅(RS-FBG)；(e) 硬件生成的复杂多项式函数；(f) 数字混沌信号；(g) 磁性材料；(h) 光纤背向瑞利散射

6.3 基于相位调制器的混沌光电振荡器

6.3.1 装置与模型

2004年,E. Genin 等提出基于相位调制器的光电振荡器并实现了混沌信号产生(Genin et al.,2004),结构如图 6.3.1(a)所示。激光器产生连续波激光,作为OEO的种子光输入相位调制器(PM),其输出光经过非平衡马赫-曾德尔(MZ)干涉仪,通过光学干涉实现相位到强度的转换,再经光纤延迟线传输至光电探测器,转化后的电信号通过射频放大,接入调制器的射频端口,形成光电延时反馈。类似于基于强度调制器的OEO,将系统的滤波效应等效于一个电滤波器,置于调制器射频输入端之前。这类基于相位调制器的光电振荡器,可简称为相位型光电振荡器。

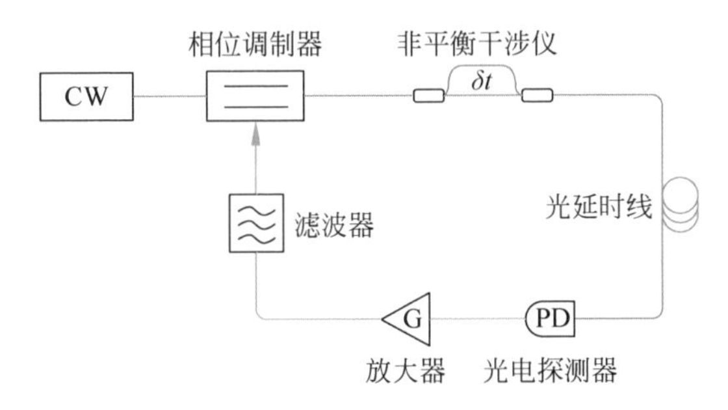

图 6.3.1 基于相位调制器的光电振荡器

设输入调制器的连续光功率为 P_0,调制器偏置相位为 ϕ_0,射频输入信号为 $V(t)$,则调制器输出光可表示为$\sqrt{P_0}\,\mathrm{expj}[2\pi\nu t+\pi V(t)/V_{\pi\mathrm{RF}}+\phi_0]$,其中 ν 为入射连续光的光频。经过两臂延时为 δt 的非平衡马赫-曾德尔干涉仪之后,输出光功率为

$$P(t)=P_0\cos^2\left[\pi\frac{V(t)}{2V_{\pi\mathrm{RF}}}-\pi\frac{V(t-\delta t)}{2V_{\pi\mathrm{RF}}}+\varphi_0\right] \tag{6.3.1}$$

其中,$\varphi_0=\pi\nu\delta t$ 为光经过MZI两臂传输之后的相位差,通过精细调节激光器光频 ν 可以调节 φ_0 以设置系统工作点。此干涉信号经过光纤延时、光电探测器、射频放大之后作为滤波器的输入

$$V_{\mathrm{in}}(t)=sgkP(t-T)=sgkP_0\cos^2\left[\pi\frac{V(t-T)}{2V_{\pi\mathrm{RF}}}-\pi\frac{V(t-T-\delta t)}{2V_{\pi\mathrm{RF}}}+\varphi_0\right] \tag{6.3.2}$$

令 $x(t)=\pi V(t)/2V_{\pi\mathrm{RF}}$,可得描述PM-OEO动态特性的微分-积分方程

$$\left(1+\frac{\tau_H}{\tau_L}\right)x(t)+\tau_H\frac{\mathrm{d}x(t)}{\mathrm{d}t}+\frac{1}{\tau_L}\int^t x(t')\mathrm{d}t'=\beta\cos^2[x(t-T)-x(t-T-\delta t)+\varphi_0] \tag{6.3.3}$$

其中,系数 $\beta=\pi sgkP_0/2V_{\pi RF}$ 表示反馈强度,s(单位为 A/W)为光电探测器响应系数,g(单位为 V/A)为射频放大系数,k 系统总损耗系数。对于宽带 OEO,方程(6.3.3)可简化为

$$x(t)+\tau_H\frac{\mathrm{d}x(t)}{\mathrm{d}t}+\frac{1}{\tau_L}\int^t x(t')\mathrm{d}t'=\beta\cos^2[x(t-T)-x(t-\delta t-T)+\varphi_0] \tag{6.3.4}$$

方程的变量 $x(t)$是调制器输出光相位变化,实验上无法直接观测,因此通常观测的是非平衡 MZI 的输出光功率 $P(t)=P_0\cos^2[x(t)-x(t-\delta t)+\varphi_0]$。值得注意的是,有效相位—强度转换的前提,是 MZI 的延时 δt 大于调制光的相干时间,即 $\delta t>1/\mathrm{BW_{PM}}$,其中 $\mathrm{BW_{PM}}$ 为相位调制器的模拟带宽。

比较方程(6.3.4)与方程(6.2.5),可发现相位型光电振荡器与强度型光电振荡器的不同。相位光电振荡器中的非线性项中包含两个延时,即 T 和 δt。实际情况下,非平衡 MZI 的两臂延时 δt 要比反馈延时 T 小得多,因此该系统在时间上通常表现出非局域性(Lavrov et al.,2009)。

6.3.2 混沌信号产生

2009 年,R. Lavrov 等实验研究了相位光电振荡器的非线性动力学特性及宽带混沌的产生(Lavrov et al.,2009)。系统时间参考为 $\delta t\approx 400\mathrm{ps}$、$T=24.35\mathrm{ns}$、$\tau_H=12.2\mathrm{ps}$、$\tau_L=5.3\mu\mathrm{s}$,非平衡 MZI 相位差 $\varphi_0=\pi/4$。图 6.3.2(a)给出了不同反馈强度下 OEO 的输出波形(MZI 输出的干涉波形),其中左列、右列分别为数百纳秒和数十纳秒时间尺度下的波形。当 β 从零开始增大时,系统会先从稳定经过霍普分岔进入周期振荡。典型周期振荡如图 6.3.2(a1)、(a2)所示,振荡周期理论上为 $2\delta t$(实验上由于器件响应限制,实测周期略大,为 1ns)。值得说明的是,由于差分项 $x(t)-x(t-\delta t)$的作用,相位型 OEO 出现霍普分岔的临界反馈强度值约为强度型 OEO 的一半。当反馈强度 $\beta\approx 1.3$ 时,时域波形出现如图 6.3.2(a3)所示的周期为 $2T$ 的包络调制,同时周期 $2\delta t$ 的快速振荡依然存在。图 6.3.2(b)为系统的分岔图,可见 $\beta\approx 1.3$ 为第二个分岔点。当 $\beta>2.0$,系统进入混沌振荡。图 6.3.2(a5)、(a6)给出了最大反馈强度 $\beta\approx 5.1$ 时,系统的混沌输出波形。

图 6.3.3(a)、(b)分别给出了 $\beta=2.8$ 和 $\beta=5.1$ 时相位光电振荡器混沌振荡的频谱。在较低反馈强度($\beta=2.8$)时,频谱比较窄并且具有明显的反馈谐振模式,其频率间隔为 $T^{-1}=41\mathrm{MHz}$。这表明此时的混沌振荡含有明显的反馈时延特征。对于强反馈 $\beta=5.1$,混沌振荡的频谱平坦地拓展至 13GHz,而且没有明显的反馈

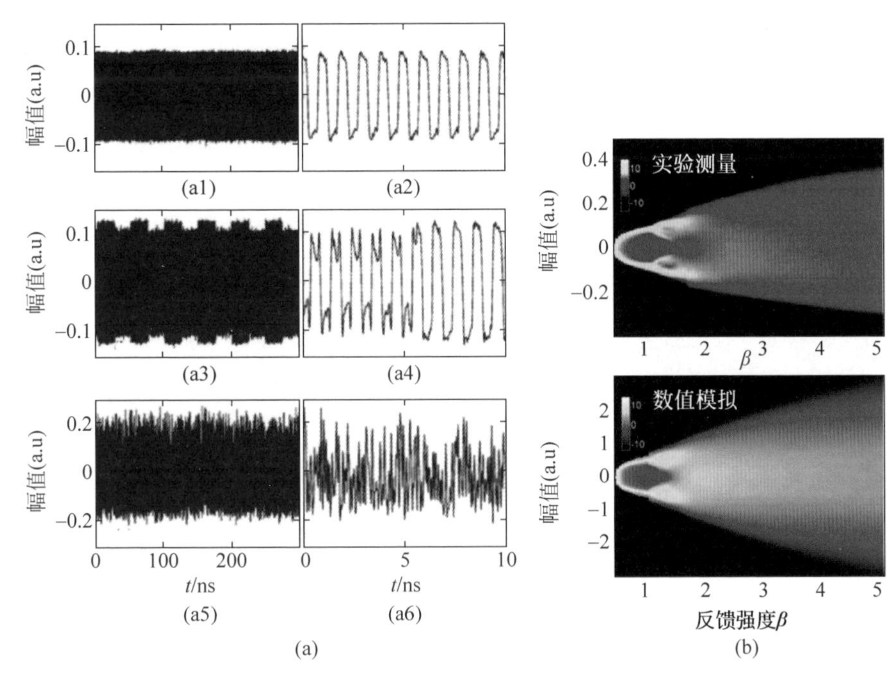

图 6.3.2 相位光电振荡器在不同反馈强度下动力学状态和分岔图(Lavrov et al.,2009)

(a1)、(a2) $\beta=0.6$;(a3)、(a4) $\beta=1.3$;(a5)、(a6) $\beta=5.1$;(b) 分岔图

谐振模式。因此,利用相位 OEO 可以产生频谱平坦的宽带混沌信号。

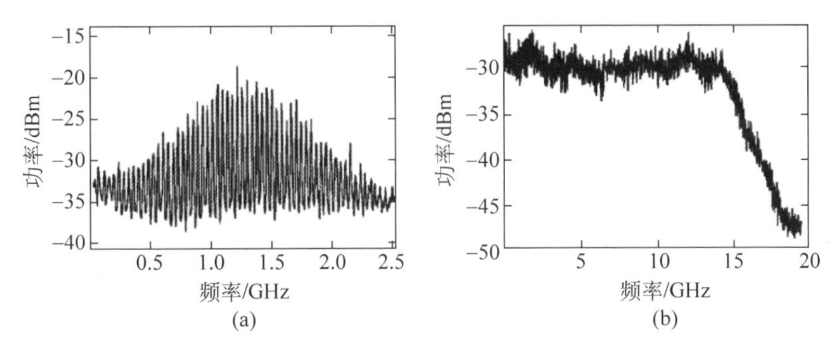

图 6.3.3 相位光电振荡器的混沌振荡频谱

(a) $\beta=2.8$;(b) $\beta=5.1$

6.3.3 相位光电振荡器的改进

原理上,将非平衡 MZI 替换为具有相位-强度转化功能的其他模块,也可以构建相位型光电振荡器,其基本原理如图 6.3.4 所示。例如,如图 6.3.5(a)所示,利用三波不平衡干涉仪替代非平衡双臂干涉仪,可以得到更加复杂的进入混沌路径

(Oden et al.,2017)。如图 6.3.5(b)所示,使用线性啁啾光纤布拉格光栅(LCFBG)作为相位-强度转换器,实验观察到了混沌呼吸子及混沌振荡(Romeira et al.,2014)。此外,高非线性光纤(Meenwook et al.,2021)、色散模块(Yi et al.,2018; Cheng et al.,2018)等也相继被用于相位 OEO 之中,如图 6.3.5(c)~(e)所示。同时,利用两个相位调制器作为非线性器件构建单环或双环光电延迟反馈系统,并在环内引入伪随机序列相位调制作为密钥,可以消除系统的反馈时延特征(Nguimdo et al.,2011,2012)。

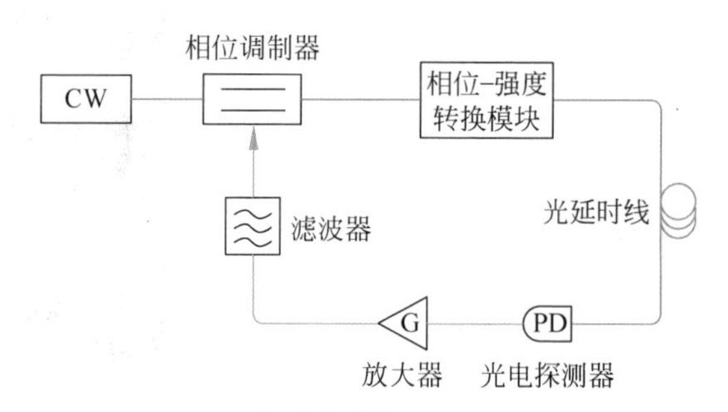

图 6.3.4 相位光电振荡器基本原理图

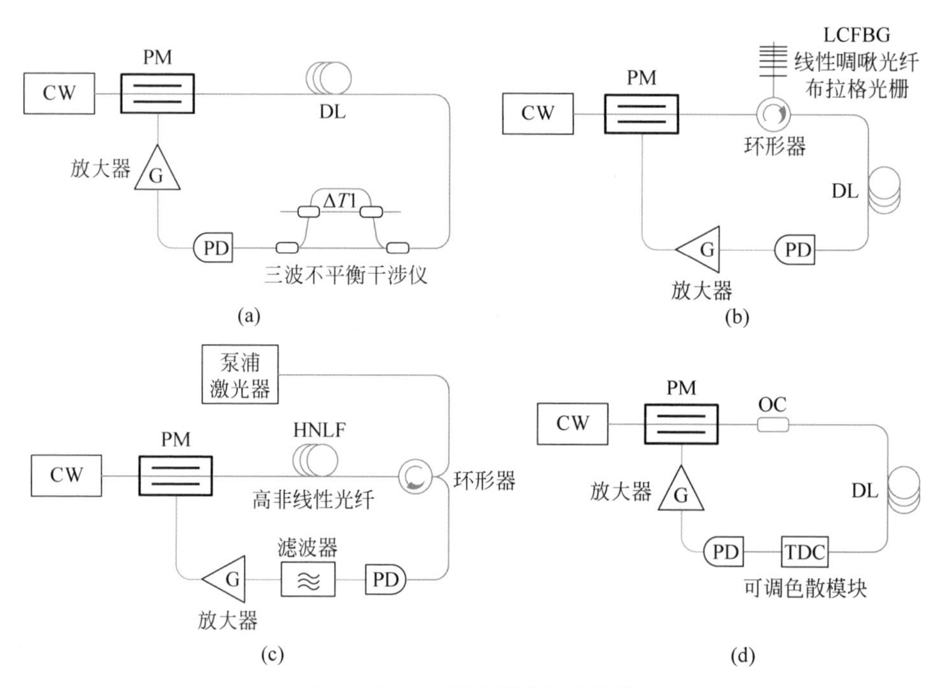

图 6.3.5 PM 光电振荡结构改进

(a) 三波不平衡干涉仪; (b) 线性啁啾光纤布拉格光栅(LCFBG); (c) 高非线性光纤(HNLF); (d) 可调色散模块(TDC); (e) 色散模块(DMD)+模数转换器

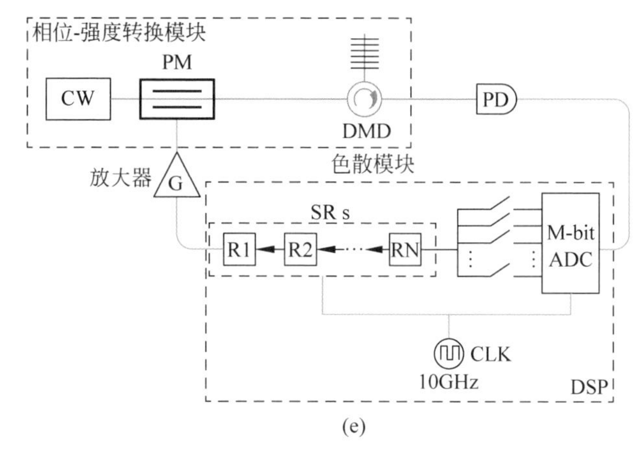

(e)

图 6.3.5 （续）

6.4 基于其他调制器的混沌光电振荡器

1. 基于 IQ 调制器的混沌光电振荡器

如图 6.4.1(a)所示，电光 IQ 调制器是由两个 MZM 构成的平行调制器，其响应函数为两个调制器相应的二元函数。因此，可以构建如图 6.4.1(c)所示的双环光电振荡器，两个光电反馈环的反馈延时可以略有不同。L. Larger 教授团队首次提出基于 IQ 调制器的光电振荡器，并实验研究了随着反馈强度增大其状态演化路径，产生了带宽 13GHz 的混沌信号，如图 6.4.1(d)所示(Nourine et al.，2011)。

如第 3 章所述，基于多个电逻辑门组成的自治布尔网络，是一类特殊混沌的产生方式，称为布尔混沌。在光学领域产生布尔混沌近年来开始受到关注，例如王云才教授团队提出利用两个自反馈环路的光逻辑门实现光学布尔混沌产生(Sang et al.，2020)。基于 IQ 调制器的光电振荡器为光学布尔混沌产生提供了另一种途径。2021 年，华中科技大学刘德明教授团队在基于 IQ 调制器的光电振荡系统中，通过设置调制器偏置电压来实现光电异或逻辑运算，产生了光学布尔混沌(Luo et al.，2021)，结构如图 6.4.1(c)所示一致。如图 6.4.2(a)所示，混沌频谱的 10dB 带宽可达 29GHz，最大李雅普诺夫指数为 0.135ns^{-1}。混沌振荡的反馈时延特征也较弱，如图图 6.4.2(b)所示，系统双环的反馈延时参数一致，故在自相关曲线中只观察到一个时延特征峰的存在。

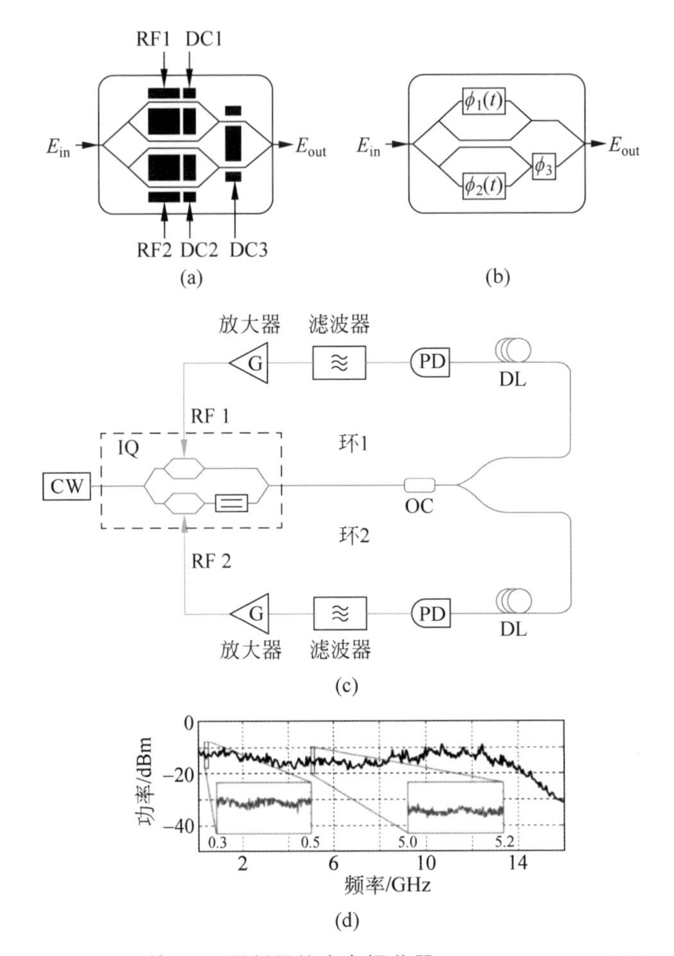

图 6.4.1 基于 IQ 调制器的光电振荡器(Nourine et al.,2011)

(a) IQ 调制器结构;(b) 四波干涉仪物理模型;(c) 基于 IQ 调制器的光电振荡器结构图;(d) 混沌信号频谱图

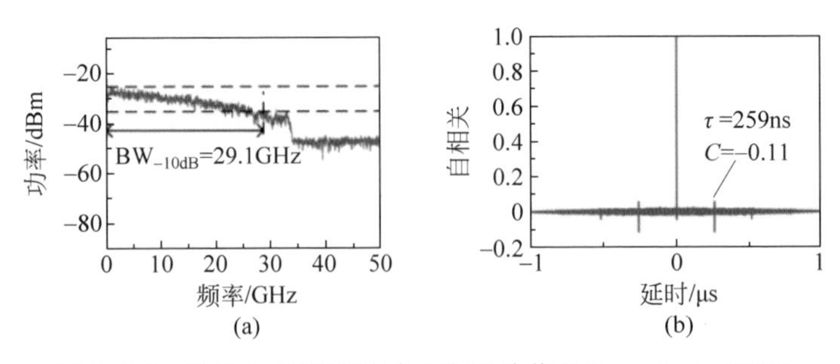

图 6.4.2 基于 IQ 调制器光电布尔混沌信号(Luo et al.,2021)

(a) 频谱;(b) 反馈时延特征

2. 基于偏振调制器的混沌光电振荡器

2013年，中国科学院半导体研究所刘建国教授团队提出使用偏振调制器构建非线性光电振荡器，其结构如图6.4.3所示（Zheng et al.，2013）。将激光源的线性偏振光输入到偏振调制器（PolM）中，输出光的偏振状态根据施加到PolM上的电压进行调制。偏振分束器PBS、光纤延迟线ODL、偏振耦合器PBC、组成的结构实现偏振到强度（PolM-to-IM）的转换。光强度信号经延时线、光电探测器、滤波、放大之后，作为PolM的射频输入，实现光电延时反馈。当反馈强度足够大时，该系统可以产生宽带混沌振荡，且频谱形状满足联邦通信委员会（FCC）规定的超宽带信号频谱标准。

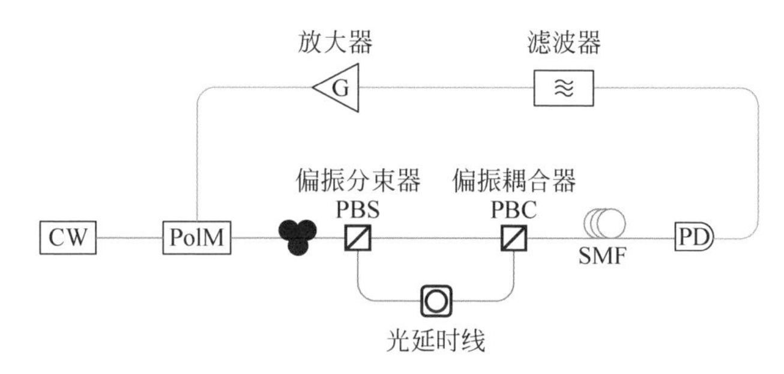

图6.4.3　基于偏振调制器的双环非线性光电振荡系统（Zheng et al.，2013）

3. 基于硅调制器的混沌光电振荡器

目前混沌光电振荡器主要是采用体材料铌酸锂（$LiNbO_3$）调制器。随着硅基光电子器件的发展，硅基电光调制器也被用于混沌OEO。2016年，中国科学院半导体所研究了基于硅MZM光电振荡系统（Zhang et al.，2016；Tian et al.，2018）。硅中的等离子体色散效应导致非线性调制传递函数是非对称的，可以观察到周期振荡状态、虚拟嵌合态（virtual chimera state）、混沌状态，分别如图6.4.4(a)～(d)所示。嵌合态表现为多种不同动力学状态的共存，例如周期和混沌。基于硅调制器生成的混沌波形虽复杂度得到提升，但带宽仅为百兆赫兹。

4. 基于激光器和调制器的混合非线性光电振荡系统

如第5章所述，半导体激光器本身也是一种非线性有源器件，因此将激光器与OEO相结合，有望提高混沌复杂度。如图6.4.5(a)所示，将激光器光电反馈与OEO组合，构成混合非线性的光电反馈系统，可以在更宽的反馈强度范围内产生混沌振荡（Nguimdo et al.，2010）。此外，将半导体激光器光反馈与OEO组合，可以抑制反馈时延特征（Elsonbaty et al.，2018）。

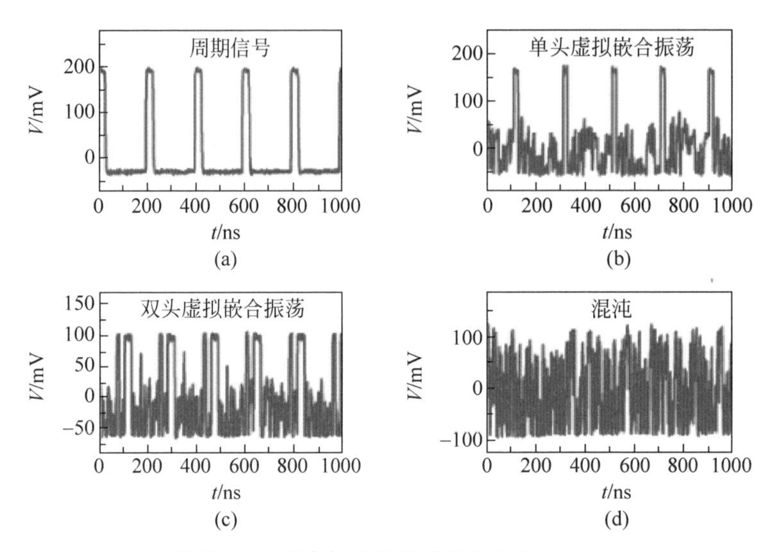

图 6.4.4 硅基 MZM 光电振荡器的动态行为(Zhang et al.,2016)

(a) 周期状态；(b) 单头虚拟嵌合振荡(One-headed virtual chimera state)；(c) 双头虚拟嵌合振荡(Two-headed virtual chimera state)；(d) 混沌

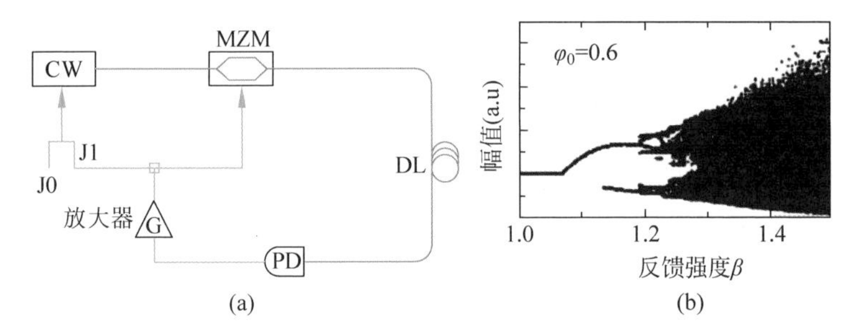

图 6.4.5 半导体激光器光电反馈与 OEO 的混合系统(Nguimdo et al.,2010)

(a) 结构图；(b) 分岔图

参考文献

CALLAN K E, ILLING L, GAO Z, et al, 2010. Broadband chaos generated by an optoelectronic oscillator[J]. Physical Review Letters, 104(11): 113901.

CHENG M F, DENG L, GAO X J, et al, 2015. Security-enhanced OFDM-PON using hybrid chaotic system[J]. IEEE Photonics Technology Letters, 27(3): 326-329.

CHENG M F, LIU D M, LUO C K, et al, 2018. An electrooptic chaotic system based on a hybrid feedback loop[J]. Journal of Lightwave Technology, 36(19): 4259-4266.

COHEN A B, RAVOORI B, MURPHY T E, et al, 2008. Using synchronization for prediction of high-dimensional chaotic dynamics[J]. Physical Review Letters, 101(15): 154102.

ELSONBATY A, HEGAZY S F, OBAYYA S S A, 2018. Simultaneous concealment of time delay signature in chaotic nanolaser with hybrid feedback[J]. Optics and Lasers in Engineering, 107: 342-351.

FABIAN B, SAHAKIAN S, DOOMS A, et al, 2020. Stable high-speed encryption key distribution via synchronization of chaotic optoelectronic oscillators[J]. Physical Review Applied, 13(6): 064014: 1-10.

FENG C G, LI S S, LI J W, et al, 2023. Numerical and experimental investigation of a dispersive optoelectronic oscillator for chaotic time-delay signature suppression[J]. Optics Express, 31(8): 13073-13083.

GE Z T, XIAO Y, HAO T F, et al, 2021. Tb/s fast random bit generation based on a broadband random optoelectronic oscillator [J]. IEEE Photonics Technology Letters, 33 (22): 1223-1226.

GENIN E, LARGER L, GOEDGEBUER J P, et al, 2004. Chaotic oscillations of the optical phase for multigigahertz-bandwidth secure communications [J]. IEEE Journal of Quantum Electronics, 40(3): 294-298.

GIBBS H M, HOPF F A, KAPLAN D L, et al, 1981. Observation of chaos in optical bistability [J]. Physical Review Letters, 46(7): 474-477.

GOEDGEBUER J P, L LARGER, H PORTE, et al, 1998. Chaos in wavelength with a feedback tunable laser diode[J]. Physical Review E, 57(3): 2795-2798.

GOEDGEBUER J P, P LEVY, L LARGER, et al, 2002. Optical communication with synchronized hyperchaos generated electrooptically[J]. IEEE Journal of Quantum Electronics, 38(9): 1178-1183.

HART J D, Y ZHANG, R ROY, et al, 2019. Topological control of synchronization patterns: Trading symmetry for stability[J]. Physical Review Letters, 122(5): 058301.

HOU T T, YI L L, YANG X L, et al, 2016. Maximizing the security of chaotic optical communications[J]. Optics Express, 24(20): 23439-23449.

HUANG Y, YAO J P, 2020. Time-delay signature suppressed microwave chaotic signal generation based on an optoelectronic oscillator incorporating a randomly sampled fiber Bragg grating[C]. Matsue, Japan: International Topical Meeting on Microwave Photonics, IEEE.

IKEDA K, 1979. Multiple-valued stationary state and its instability of the transmitted light by a ring cavity system[J]. Optics Communications, 30(2): 257-261.

IKEDA K, DAIDO H, AKIMOTO O, 1980. Optical turbulence: chaotic behavior of transmitted light from a ring cavity[J]. Physical Review Letters, 45(9): 709-712.

KAMAHA J S D, TALLA MBÉ J H, WOAFO P, 2020. Routes to chaos and characterization of limit-cycle oscillations in wideband time-delayed optoelectronic oscillators with nonlinear filters[J]. Journal of the Optical Society of America B, 37(11): A75-A82.

KE J X, YI L L, YANG Z, et al, 2019. 32Gb/s chaotic optical communications by deep-learning-based chaos synchronization[J]. Optics Letters, 44(23): 5776-5779.

KOUOMOU Y C, P COLET, L LARGER, et al, 2005. Chaotic breathers in delayed electro-optical systems[J]. Physical Review Letters, 95(20): 203903.

LARGER L, J P GOEDGEBUER, J M MEROLLA, 1998. Chaotic oscillator in wavelength: A new setup for investigating differential difference equations describing nonlinear dynamics [J]. IEEE Journal of Quantum Electronics, 34(4): 594-601.

LARGER L, PIERRE-AMBROISE L, STÉPHANE P, et al, 2005. From flow to map in an experimental high-dimensional electro-optic nonlinear delay oscillator[J]. Physical Review Letters, 95(4): 043903.

LAVROV R, PEIL M, JACQUOT M, et al, 2009. Electro-optic delay oscillator with nonlocal nonlinearity: optical phase dynamics, chaos, and synchronization[J]. Physical Review E, 80(2): 026207.

LI K, WANG A B, ZHAO T, et al, 2013. Analysis of delay time signature in broadband chaos generated by an optoelectronic oscillator[J]. Acta Physica Sinica, 62(14): 144207.

LUO H W, CHENG M F, HUANG C M, et al, 2021. Experimental demonstration of a broadband optoelectronic chaos system based on highly nonlinear configuration of IQ modulator[J]. Optics Letters, 46(18): 4654-4657.

MÁRQUEZ B A, SUÁREZ-VARGAS J J, RAMREZ J A, 2014. Polynomial law for controlling the generation of N-scroll chaotic attractors in an optoelectronic delayed oscillator[J]. Chaos: An Interdisciplinary Journal of Nonlinear Science, 24(3): 033123.

MEENWOOK H, CHEMBO Y K, 2021. Nonlinear dynamics of continuously tunable optoelectronic oscillators based on stimulated brillouin amplification[J]. Optics Express, 29(10): 14630-14648.

NEYER A, E VOGES, 1982. Dynamics of electrooptic bistable devices with delayed feedback[J]. IEEE Journal of Quantum Electronics, 18(12): 2009-2015.

NGUIMDO R M, COLET P, MIRASSO C, 2010. Electro-optic delay devices with double feedback [J]. IEEE Journal of Quantum Electronics, 46(10): 1436-1443.

NGUIMDO R M, COLET P, Larger L, et al, 2011. Digital Key for Chaos Communication Performing Time Delay Concealment[J]. Physical Review Letters, 107(3): 034103.

NGUIMDO R M, COLET P, 2012. Electro-optic phase chaos systems with an internal variable and a digital key[J]. Optics Express, 20(23): 25333.

NOURINE M, CHEMBO Y K, LARGER L, 2011. Wideband chaos generation using a delayed oscillator and a two-dimensional nonlinearity induced by a quadrature phase-shift-keying electro-optic modulator[J]. Optics Letters, 36(15): 2833-2835.

ODEN J, LAVROV R, CHEMBO Y K, et al, 2017. Multi-Gbit/s optical phase chaos communications using a time-delayed optoelectronic oscillator with a three-wave interferometer nonlinearity[J]. Chaos: An Interdisciplinary Journal of Nonlinear Science, 27(11): 114311.

OKADA M, TAKIZAWA K, 1981. Instability of an electrooptic bistable device with a delayed feedback[J]. IEEE Journal of Quantum Electronics, 17(10): 2135-2140.

ROMEIRA B, KONG F Q, LI W Z, et al, 2014. Broadband chaotic signals and breather oscillations in an optoelectronic oscillator incorporating a microwave photonic filter[J]. Journal of Lightwave Technology, 32(20): 3933-3942.

ROSIN D P, K E CALLAN, D J GAUTHIER, et al, 2011. Pulse-train solutions and excitability in an optoelectronic oscillator[J]. Europhysics Letters, 96(3): 34001.

SANG L X, ZHANG J G, ZHAO T, et al, 2020. Optical Boolean chaos[J]. Optics Express, 28(20), 29296-29305.

SUAREZ-VARGAS J J, MÁRQUEZ B A, GONZALEZ J A, 2012. Highly complex optical signal generation using electro-optical systems with non-linear, non-invertible transmission functions[J]. Applied Physics Letters, 101(7): 071115.

TALLA MBÉ J H, TALLA A F, GOUNE CHENGUI G R, et al, 2015. Mixed-mode oscillations in slow-fast delayed optoelectronic systems[J]. Physical Review E, 91(1): 012902.

TALLA MBE J H, KAMAHA J S D, CHEMBO Y K, et al, 2019. Dynamics of wideband time-delayed optoelectronic oscillators with nonlinear filters [J]. IEEE Journal of Quantum Electronics, 55(4): 1-6.

TALLA MBE J H, ATCHOFFO W N, TCHITNGA R, et al, 2021. Dynamics of time-delayed optoelectronic oscillators with nonlinear amplifiers and its potential application to random numbers generation[J]. IEEE Journal of Quantum Electronics, 57(5): 1-7.

TIAN W J, ZHANG L, DING J F, et al, 2018. Ultrafast physical random bit generation from a chaotic oscillator with a silicon modulator[J]. Optics Letters, 43(19): 4839-4842.

UDALTSOV V S, GOEDGEBUER J P, LARGER L, et al, 2001. Dynamics of non-linear feedback systems with short time-delays[J]. Optics Communications, 195(1-4): 187-196.

VALL'EE R, C DELISLE, 1985. Mode description of the dynamical evolution of an acousto-optic bistable device[J]. IEEE Journal of Quantum Electronics, 21(9): 1423-1428.

WEICKER L, T ERNEUX, O D'HUYS, et al, 2012. Strongly asymmetric square waves in a time-delayed system[J]. Physical Review E, 86(5): 055201.

XIONG Y Z, ZHANG Z Z, LI Y, et al, 2020. Experimental parameters, combined dynamics, and nonlinearity of a magnonic-opto-electronic oscillator (MOEO) [J]. Review of Scientific Instruments, 91(12): 125105.

XUE C P, WAN H D, GU P, et al, 2022. Ultrafast secure key distribution based on random DNA coding and electro-optic chaos synchronization[J]. IEEE Journal of Quantum Electronics, 58(1): 1-8.

YI L L, KE J X, XIA G Q, et al, 2018. Phase chaos generation and security enhancement by introducing fine-controllable dispersion[J]. Journal of Optics, 20(2): 024004.

ZHANG LEI, DING J F, YANG L, et al, 2016. Complexity in nonlinear delayed feedback oscillator with silicon Mach-Zehnder modulator [C]. Shanghai, China: 2016 IEEE 13th International Conference on Group IV Photonics(GFP): 84-85.

ZHAO A K, JIANG N, CHANG C C, et al, 2020. Generation and synchronization of wideband chaos in semiconductor lasers subject to constant-amplitude self-phase-modulated optical injection[J]. Optics Express, 28(9): 13292-13298.

ZHENG J Y, ZHU N H, WANG L X, et al, 2013. Spectral sculpting of chaotic-uwb signals using a dual-loop optoelectronic oscillator [J]. IEEE Photonics Technology Letters, 25 (24): 2397-2400.

ZHU X H, CHENG M F, DENG L, et al, 2017. An optically coupled electro-optic chaos system with suppressed time-delay signature[J]. IEEE Photonics Journal, 9(3): 1-9.

第7章

混沌激光的量子统计特性

7.1 引言

混沌激光由于其宽带和随机性，在高速保密通信及传感测量领域具有重要的应用。目前，混沌激光已被广泛用于高速光纤通信、混沌传感、混沌密钥分发、实时物理随机数生成等多个领域的研究中。在面向上述应用领域的研究中，混沌熵源的精确表征及随机性的度量始终是研究的热点问题。

以往对于混沌激光的研究主要是从宏观层面——光场的动力学特性来表征和度量其随机性、复杂度，例如混沌光场的分岔图、自相关函数以及宏观的强度统计、排序熵等方法。但在研究及应用中发现，理论与实验上的强度统计分布存在较大偏差，混沌光场与其他噪声光场难以区分判别，并且对于混沌激光随机性的起源也仍需探明。随着光子探测技术的快速发展，单光子探测作为一种超高灵敏的光学测量技术，已经迅速发展并应用到精密测量和保密通信等领域中。光子统计测量可为混沌激光表征与随机性研究提供一个度量和探究的新视角，有望利用量子统计精确度量混沌激光的特性，并进一步分析研究其随机性。光场的微观量子统计研究主要包括光子统计分布以及更高阶相干度测量等。混沌激光的量子统计特性对系统的外部控制参数更加敏感，分析混沌光场的光子统计分布可以在微观量子层面研究不同实验条件下，混沌光场分布特性和随机性，为度量和提取混沌光场的随机性提供依据。光场的二阶相干度不仅可以反映光子的群聚效应，还可以区分和判别相干与非相干等不同的光场，准确获得光场随机起伏的信息，目前基于Hanbury Brown-Twiss(HBT)方案分析二阶相干度的方法已被广泛应用于空间干涉、高效单光子探测、时空鬼成像等研究中。在利用 HBT 方案测量光场的更高阶相干度时，还需综合考虑系统效率、背景噪声、分辨时间、入射光子数等因素对测量结果的影响，从而准确测量得到光场的高阶相干度及光子分布特性。

本章针对上述内容在混沌激光量子特性理论分析、光场判别、光子数分布测量、高阶相干度分析测量等方面进行介绍，该理论分析和实验方法可精确度量不同状态的混沌激光，探究混沌激光从微观量子噪声到宏观动力学特性的过渡，为高质量混沌熵源的制备及实时表征提供支持，在高速保密通信与精密测量等领域发挥重要作用。

7.1.1　光场的量子统计

理想光场可用一个封闭在光学腔内或是全反射腔内的电磁场表示。在经典和量子理论中，腔内电磁场的驻波空间变化是相同的，但每一模态的时间依赖性分别由经典和量子谐振子方程控制。每个光子在腔内的空间分布差不多是均匀的，与模函数复场振幅的平方模量成正比。在大多数开放系统中，离散空间模式之间的频率间隔比光束的任何其他特征频率都要小得多。典型的量子光学实验产生由空间波包描述的单光子或双光子激发，具有一定的局域性。解释什么是单个“光子”不再那么简单直接了，因为系统的激励水平依然由具有整体本征值的算符表示，但是单光子波包的平均能量为$\hbar$乘以频率分量的平均值。可是单光子态具有重要且独特的性质，即它在光电探测器的电离过程中仅能产生单个电流脉冲。因此该概念可作为光子探测方面实用性的定义，并提供了一种对量子态本质的定性描述。

光子统计和相关性是表征光源量子统计的关键和基础。光子间存在时间的相关性，可表征其发射机制。例如，从非相干源发出的光子往往以群聚的形式被探测到。20 世纪 50 年代，Hanbury-Brown 和 Twiss(HBT)在开创性的实验中观察到了这种有趣的光子聚束行为(Brown et al.，1994)。自此，HBT 关联测量技术被广泛应用于研究光子的时空相干性，但受限于探测带宽，无法实现对相干时间极短的热光源的光子聚束效应观测。随着单光子探测技术的发展，发现双光子吸收(two-photon absorption，TPA)可以在更短的时间尺度内测量光子的时间相干性，2009 年 E. Rosencher 等首次利用 TPA 技术及 GaAs 单光子计数模块完成了对热光场时间相干性的探测。随后在 2011 年 F. Boitier 等利用 TPA 单光子探测技术测量非经典光场时，发现强于普通热光源的超强聚束效应。同年 Ferdinand Albert 等将 HBT 关联测量应用于探测光反馈的量子点混沌激光，证实混沌光场中的光子聚束效应(Albert et al.，2011)。

Glauber 在 20 世纪 60 年代提出有关光场相干性的理论并用于激光场的高阶相干性描述(Glauber，1963)，这一开创性的理论为激光的产生与应用奠定了坚实的基础，给出了激光（相干光）高阶相干性的定义，即 $g^{(n)}(\tau)=1$。光场的研究从此前的一阶光子关联过渡到高阶的关联，随着研究的深入，人们发现光场的一阶关联并不能提供光场统计性质的全部信息（郭光灿，1987）。利用 HBT 实验测量到的二阶相干函数描述的是两个时空点光场强度关联，即所含场变量幂级数为 4 的相关函数，它是场量的一种高阶关联，可以用来更全面地分析如热光场、单光子源等光场的特性及其高阶时空相干性。二阶相干函数中包含光子发射本质及动力学演化信息，加深了人们对光场相干性的认识。后来在很多实验中观察到了二阶相干效应并将其进行应用，如用来测量赝热光场的光子聚束（Arecchi，1965），表征光场的非经典性（Kimble et al.，1983）等。单光子探测技术的迅速发展，作为目前最灵敏的光学探测方法，已经广泛应用于量子信息（Hadfield，2007）及精密测量（Banaszek et al.，2009）等领域。自然界中的光场，其振动方向、振幅、相位及强度均伴随着一定的涨落。光场一阶相干就是用经典的波动理论研究这些涨落之间的相关性（郭光灿，1987）。即一阶相干能描述光场相位的变化而不能充分提取光场的量子信息，但是利用二阶相干函数 $g^{(2)}(\tau)$ 可以完善光场信息。在这点上，$g^{(2)}(\tau)$ 与一阶相干函数存在本质区别。随着对二阶相干函数认识的深入，人们可以用它对不同光场进行区分并从中获得关于光场的量子统计特性信息。如 $g^{(2)}(0)>1$ 对应于玻色-爱因斯坦（Bose-Einstein）分布，为非相干或混沌光场；而 $g^{(2)}(0)=1$ 对应于泊松（Poisson）分布，为相干光或稳定光场；$g^{(2)}(0)<1$ 对应于亚泊松（sub-Poisson）分布，为单光子源（Davidovich，1996）。利用 HBT 方案与单光子结合探测光场二阶相干特性能够促进光场在空间干涉（Schultheiss et al.，2016）、鬼成像（Ryczkowski et al.，2016）、方位角 HBT 效应（Magaña-Loaiza et al.，2015）、单光子源非经典性（Guo et al.，2012）等研究。对于混沌光场二阶相干性的探测研究，现已应用于全画幅高清成像（Redding et al.，2012）和纳米光子学（Hayenga et al.，2016）等领域。随着混沌激光应用的不断推广，在量子水平上研究混沌激光统计特性变得愈发迫切并成为一个研究热点，从而对混沌激光本质特性的认识及在保密通信、测量及成像质量的提高等方面变得更加重要。

7.1.2 光子的聚束效应

光场中光子分布在时间上的强度起伏可以通过二阶相干度来描述，将在 7.2 节具体介绍。光场的聚束效应，如体现在光子数分布上为同一时间群聚到达，这个效应实际上就是如图 7.1.1 所示的光场强度起伏的经典描述在量子理论中的体现（郭光灿，1988）。在经典描述中，瞬时光强随时间无规律起伏，其中高强度的起伏到达光电管时将产生密集的光子计数，而当处于低点的瞬时强度到达时，光电管将产生很少的光子计数。图 7.1.2(a)是热光场的光子计数在时间上的分布，由图可见，热光场中光子在时间上的分布趋于成对出现，光子的这种群聚效应与相干时间 τ_{coh} 相关，并在相干时间 τ_{coh} 内体现。另外，光子聚束效应可间接反映光场的相干时间长短。因此，这种时间域的强度起伏关联测量就发展为一种精确测量光场相干时间的技术方法，俗称光子关联光谱学。该技术弥补了传统光谱学方法在窄线宽范围内测量的不足。这种光电计数测量方法在化学、生物、医学、流体力学等领域已获得广泛应用。

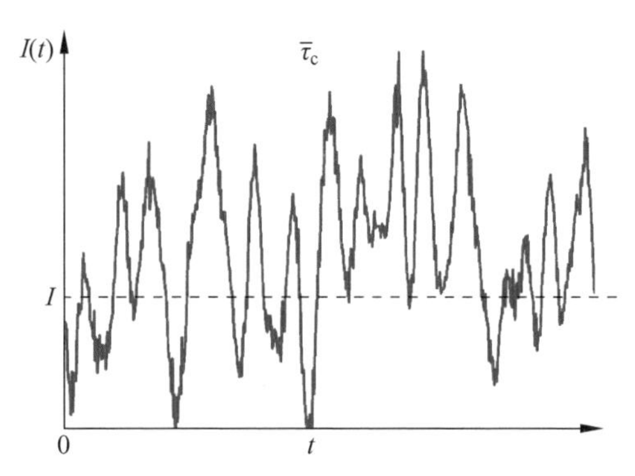

图 7.1.1　混沌光场的(周期平均)瞬时光强随时间的变化

但光子聚束现象并不是所有光场的普遍特征，相干光就不具有聚束效应，其光子数分布在经典理论中没有呈现强度起伏，在量子理论中光子的分布并没有群聚出现，其光子数分布是具有时间间隔的随机分布形式，如图 7.1.2(b)所示。如图 7.1.2(c)所示的光场对应反聚束效应，单个原子光场的反聚束效应直接反映了光场的非经典性，从根本上描述了单光子态与其他经典光场的区别。

图 7.1.2 中对单光子态、相干态以及热态光子数的统计分布做了一个简单的示意，可以看到单光子态呈现出反聚束效应(Paul，1982)，光子呈现出一个离散的分布；相干态呈现出泊松分布；而热态呈现出聚束效应，即有更大的概率出现多光子同一时间到达。

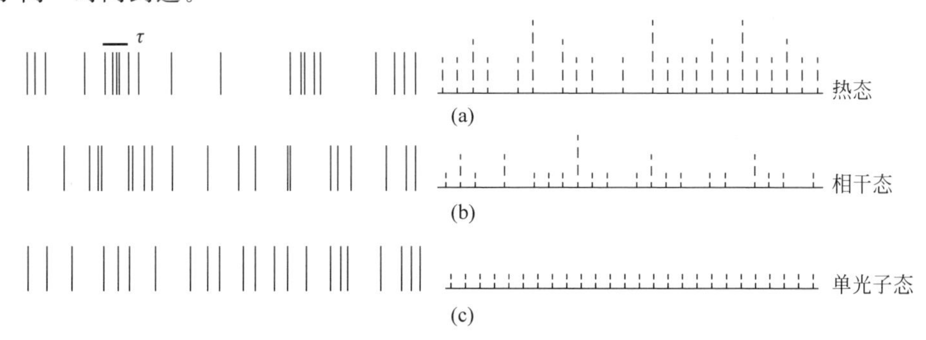

图 7.1.2　不同光场光子的时间分布图

(a) 聚束；(b) 随机；(c) 反聚束

7.2 混沌激光的光子统计分布

7.2.1 单光子计数

对光场非经典现象物理本质的研究是量子光学的重要研究方向之一。在量子光学中，密度算符可以完全描述一个光场量子态。通过对量子态密度算符的重构和实验测量，可以得到关于光场量子态的信息，从中能够掌握光场量子态的不同特性。通过不同量子态的测量方法，可从不同的方面反映光场的性质。如通过关联测量能够得到光场的高阶相干度，通过光子计数方法可以测得光场的光子数分布，通过零拍探测技术能够获得光场的振幅(位相)信息，等等。根据实验系统和探测方式的不同，这些测量方法又分为连续和离散两种过程。在连续测量中探测器将光强转为光电流，而离散测量中探测器是在光子水平上对光子进行计数，此时探测器将探测到的光子转换为相应的电脉冲输出。

现代技术的发展使单光子探测手段得到了快速发展。使用效率较高的“数字化”单光子计数模块(single-photon-counting module，SPCM)进行光子计数探测，这是因为相比传统的PMT，SPCM在近红外波段具有量子效率高、暗计数低、稳定性好等优点，现已被广泛应用于科学研究和高灵敏测量领域。如图7.2.1(a)所示，单光子计数模块是由PerkinElmer Optoelectronics公司生产的高灵敏探测器。人们通常也称它为On/Off探测器，因为其不能在死时间内响应多个光子，是一种工作在盖革(Geiger)模式下的雪崩二极管(图7.2.1(b))，波长响应范围为400～1060nm，有效感应区的直径为170μm，在852nm处的量子效率约为50%，650nm处的峰值探测效率大于65%，暗计数小于50counts/s，死时间约为50ns，最大计数率约为10M counts/s。通常情况下，人们利用这种SPCM测量弱光及单光子态的光场，光子计数较低，测量过程中获得的多光子概率很小；利用多SPCM探测器的组合可以克服其光子计数不可分辨和饱和光强很低的缺点，在一定程度上更加准确地反映光场的性质及其他非经典统计特性(龙桂鲁 等，2011)。

7.2.2 混沌激光的光子统计特性

光子统计特性及其非经典性的研究可以追溯到20世纪50年代(Brown，1956)，光子计数是使用量子技术模块来探测光场的光子概率分布。将一束光入射到单光子计数模块(SPCM)的Si-APD雪崩光电二极管(Avalanche Photodiodes)上，产生的电流脉冲经过外置整形电路后输出电脉冲信号，再通过电子设备连接到计数器统计脉冲个数。在探测光子时，预先设定单光子探测器的计数分辨时间T，

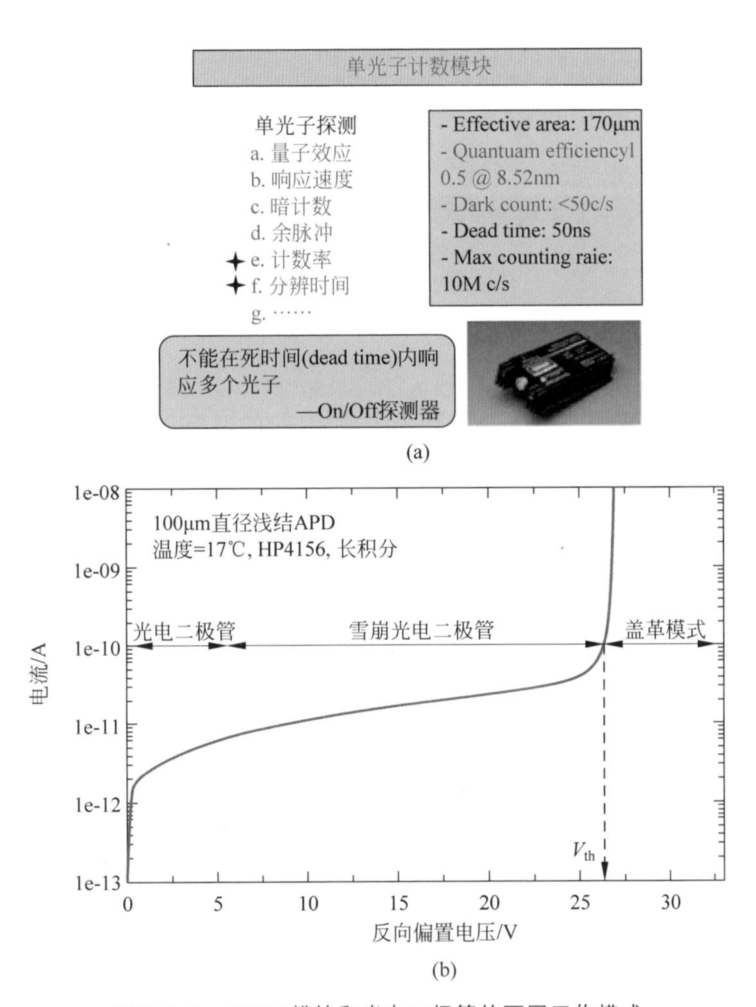

图 7.2.1 SPCM 模块和光电二极管的不同工作模式

则计数系统会在每个 T 时间内记到 $m(0\leqslant m<\infty)$ 个光子。如果测量过程经过足够的时间,则输出结果可以表示成在窗口时间 T 内有 m 个光子被计数的概率分布 P_m。

由于实际的单光子探测器量子效率有限,并且存在死时间的影响,所以在探测过程中的总效率不为1,即在计数分辨时间 T 内被探测到的光子数 m 总是小于这段时间内从光源激发出的光子数 n。光子数的统计分布 P_m 与待测光场本身的光子数分布 P_n 之间的关系可以描述为

$$P_m=\sum_{n=m}^{\infty}P_nC_n^m\eta^m(1-\eta)^{n-m} \tag{7.2.1}$$

式中,η 表示探测系统的总探测效率。式(7.2.1)称为伯努利分布方程,表示光场

中的 n 个光子中有 m 个被探测器探测和 $n-m$ 个未被探测的概率，且每个光子被探测到的概率是 η。因此在计数窗口时间 T 内，探测到的平均光子数 $\langle m\rangle$ 与光场平均光子数 $\langle n\rangle$ 之间的关系为

$$\langle m\rangle=\eta\langle n\rangle \tag{7.2.2}$$

在量子力学中，一个单模激光器的准单色场用相干态 $|\alpha\rangle$ 描述

$$|\alpha\rangle=\mathrm{e}^{-\frac{1}{2}|\alpha|^2}\sum_n\frac{\alpha^n}{\sqrt{n!}}|n\rangle \tag{7.2.3}$$

所以，激光的强度认为是

$$\langle I\rangle\sim\langle\hat{n}\rangle=\langle\alpha|\hat{\alpha}^{\dagger}\hat{\alpha}|\alpha\rangle=|\alpha|^2=\bar{n} \tag{7.2.4}$$

则激光光子数的测量概率分布是平均光子数为 $\langle n\rangle$ 的泊松分布：

$$P_n=|\langle n|\alpha\rangle|^2=\frac{|\alpha|^{2n}}{n!}\mathrm{e}^{-|\alpha|^2}=\frac{\langle n\rangle^n\mathrm{e}^{-\langle n\rangle}}{n!} \tag{7.2.5}$$

根据式(7.2.5)，对于三个不同的平均光子数 $\langle n\rangle$，其光子数概率分布如图 7.2.2 所示，随着 $\langle n\rangle$ 的增大，光子数概率分布逐渐由泊松分布变化为高斯分布。

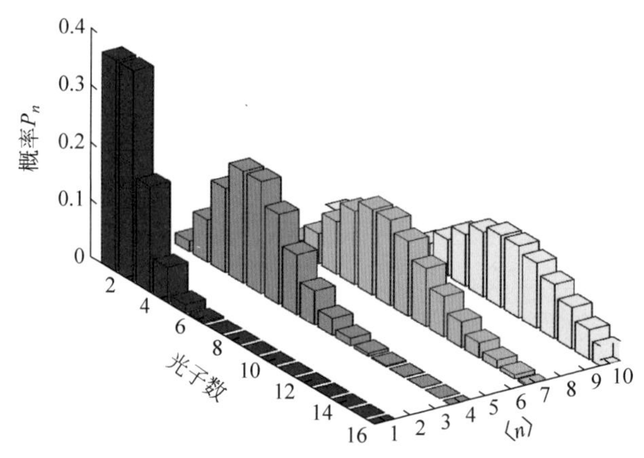

图 7.2.2　不同平均光子数下相干态光子数概率分布图

经过探测得到的光子计数分布也为泊松分布：

$$P_m=\frac{\langle m\rangle^m\mathrm{e}^{-\langle m\rangle}}{m!} \tag{7.2.6}$$

对于热光场，光子分布满足平均数为 $\langle n\rangle$ 的玻色-爱因斯坦分布

$$P_n=\frac{\langle n\rangle^n}{(1+\langle n\rangle)^{1+n}} \tag{7.2.7}$$

则对应的光子计数分布 P_m 为

$$P_m=\frac{\langle m\rangle^m}{(1+\langle m\rangle)^{1+m}} \tag{7.2.8}$$

光子数的方差可以表示为 $\Delta n^2=\langle n\rangle^2+\langle n\rangle$，观察周期 $t\ll\tau_{\text{coh}}$，对于 $\langle n\rangle\gg1$，第二项可以忽略不计。对于更大的光子数，$\frac{\Delta\langle n\rangle^2}{n^2}$ 趋于1，所以式(7.2.7)可以写成

$$P_n\approx\frac{1}{\langle n\rangle}\mathrm{e}^{-\frac{n}{\langle n\rangle}}\tag{7.2.9}$$

统计量变为泊松分布。

图7.2.3表示当入射平均光子数 $\langle n\rangle=\sum_{n=0}^{\infty}nP_n=2.5$ 时，服从高斯随机变量分布、泊松分布、玻色-爱因斯坦分布的光子数统计分布曲线。

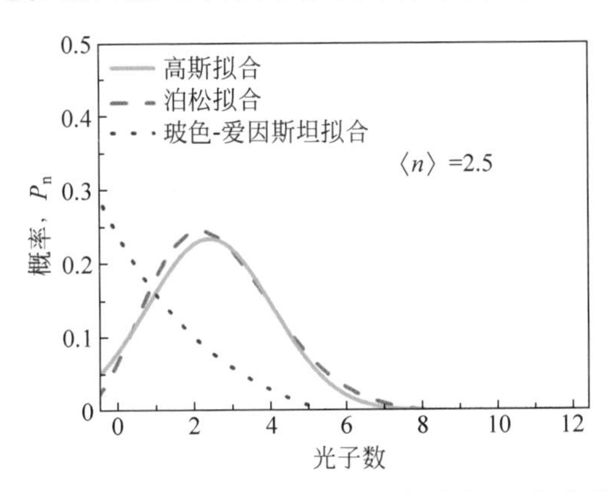

图7.2.3　平均光子数 $\langle n\rangle=2.5$ 时，服从高斯随机分布(蓝色实线)、泊松分布(绿色点线)、玻色-爱因斯坦分布的(黑色短划线)光子统计分布曲线

下面理论分析光反馈半导体激光器产生的混沌激光的光子统计特性。为便于叙述，图7.2.4回顾了所研究的光反馈DFB激光器的装置图，光反馈由光纤反馈环提供。理论上，可用Lang-Kobayashi速率方程(式(5.2.5)～式(5.2.7))近似描述该系统的动力学行为。

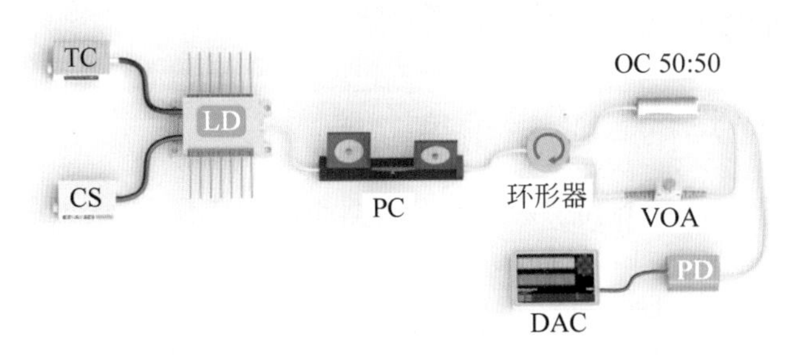

图7.2.4　光反馈混沌激光产生原理

利用 Long-Kobayashi 方程产生光场强度及光子统计分布，得到混沌光场统计特性如图 7.2.5 所示。在偏置电流为 $1.25I_{th}$ 下，图(a)为反馈强度分别为 $\kappa=35ns^{-1}$，$\kappa=50ns^{-1}$ 和 $\kappa=65ns^{-1}$ 下混沌光场的输出光场强度时序图，图(b)为光子数概率统计分布及其理论拟合，图(b)蓝色实线和黑色虚线曲线分别是玻色-爱因斯坦分布和泊松分布。红色为混沌激光光子统计分布结果。从图 7.2.5 中可以发现随着反馈强度由 $\kappa=35ns^{-1}$ 到 $\kappa=65ns^{-1}$ 变化的过程中，光场的统计分布始终满足玻色-爱因斯坦分布并逐渐向泊松分布过渡，表明输出的混沌激光的热效应逐渐增强。

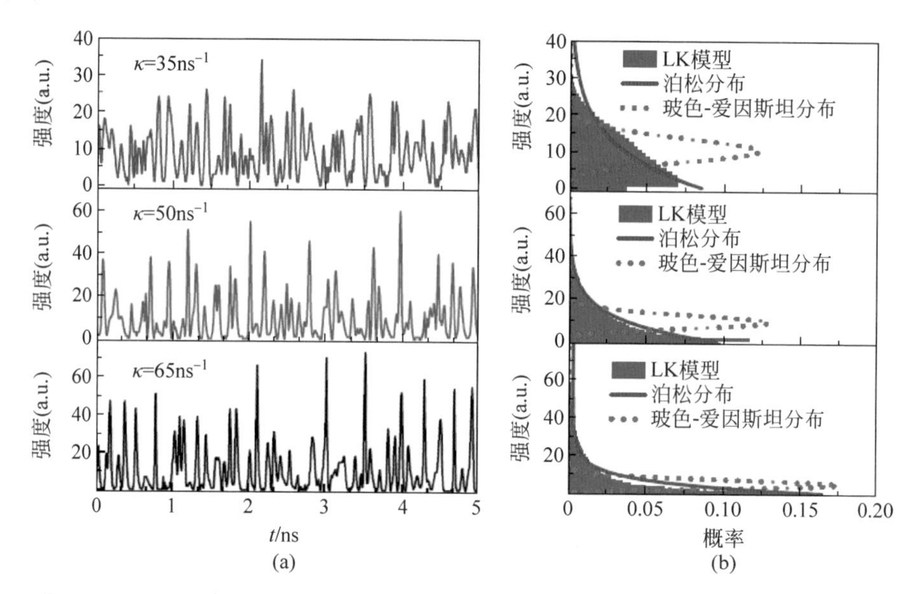

图 7.2.5 (a)三个不同反馈强度条件下的混沌光强时序，以及(b)混沌光场光子统计分布及理论拟合

7.3 混沌激光的二阶相干度

7.3.1 光场的二阶相干度

在传统光学中，光场的相干性指的是场的相位关联程度，这可由一阶相关函数来表示，其定义为(郭光灿，1988)

$$G(x_1,x_2)=\mathrm{tr}[\rho E^-(x_1)E^+(x_2)] \tag{7.3.1}$$

式中：x_1 和 x_2 表示两个不同的时空点；ρ 表示场的密度算符；E^- 为场的负频部分算符；E^+ 为正频部分算符；$G(x_1,x_2)$为一复数，包含 $E(x_1)$与 $E(x_2)$间的相位关联。

光场的高阶相关函数(郭光灿,1988):

$$G^{(n)}(x_1,\cdots,x_n,y_n,\cdots,y_1)=\mathrm{tr}[\rho E^-(x_1)\cdots E^-(x_n)E^+(y_n)\cdots E^+(y_1)] \tag{7.3.2}$$

对应于以上相关函数的定义,Glauber 引入如下的相干度:

$$g^{(n)}(x_1,\cdots,x_{2n})=\frac{G^{(n)}(x_1,\cdots,x_{2n})}{\sqrt{G^{(1)}(x_1,x_1)G^{(1)}(x_{2n},x_{2n})}} \tag{7.3.3}$$

如果对任何时空点集 $x_1\cdots x_{2n}$

$$|g^{(m)}(x_1,\cdots,x_{2n})|=1,\quad 1\leqslant m\leqslant n \tag{7.3.4}$$

成立,则按 Glauber 的定义,此光场为 m 阶相干场,此时

$$|G^{(m)}(x_1,\cdots,x_m,x_m,\cdots,x_1)|^2=G^{(1)}(x_1,x_1)\cdots G^{(1)}(x_m,x_m),\quad 1\leqslant m\leqslant n \tag{7.3.5}$$

即相干光场定义为所有相干度 $|g^{(m)}|=1$ 的光场。例如对于一阶相干的光场有 $|g^{(1)}(x_1,x_2)|=1$;而二阶相干的光场的定义就是一阶相干度和二阶相干度同时为 1 的光场,即 $|g^{(1)}(x_1,x_2)|=1$,$|g^{(2)}(x_1,x_2)|=1$。相干性是反映光场的强度起伏,相干性越好,场的噪声越小。显然,由于二阶相干度对光场的强度噪声附加了新的限制条件,所以二阶相干光场的噪声比一阶相干光场的噪声要小。

根据 Glauber 的定义,可以把二阶相干度写为(彭金生,1996)

$$g^{(2)}(x_1,x_2)=\frac{\mathrm{tr}[\rho E_1^-(x_1)E_2^-(x_2)E_2^+(x_2)E_1^+(x_1)]}{\mathrm{tr}[\rho E_1^-(x_1)E_1^+(x_1)]\ \mathrm{tr}[E_2^-(x_2)E_2^+(x_2)]} \tag{7.3.6}$$

$g^{(2)}(x_1,x_2)$反映了光场强度的关联程度,它可由 HBT 实验测量。如果研究的是单模光场强度的时间关联特性,则式(7.3.6)可以写为

$$g^{(2)}(\tau)=\frac{\langle a^+(0)a^+(\tau)a(\tau)a(0)\rangle}{\langle a^+a\rangle^2} \tag{7.3.7}$$

它表示在时间相差为 τ 时,空间某点 r 处光场的强度关联程度。

对于相干态,可得

$$g^{(2)}(\tau)=1 \tag{7.3.8}$$

热光场的相干度可作为应用量子相关函数理论的一个典型例子,下面详细讨论热光场的一阶相干度和二阶相干度。计算辐射场的相关函数关键在于要先确定场的密度算符。因此,原则上可以由定义计算出热光场的相关函数。

在单模热光场的情况下,场的密度算符在福克表象中可以表示为

$$\rho=\sum P_n|n\rangle\langle n|=1-\exp(-\hbar\omega/k_BT)|n\rangle\langle n| \tag{7.3.9}$$

或者

$$\begin{cases}\rho=\displaystyle\sum_n\frac{(\bar{n})^n}{(1+\bar{n})^{n+1}}|n\rangle\langle n|\\ \bar{n}=[\exp(\hbar\omega/k_BT)-1]^{-1}\end{cases} \tag{7.3.10}$$

两种定义是等效的。

对于多模的热光场，由于每个模彼此独立，其密度算符可以写为

$$\rho=\sum_{\{n_k\}}|\{n_k\}\rangle\langle\{n_k\}|\prod_k\frac{(\bar{n}_k)^{n_k}}{(1+\bar{n}_k)^{n_k+1}} \tag{7.3.11}$$

式中，n_k 是模为 k 的平均光子数，它与该模的频率 ω_k 有如下关系：

$$\bar{n}=[\exp(\hbar\omega_k/k_{\mathrm{B}}T)-1]^{-1} \tag{7.3.12}$$

单模热光场是一阶相干光。事实上可以证明，任何单模激发的光场都是一阶相干的。多模光场的一阶相干度应该由多模热光场的密度算符（式(7.3.6)）按照相干度的定义计算。可设光场的波矢 $\boldsymbol{k}$ 与坐标 z 轴平行，得出

$$g^{(1)}(\tau)=\frac{\sum_k\bar{n}_k\omega_k\exp(-\mathrm{i}\omega_k\tau)}{\sum_k\bar{n}_k\omega_k} \tag{7.3.13}$$

式中，$\bar{n}_k\omega_k$ 正比于频率 ω_k 处的光束光强。若要进一步推算 $g^{(1)}(\tau)$，需要给出光场的谱分布。

假设光源是均匀加宽的，光束具有洛伦兹谱线分布，于是

$$\bar{n}_k\omega_k\propto\frac{\gamma/\pi}{(\omega_0-\omega_k)^2+\gamma^2} \tag{7.3.14}$$

式中，ω_0 是谱线中心频率，γ 是线宽参数。对于连续谱的光场，式(7.3.13)中对 k 的求和应变换为积分

$$\int_0^{\infty}\frac{L}{\pi}\mathrm{d}k=\int_0^{\infty}\frac{L}{\pi c}\mathrm{d}\omega_k \tag{7.3.15}$$

式中，L 是光腔的长度。于是，洛伦兹谱线分布的热光场的一阶相干度为

$$g^{(1)}(\tau)=\int_0^{\infty}\frac{(\gamma/\pi)\exp(-\mathrm{i}\omega_k\tau)}{(\omega_0-\omega_k)^2+\gamma^2}\mathrm{d}\omega_k \tag{7.3.16}$$

若光束的线宽很窄，式(7.3.16)积分的下限可以变为$-\infty$，采用简单的围道积分可以得到

$$g^{(1)}(\tau)=\exp(-\mathrm{i}\omega_0\tau-\gamma|\tau|) \tag{7.3.17}$$

假定热光源是非均匀加宽的，其光束的谱分布函数是高斯线型函数，于是

$$\bar{n}_k\omega_k\propto(2\pi\delta^2)^{-1/2}\exp[-(\omega_k-\omega_0)^2/2\delta^2] \tag{7.3.18}$$

采用同样的方法可以得到

$$g^{(1)}(\tau)=\exp\left(-\mathrm{i}\omega_0\tau-\frac{1}{2}\delta^2\tau^2\right) \tag{7.3.19}$$

式中，δ 为高斯线型参数。图 7.3.1 对比了相干光（虚线）以及洛伦兹线型和高斯线型的热光场的一阶相干度。

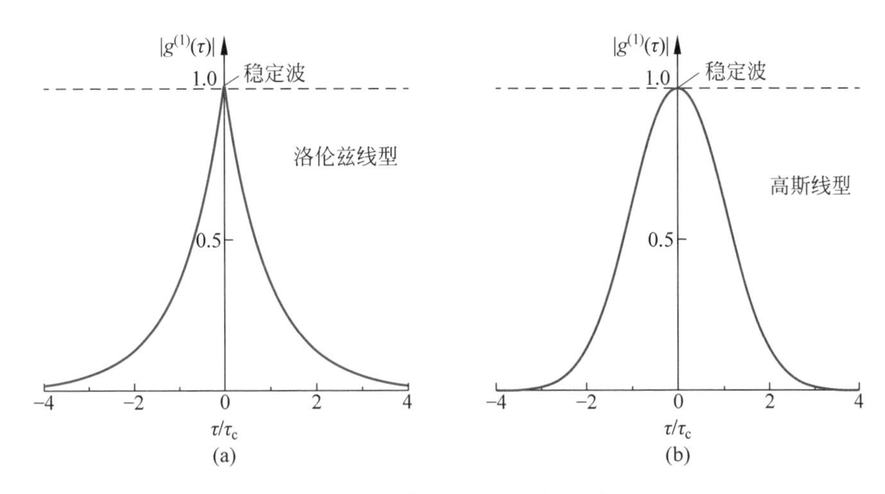

图 7.3.1 热光场的一阶相干度

(a) 洛伦兹线型；(b) 高斯线型

下面讨论热光场的二阶相干度。对于单模热光，可得

$$g^{(2)}(\tau)=2 \tag{7.3.20}$$

对于多模热光场，应用密度算符(式(7.3.9))以及二阶相干度的普遍定义式(7.3.6)，可以证明

$$g^{(2)}(\tau)=\frac{\left|\sum_k \bar{n}_k\omega_k\exp(-\mathrm{i}\omega_k\tau)\right|^2}{\left(\sum_k \bar{n}_k\omega_k\right)^2}+1=|g^{(1)}(\tau)|^2+1 \tag{7.3.21}$$

可见多模热光场的二阶相干度可以由其一阶相干度给出，或者反过来，由热光场的二阶相干度可以计算出一阶相干度，后者正是光子相关光谱学的基础。光子相关光谱学就是通过实测散射光的二阶相干度来求出包含于一阶相干度表示式中的某些物理量。

光场为高斯线型热光场时，二阶相干度可以写为

$$g^{(2)}(\tau)=1+\mathrm{e}^{-\delta^2\tau^2} \tag{7.3.22}$$

洛伦兹线型的热光场的二阶相干度为

$$g^{(2)}(\tau)=1+\mathrm{e}^{-2\gamma|\tau|} \tag{7.3.23}$$

式中，γ 和 δ 是对应热光场的线宽参数。

上述二阶相干度随延迟时间 τ 的变化如图 7.3.2 所示。

7.3.2 HBT 关联测量

Hanbruy-Brown-Twiss(HBT)实验的测量原理与典型装置如图 7.3.3 所示。

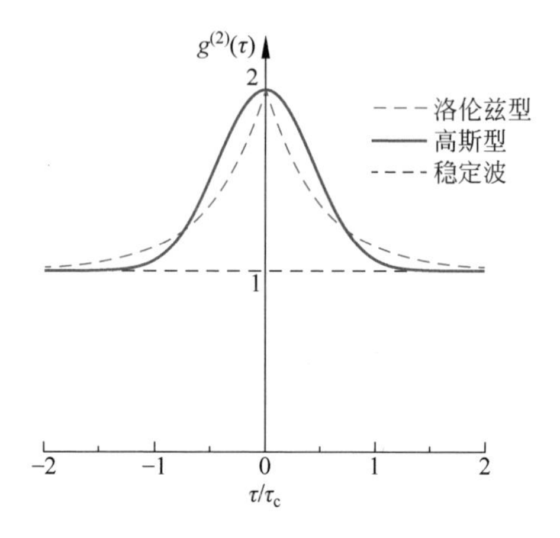

图 7.3.2 热光场的二阶相干度

两个单光子探测器 PD1、PD2 固定在与 50∶50 分束器相同距离处，同时保证进入两个探测器的平均光子数相等，测量装置中含有延迟器和符合计数卡，延迟时间为 τ，则其中一探测器在 t 时刻测量到光子，另一探测器在 $t+\tau$ 后又探测到光子，从而探测得到光场的时间关联条件下的二阶相干度。

通过分束器的光分为透射和反射两个模式，并且入射光子有相等的透射和反射概率，它们的产生和湮灭算符可以写成

$$\begin{cases} a^{+}=\dfrac{1}{\sqrt{2}}(a_{1}^{+}+a_{2}^{+}) \\ a=\dfrac{1}{\sqrt{2}}(a_{1}+a_{2}) \end{cases} \tag{7.3.24}$$

其中方程右边的算符可以产生和湮灭两个模式中的光子。具有 n 个入射光子的光场可以表示为

$$|n\rangle=\frac{1}{\sqrt{n!}}(a^{+})^{n}|0\rangle \tag{7.3.25}$$

式中，$|0\rangle$是所有各式模的真空态。两个探测器 PD1 探测到 n_1 个反射光子，PD2 探测到 n_2 个透射光子的概率，可以写成

$$P_{n_1,n_2}\equiv|\langle n_1,n_2|n\rangle|^{2}=\frac{n!}{n_1!n_2!2^{n}} \tag{7.3.26}$$

这个概率分布可以用来求两个模式光子的平均性质。两个探测器所记录的光子数$\langle n_1\rangle$和$\langle n_2\rangle$，分别由 $a_1^{+}a_1$ 和 $a_2^{+}a_2$ 的期望值给出。

$$\overline{n_1}=\langle n|a_1^{+}a_1|n\rangle=\frac{\langle 0|(a)^{n}a_1^{+}a_1(a^{+})^{n}|0\rangle}{n!} \tag{7.3.27}$$

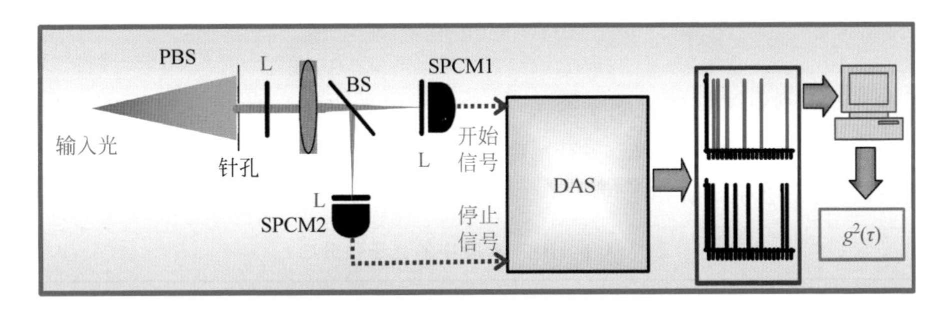

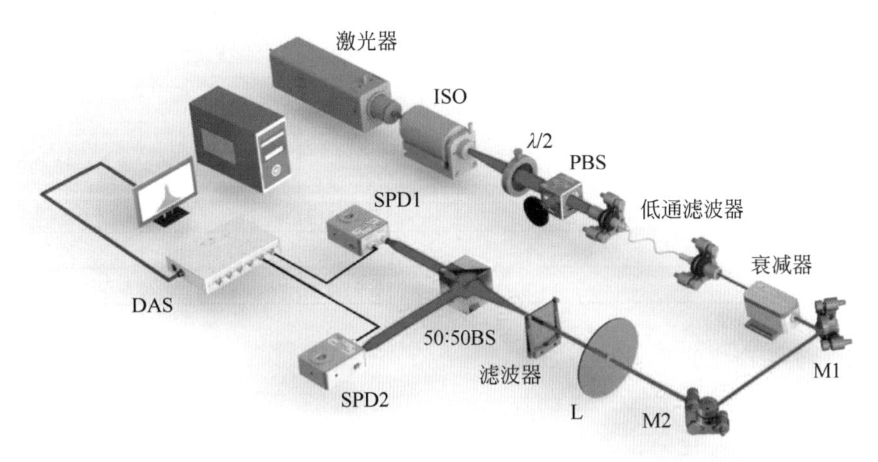

图 7.3.3　HBT 实验测量原理与典型装置图

上式通过代换，并利用产生算符和湮灭算符的通常性质，便容易推算出值为

$$\overline{n_1} = \frac{1}{2}n \tag{7.3.28}$$

相似地，有

$$\overline{n_2} = \langle n \mid a_2^+ a_2 \mid n \rangle = \frac{1}{2}n \tag{7.3.29}$$

它们的相关为

$$\langle a_1^+ a_2^+ a_2 a_1 \rangle \equiv \langle n_1 n_2 \rangle = \frac{1}{4}n(n-1) \tag{7.3.30}$$

$\langle n_1 n_2 \rangle$是方程左边产生算符和湮灭算符乘积的简化符号，它指出了该量作为两个探测器计数乘积的平均值的实验意义。式(7.3.30)就表明二阶相干度可以通过式(7.3.31)来计算。

$$g^{(2)}(\tau) = \frac{\langle n_1 n_2 \rangle}{\langle n_1 \rangle \langle n_2 \rangle} \tag{7.3.31}$$

对光子数态的入射光束可以得出量子结果

$$g^{(2)}(\tau)=(n-1)/n, \quad 当 n \geqslant 2$$
$$=0, \quad 当 n=0 或 1 \tag{7.3.32}$$

表7.3.1列出了在入射光子数 n 很小时光场的光子计数分布和二阶相干度。其中分别给出了入射光子数、两个光电探测器可能探测到的光子数、它们的平均值、它们的相关值和二阶相干度。

表7.3.1 HBT实验中的光子数分布

n	n_1	n_2	$\overline{n_1}=\overline{n_2}$	$\langle n_1 n_2\rangle$	$g^{(2)}(\tau)$
1	1 0	0 1	1/2	0	0
2	2 1 1 0	0 1 1 2	1	1/2	1/2
3	—	—	3/2	3/2	2/3
4	—	—	2	3	3/4

HBT实验产生的平均结果如下：

$$\langle(n_1-\overline{n_1})(n_2-\overline{n_2})\rangle=\langle n_1 n_2\rangle-\overline{n_1}\,\overline{n_2} \tag{7.3.33}$$

因此，可以给出归一化的相关

$$\frac{\langle(n_1-\overline{n_1})(n_2-\overline{n_2})\rangle}{\overline{n_1}\,\overline{n_2}}=g^{(2)}(\tau)-1 \tag{7.3.34}$$

对于一个光子数态的入射光束，结合式(7.3.31)和式(7.3.32)给出其负相关

$$\frac{\langle(n_1-\overline{n_1})(n_2-\overline{n_2})\rangle}{\overline{n_1}\,\overline{n_2}}=-\frac{1}{n} \tag{7.3.35}$$

从上面的分析可以看出，在HBT实验中出现了二阶相干度小于1的非经典光，因为所有的光子在分束器上必须在反射和透射之间做出选择。在半经典分析中，每个光子用一个半透射半反射的恒定强度的脉冲代表，对于任意给定的入射光子数，都使二阶相干度等于1。HBT实验的量子分析表明，无论单模入射光场是纯态还是混合态，它的二阶相干度均可以由式(7.3.31)表示，并且都和 τ 无关。

将上面的分析进一步推广到多模场的情况，每个入射模的光子在分束器处均可以被透射为模 $a_1^{(k)}$ 或者反射为模 $a_2^{(k)}$，每个模都有相应的算符满足式(7.3.24)，只要光束的线宽远小于其平均频率，二阶相干度与粒子数的关联就可以表示为如下的关系：

$$g^{(2)}(\tau)=\frac{\langle n_1(\tau)n_2(0)\rangle}{\langle n_1\rangle\langle n_2\rangle} \tag{7.3.36}$$

这里已经假定光束是稳定的。显然，除了完全相干场，二阶相干度一般是依赖于延迟时间 τ 的。

在 HBT 实验中测量到的光场起伏关联是入射光场特性的体现。原则上也可以采用单个光电探测器的装置来获得上述关于光场的统计特性。假定在间隔时间为 τ 的两个时刻，测量在相同取样时间内的光子计数，结果分别为 $n(\tau)$ 和 $n(0)$，只要每次计数的取样时间远远小于两次测量的时间延迟 τ 和光场的相干时间 τ_{coh}，两次计数的关联就可以按下式来确定二阶相干度：

$$g^{(2)}(\tau)=\frac{\langle n(\tau)n(0)\rangle}{\bar{n}^2} \tag{7.3.37}$$

式中，$\bar{n}$ 是在短时间的平均计数。如果探测器的响应时间足够快，就不必再对响应时间取平均，测得的光子数关联就直接给出光场的二阶相干度。

光束中光子计数在时间上的分布可以通过二阶相干度来描述，将光子数分布划分为聚束效应和反聚束效应。当高强度的光场到达计数器时，引起计数器的密集计数；当低强度的光束到达计数器时，计数变得离散，这两种现象分别称为聚束效应和反聚束效应。这种效应可以通过二阶相干度来区分，通常满足

$$g^{(2)}(0)>1,\quad g^{(2)}(0)>g^{(2)}(\tau) \tag{7.3.38}$$

的光束对应聚束效应。满足

$$0<g^{(2)}(0)<1,\quad g^{(2)}(0)<g^{(2)}(\tau) \tag{7.3.39}$$

的光场对应反聚束效应。

如图 7.3.4 所示为不同连续光场(包括相干光、热光场、混沌光场)在较短的延迟时间(1.5ns)内的二阶相干度，根据混沌激光相干长度的范围，这里选定相干时间 $\tau_c=0.6$ns。可以看到，相干光场的二阶相干度是恒为 1 的一条直线，不受延迟时间改变的影响；而热光场和混沌光场的二阶相干度受到延迟时间变化的影响，二者的测量结果在延迟时间零附近大于 1，均呈现出较为明显的聚束效应；而单光子态的二阶相干度在零延迟出现小于 1 的反聚束效应，并且在延迟时间零附近出

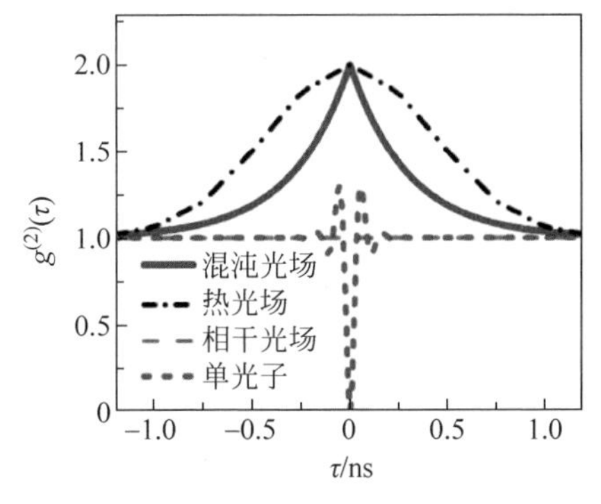

图 7.3.4　不同光场的二阶相干度

现拉比(Rabi)振荡,这是由拉比频率和自然线宽的比值决定的。

光子聚束相关的测量对在实际应用中确定混沌光的相干时间很有用。最早的这类实验之一是确定汞蒸气灯一条发射线的相干时间(Morgan et al.,1996)。这种时域的光谱学已发展成为测量混沌光相干时间的精确技术(Jakeman et al.,1968),特别适用于频率宽度在 $1\sim10^8$ Hz 区域的光。它很好地补充了频域光谱学,后者用法布里-珀罗干涉仪能分解频宽在 $10^6\sim10^{12}$ Hz 的谱线,而用光栅分光计能分解频宽为 10^{10} Hz 或更宽的谱线。

反聚束光对于光的量子理论是很重要的,因为它所对应的二级相干度的范围区分了量子理论和经典理论。一个满足反聚束条件的简单非经典光的例子是具有确定光子数的光束。而且反聚束光的观察要涉及更复杂的辐射场态。

7.3.3 混沌激光的二阶相干度

本节分析镜面反馈 DFB 半导体激光器混沌激光的二阶相干度。混沌激光由 Lang-Kobayashi 方程模拟产生。为方便叙述,将速率方程及相应物理参数复述如下:

$$\dot{E}(t)=\frac{1}{2}[G(t)-\tau_p^{-1}]E(t)+\kappa E(t-\tau_{ext})\cos[\phi(t)] \tag{7.3.40}$$

$$\dot{\varphi}(t)=\frac{\alpha}{2}[G(t)-\tau_p^{-1}]-\kappa E(t-\tau_{ext})E(t)^{-1}\sin[\phi(t)] \tag{7.3.41}$$

$$\dot{N}(t)=\frac{J}{e}-\frac{N(t)}{\tau_n}-G(t)\mid E(t)\mid^2 \tag{7.3.42}$$

$$\phi(t)=\omega\tau+\varphi(t)-(t-\tau_{ext}) \tag{7.3.43}$$

式中,e 为电量,τ_n 为载流子寿命,τ_p 为光子寿命,N_{th} 为阈值载流子密度,N_0 为透明载流子密度,ε 为增益饱和系数,α 为线宽增强因子,G_n 为微分增益,λ 为波长,τ_{in} 为反馈环延迟时间,ω 为光的角频率,J 为注入电流,$G(t)=G_n[N(t)-N_0]/[1+|\varepsilon E(t)|^2]$为非线性增益。$\kappa=(1-r_{in}^2)r_0/(r_{in}\tau_{in})$为反馈强度,仿真所用参数与实验条件基本相同,LK 方程中激光器的参数分别为 $\alpha=5$,$G_n=2.56\times10^{-8}\text{ps}^{-1}$,$N_0=1.35\times10^8$,$\tau_{ext}=99.85\text{ns}$,$\tau_p=2.5\text{ps}$,$\tau_n=2.3\text{ns}$,$\lambda=1.55\text{um}$,$\varepsilon=5\times10^{-7}$,$c=2\times10^8$。迭代精度选为 $h=2\times10^{-12}\text{s}$。

通过改变混沌光场的反馈强度和偏置电流使激光器输出不同状态的混沌时序并计算其二阶相干度,可以利用 LK 方程模拟分析二阶相干度的变化情况。此处取二阶相干度在零延迟处的结果,即 $g^{(2)}(0)=\dfrac{\langle n(0)^2\rangle}{\langle n(0)\rangle^2}$。

首先使控制激光器的电流设在 $1.07J_{th}$,然后使反馈强度 κ 从 5ns^{-1} 变化到 18ns^{-1},分别计算出每个状态下二阶相干度在零延迟处的结果,之后重复上述步骤,在偏置电流分别为 $1.12J_{th}$、$1.2J_{th}$、$1.5J_{th}$、$2J_{th}$ 的条件下得到了如图7.3.5(a)所示的理论结果。不同偏置电流下的变化趋势基本一致,但是每条理论曲线中均存在一些波动。同时随着反馈强度增加,光场的二阶相干度越来越大,表明光场聚束效应越来越强。在同一反馈条件下,靠近阈值处电流产生的光场聚束效应比远离阈值处的聚束效应强。从图7.3.5(a)中还能发现 $2J_{th}$ 的二阶相干度比 $1.07J_{th}$ 的要小,这是由于在偏置电流较大时,激光器输出光功率变大,多光子效应的出现导致二阶相干度值具有一定的减小。

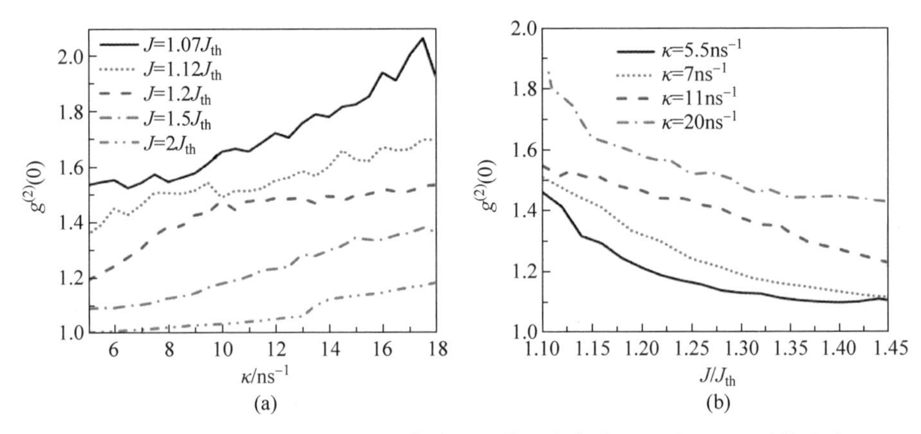

图7.3.5 不同偏置电流下,二阶相干度随着反馈强度变化(a),以及不同反馈强度下,二阶相干度随着偏置电流变化(b)

图7.3.5(b)为理论模拟反馈强度 κ 为 5.5ns^{-1}、7ns^{-1}、11ns^{-1}、20ns^{-1} 时的二阶相干度随偏置电流的变化情况。可见,在同一反馈强度条件下,随着电流的变大,光场二阶相干度明显变小。表明对激光器偏置电流接近阈值时,混沌光场的聚束效应较强。

上面只模拟了二阶相干度变化的特殊点 $g^{(2)}(0)$,对于混沌光场二阶相干度在不同延迟时间下的结果可作进一步分析。为此模拟观察整个时序中,二阶相干度 $g^{(2)}(\tau)$ 在比较大延迟时间 τ 内的变化趋势。在靠近阈值电流附近处,发现聚束效应与反馈强度有关。如图7.3.6所示,反馈强度为 35ns^{-1} 时 $g^{(2)}(0)$ 约为1.5,50ns^{-1} 时 $g^{(2)}(0)$ 约为2,65ns^{-1} 时 $g^{(2)}(0)$ 约为2.5。可见反馈越大得到的二阶相干度越大,表明混沌光聚束效应越强。光场二阶相干度大于2的情况,可视为一种超聚束效应。同时从图中还可以看出随着反馈增加,混沌激光的二阶相干度在0延迟附近波动变大,这些波动反应了激光器内腔光子的弛豫振荡效应。同时在延迟时间0.6ns以后,二阶相干度的波动性明显变得平坦,这是由于延迟时间已经逐渐大于混沌光场的相干时间,所以其中的趋势变得不太明显。实验中我们测量到相干时间约为0.5ns。

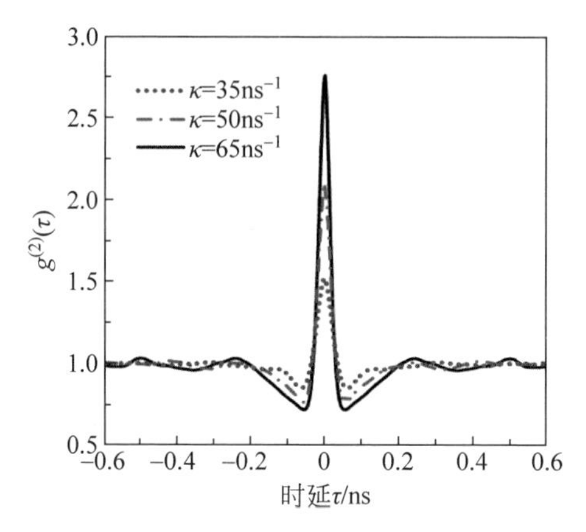

图 7.3.6 二阶相干度随延迟时间的变化结果

7.4 混沌激光量子统计特性的测量

7.4.1 微观量子统计特性与宏观动力学特性的测量

实验中所研究的混沌激光产生于光反馈半导体激光器，这种产生混沌光场的方式已有数十年的发展，并广泛应用于保密通信等领域。欧盟连续两届框架计划(OCCULT 计划和 PICASSO 计划)资助英、德、西班牙、希腊等国研究人员联合开展混沌保密通信及相应器件的研究。2005 年，欧盟七个国家共八个研究组织在雅典商用的城域光通信网络中，基于外腔光反馈半导体激光器作为全光混沌源完成了传输距离为 120km、速率为 1Gbit/s、误码率低于 10^{-7} 的混沌保密通信。到 2010 年，Argyris 等利用光子集成的混沌半导体激光器实现了 2.5Gbit/s、误码率低于 10^{-12} 的混沌光保密通信(Argyris et al.，2005)。

在基于混沌光场的高速密钥分发及保密通信中，光场的量子噪声、噪声起伏、关联特性及在相空间的准概率分布直接影响着信道传输效率、密钥传输速率及密钥传输的安全性(Jouguet et al.，2013；Henry et al.，1996；Scarani et al.，2009)等。而针对半导体激光器光反馈(或注入)产生的混沌激光量子统计特性的研究还并不全面，从基础物理研究和实际应用的角度来说，需要在量子层面上对混沌激光光场进行进一步的分析研究。在单光子水平上光子计数测量光场的二阶关联度(Hanbury et al.，1956)及更高阶关联(Zhang et al.，2010)，不仅可以完成对光场关联特性、噪声特性的分析(Glauber，1963)，同时在提高通信传输效率、光源检验、长距离精密测量方面也有着至关重要的作用。因此，在量子水平上对混沌激光光场的光子计数统计研究已逐渐成为通信和测量领域中一个新的研究热点。

2009年，E. Rosencher等首次在GaAs光子计数模块中使用双光子吸收(TPA)进行了实验，验证TPA可以在更短的时间尺度测量光子的时间相关性。双光子吸收的原理如图7.4.1(a)所示，TPA先从价带(VB)态过渡到直接能隙半导体中的导带(CB)态，然后在光电管中，当达到萃取(或真空)水平时，导带中的电子被发射出来。2011年F. Boitier等利用半导体中TPA提供的巨大带宽对双光束中光子挤压效应进行了观测和定量测量。如图7.4.1(b)所示为实验装置图，双光束源基于$LiNbO_3$非线性晶体，通过锁模钛蓝宝石激光器在780nm处以80MHz的速率泵浦产生10ps脉冲。平均功率为50μW的准直光束通过一对间隔73mm的SF14布儒斯特棱镜并来回反射，以补偿在设置的所有色散介质中累积的啁啾。此外，棱镜对有效滤除了泵浦辐射。峰值光子通量Φ_{max}是每秒1.2×10^{18}个光子，即每脉冲4.9×10^6个光子。然后将这些超亮双光束通过干涉仪发射并聚焦在GaAs双光子计数器上(Boitier et al.，2009)。该实验验证了半导体中的双光子计数是在超短时间尺度下进行光束光子关联绝对测量的有力工具。

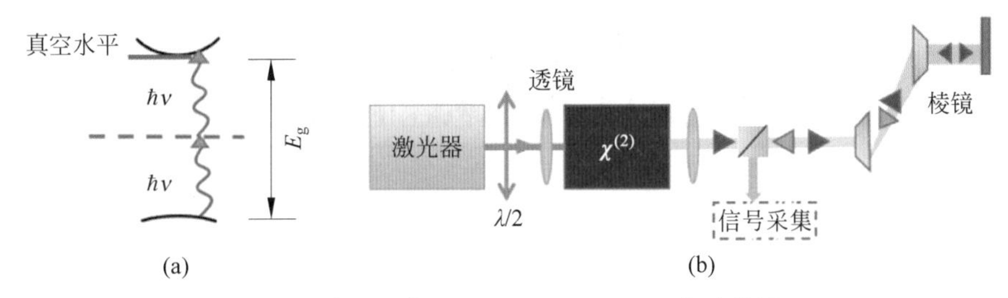

图7.4.1　双光子吸收原理图(a)，以及TPA实验装置图(b)

2011年，Ferdinand Albert等研究了光反馈量子点激光器的光子统计特性。所研究的半导体激光器单一低密度$In_{0.3}Ga_{0.7}As$量子点作为增益介质(Böckler et al.，2008)的电驱动微柱激光器，用于测量光子自相关函数的是HBT装置，如图7.4.2(a)所示。HBT的时间分辨率约是40ps。反馈外腔由棱镜和90∶10分束器组成，长度设置为3.48m，对应的往返时间$\tau_{ext}=11.6$ns。图7.4.2(b)为混沌时序图，显示了$I=1.5I_{th}$，$\tau_{ext}=10$ns和$\kappa=10\text{ns}^{-1}$时混沌特性，图(c)为混沌二阶自相关函数图，观察到混沌强度波动和光子的尖峰发射实现了$g^{(2)}(0)>2$的明显聚束(Albert et al.，2011)。该研究结果首次揭示了自反馈量子点微激光器的混沌特性，为量子系统混沌的研究开辟了新的途径。

另外，A. Lebreton等在2013年提出了一种新的实验技术，可以明确区分具有振幅波动的混沌光和相干光，从而能够清楚地描述激光器的输出(Lebreton et al.，2013)。光源发出的光进入由光纤构成的不平衡迈克耳孙干涉仪，两个单光子探测器(SSPDs)测量干涉仪两个输出端口之间的光子光联。实验中分别采用了混沌激光和纳米激光光源，图7.4.3(a)所示为测量的两种不同光源得到的二阶光子自相

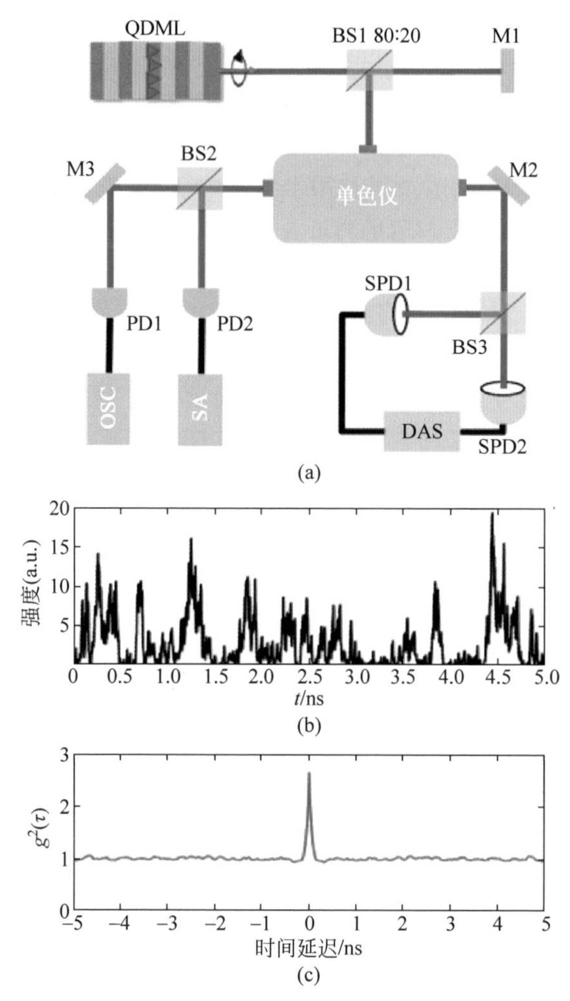

图 7.4.2 量子点激光器实验装置图(a),混沌时序图(b),以及混沌二阶自相关函数图(c)(Albert et al.,2011)

关结果。图中混沌光源(红色曲线)和纳米激光光源(黑色曲线)分别从 $g^{(2)}(0)=1.25$、$g^{(2)}(0)=1.45$ 下降到 $g^{(2)}(\infty)=1$,显示类似的光子自相关结果。但通过光子互相关可得出完全不同的结果,如图 7.4.3(b)所示。该实验提出并验证了一种基于二阶互相关光子计数明确区分混沌和振幅波动相干光的方法,为混沌激光光子相关性研究提供了新的思路和方法。

对高维混沌激光微观光子统计与宏观动力学测量分析的装置如图 7.4.4 所示。采用通信波段的分布反馈半导体激光器,在高精度温度和电流源的控制下产生混沌激光。将电流设置为 15.9mA,对应于 1.5 倍的激光器阈值电流,激光器输

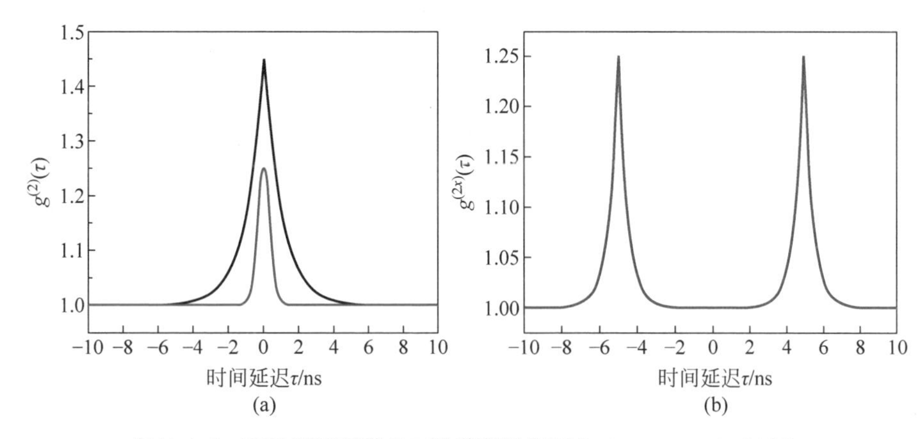

图 7.4.3 不同光源得到的二阶关联结果图(Lebreton et al.,2013)

(a) 混沌光源(红色曲线)和纳米激光(黑色曲线)的二阶自相关结果;(b) 混沌光源的二阶互相关结果

出激光中心波长稳定在1550nm。再将输出激光经过偏振控制器和环形器,在环形器输出端后接入80∶20的分束器,将其80%一端光利用可变衰减器VOA1经过适当调节使其进入环形器返回到激光源中。由此利用光反馈的方法形成混沌激光。

不同状态的混沌激光可以通过调节偏振控制器和衰减器得到,对于混沌激光的宏观图像还需要用具体仪器进行观察。实验装置如图7.4.4所示,形成的混沌激光经过分束器50∶50光纤耦合器输出,将输出光分成两份。其中一路光利用50G高速灵敏光电探测器探测后转换为电信号分别引入示波器和频谱仪,测量得

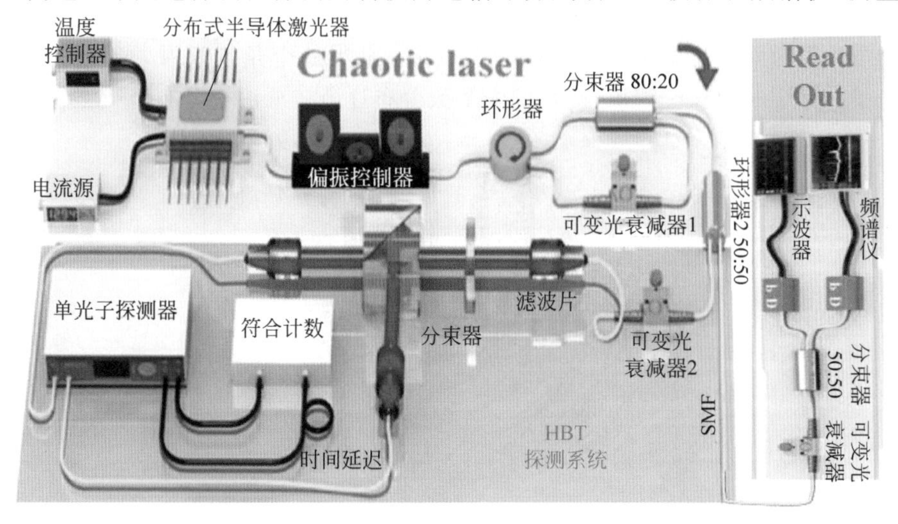

图 7.4.4 混沌光场的量子统计特性测量实验装置图

到混沌激光的宏观动力学特性。同时探测得到混沌激光的微观光子统计特性，利用 HBT 探测系统——主要是由空间耦合镜、滤波片、50∶50BS 分束器组成，其中空间耦合镜是将空间光和光纤中的光相互转换的器件。当光衰减到足够弱的水平，满足单光子探测条件时，外界杂散光对实验结果的影响不可忽略，需要必要的滤波、降噪处理及提高探测效率。在实验中由于分束器分束比的影响，需精确控制分束比例，确保光场被均匀分束。经分束后两束光分别进入双通道单光子探测器中。在探测器中观察两个通道接收到的光子计数率，使两通道光子计数相同。

7.4.2 不同光子数分布下混沌激光二阶相干度的测量结果

已经知道相干光场服从泊松分布，而对于相位随机的混沌光场光子数分布服从玻色-爱因斯坦分布。通过分别控制激光器的偏置电流和反馈强度，产生混沌光场，同时观测光场的频谱和时序，测量其对应的二阶相干度 $g^{(2)}(0)$。

为了观察光子数分布以及二阶相干度的连续变化，实验以偏置电流 $1.5J_{th}$、反馈强度 12.8%为例，测量混沌光场的光子统计分布如图 7.4.5 所示，发现随着二阶相干度的变大，光子分布呈现过渡的趋势。随着平均光子数的增加，光子数分布从玻色-爱因斯坦分布不断变化到泊松分布，并且 $g^{(2)}(0)$从 2 逐渐减小到 1。测量的 $g^{(2)}(0)$的最大值是 2.02，并且相应的光子数分布几乎与玻色-爱因斯坦分布相同。随着平均光子数的增加，混沌激光的光子数分布逐渐偏离玻色-爱因斯坦分布。当平均光子数$\langle n\rangle$达到 1.8，测得的光子数分布介于玻色-爱因斯坦分布和泊松分布之间，$g^{(2)}(0)$变为 1.21。随着平均光子数进一步增加，光子数分布变得更接近泊松分布，并且 $g^{(2)}(0)$进一步减小。最终，当平均光子数$\langle n\rangle$为 2.61，光子数分布几乎与泊松分布相同，相应的 $g^{(2)}(0)$为 1.03。由于多光子事件的增加，光子到达间隔时间与采样时间相比变短(Guo et al.,2018)。从另一个角度来看，采样时间比发射光子的相干时间长。因此，测量的光子数分布逐渐接近泊松分布。

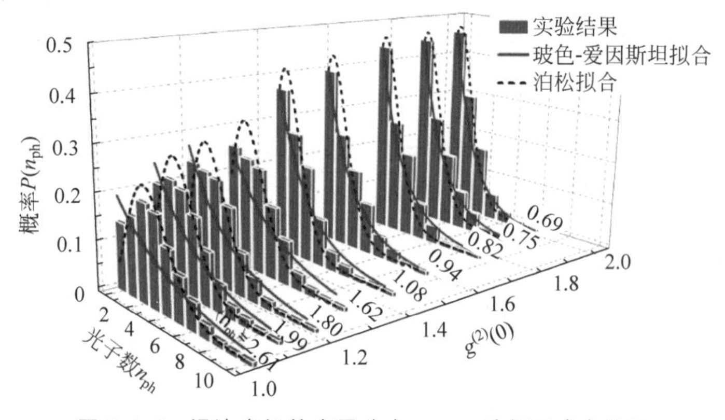

图 7.4.5 混沌光场的光子分布——二阶相干度变化图

7.4.3　不同混沌状态下光场二阶相干度的测量结果

激光器的外部参数例如偏置电流及反馈强度都会影响混沌光场的状态，光场的量子统计特性也会相应发生改变。将偏置电流固定在 $J=1.5J_{\text{th}}$，通过改变反馈强度来观测不同混沌态的动力学及光子统计特性。图 7.4.6 为反馈强度分别在 0.2%、1%以及 10%时，光场的频谱和二阶相干度的实验结果。

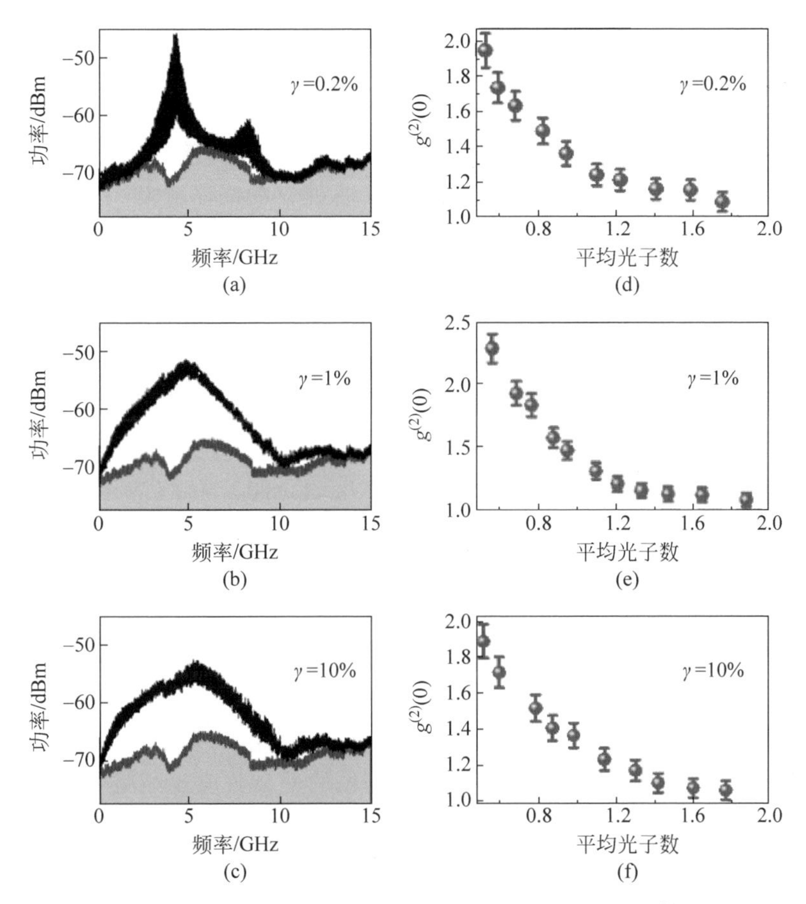

图 7.4.6　不同反馈强度下混沌光场的频谱图((a)～(c))和二阶相干度 $g^{(2)}(0)$((d)～(f))的结果
(a),(d) 反馈强度 0.2%；(b),(e) 反馈强度 1%；(c),(f) 反馈强度 10%

图 7.4.6(a)～(c)分别为三种反馈强度下对应的频谱。图(a)为激光器的输出进入准周期状态；图(b)为激光器的输出进入混沌状态，激光器的光谱线宽急剧展宽；图(c)为反馈强度增至 10%，此时激光器的线宽变窄，混沌减弱。激光器按 80%有效带宽定义，其频谱宽度分别为 5.3GHz、6.7GHz 和 7.8GHz。激光器的输出进入混沌状态，且线宽展宽的情况下，其带宽为 6.7GHz。图 7.4.6(d)～(f)分

别为三种反馈强度下二阶相干度随平均光子数的变化情况。从图中可以看到，反馈强度较弱(0.2%)时，频谱出现多个尖峰，并未进入完全的混沌状态，在平均光子数为0.53时二阶相干度$g^{(2)}(0)=1.943\pm0.097$，随着平均光子数的增大，$g^{(2)}(0)$逐渐趋于1，当平均光子数为1.76时，$g^{(2)}(0)=1.083\pm0.054$；随着反馈强度增强至1%，频谱变得平滑，并且混沌的带宽展宽至6.7GHz，在平均光子数为0.56时，二阶相干度$g^{(2)}(0)=2.276\pm0.114$，并随着平均光子数的增大，$g^{(2)}(0)$逐渐降低，在平均光子数为1.89时，$g^{(2)}(0)=1.070\pm0.053$；当反馈强度的继续增强，达到10%时，在平均光子数为0.52的二阶相干度$g^{(2)}(0)=1.885\pm0.094$，同样$g^{(2)}(0)$逐渐逐渐趋于1，在平均光子数为1.78时，$g^{(2)}(0)=1.057\pm0.052$。这一结果主要是由于入射光增强时，探测器对多光子的响应能力有限，随着光场的平均光子数增大，更多的双光子或多光子在同一时刻进入探测器的概率增大，多光子响应时间影响增大，而探测器不能同时响应多个光子，测量得到的多光子信息就会降低，而这些多光子信息反映光子的聚束效应，因此测量得到的混沌光场的二阶相干度会随着平均光子数的增加而降低。

在之前研究的基础上，为了更清楚地观测混沌快速时域动力学演化过程，及对应的光子统计特性。我们测量了偏置电流在阈值附近($J=1.07J_{th}\sim1.2J_{th}$)，反馈强度在24%(−6.19dB)时，不同状态混沌光场的时序及对应的$g^{(2)}(0)$。如图7.4.7所示为三种不同偏置电流($J=1.07J_{th}$，$1.12J_{th}$，$1.2J_{th}$)下混沌光场的时序图(图7.4.7(a)～(c))，以及与之对应的二阶相干度(图7.4.7(d)～(f))的结果。

从图7.4.7中可知，光场的时序变化从图7.4.7(a)的低频起伏和稳态共存状态，到图7.4.7(b)的持续低频起伏状态，最后进入图7.4.7(c)的相干塌陷状态。在光场由低频起伏进入相干塌陷状态时，振荡加快并且光谱明显展宽，同时测量了该过程中光场的二阶相干度。从图7.4.7(d)～(f)可以看出，在平均光子数为0.5附近，三种状态下光场均呈现明显的聚束效应。同样由于多光子信息的缺失和额外杂散光的影响，随着平均光子数的增大，光场的聚束效应逐渐减弱，二阶相干度趋于1。由此可知，要准确地测量光场的光子统计特性及聚束效应，需要将入射的平均光子数控制在合适的区间并尽量降低背景和其他杂散光的影响。

图7.4.8表示在多个不同电流条件下二阶相干度随反馈强度的变化，以及在多个不同反馈条件下随偏置电流的变化情况。经过测量发现，随着反馈强度的增大，光场的$g^{(2)}(0)$也逐渐变大，这表明随着反馈强度的增大，光场的聚束效应更加明显。同时在偏置电流比较小时(如$1.07J_{th}$)测量误差相对于其他情况要大一点，这是由于此时由激光器产生的光功率比较小，经过不同的器件会有很多的损耗，所以比较容易受到外界因素的影响。另外，在同一反馈强度下，随着偏置电流增大，二阶相干度$g^{(2)}(0)$逐渐减小，表明混沌光场聚束效应越来越弱。随着电流的增大，

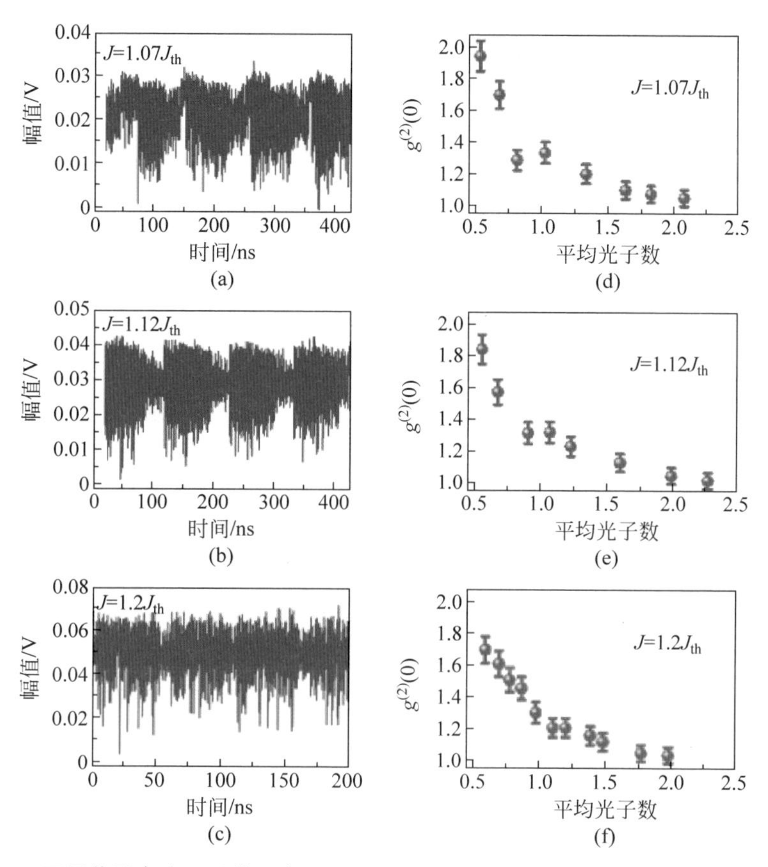

图7.4.7　不同偏置电流且反馈强度为24%时，混沌光场的时序((a)～(c))和二阶相干度 $g^{(2)}(0)$((d)～(f))的结果

(a),(d) 偏置电流 $J=1.07J_{th}$；(b),(e) $J=1.12J_{th}$；(c),(f) $J=1.2J_{th}$

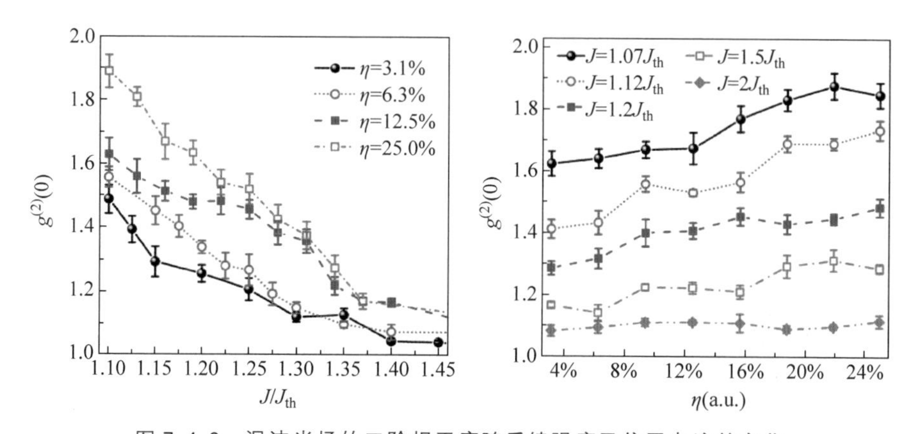

图7.4.8　混沌光场的二阶相干度随反馈强度及偏置电流的变化

二阶相干度减小是由于此时光强相比于其他处的光强大了很多，出现了多光子事件，所以探测器探测的 $g^{(2)}(0)$越来越小。

7.5 本章小结

本章从微观量子层面，为精确度量表征混沌熵源及其随机性提供了另一角度的分析方法。首先介绍了面向保密通信混沌熵源的研究意义及应用前景，接着介绍了研究光场微观特性的一般途径，包括光子计数统计和光场的高阶相干度等，在理论和实验上对光反馈的半导体激光器产生的混沌光场的动力学特性及光子统计特性进行了具体分析和介绍。随着反馈强度的增大，混沌光场的光子数统计从泊松分布逐渐过渡为玻色-爱因斯坦分布；在反馈强度较大、注入电流较小时，混沌光场的二阶相干度的值更大，光子的聚束效应更强，甚至会出现超聚束现象。另外，基于多路单光子探测器的方案，在综合考虑系统的整体效率、背景噪声、计数率及分辨时间等各种影响因素的条件下，也可实现对不同光场及混沌动力学过渡过程光子数分布与高阶光子关联的精确测量。该方法将在鬼成像、光场相干性分析及保密通信等领域提供关键的技术支持。

参考文献

郭光灿，1988. 量子光学[M]. 北京：高等教育出版社.

郭光灿，姚焜，曹育群，1987. 利用时幅转换测量光场的二级相干度[J]. 量子电子学报(4)：14-18.

龙桂鲁，邓富国，曾谨言，2011. 量子力学新进展(第五辑)[M]. 北京：清华大学出版社.

彭金生，李高翔，1996. 近代量子光学导论[M]. 北京：科学出版社.

ALBERT F，HOPFMANN C，REITZENSTEIN S，et al，2011. Observing chaos for quantum-dot microlasers with external feedback[J]. Nature Communications，2(1)：366-370.

ARECCHI F T，1965. Measurement of the statistical distribution of Gaussian and laser sources [J]. Physical Review Letters，15(24)：912-919.

ARGYRIS A，SYVRIDIS D，LARGER L，et al，2005. Chaos-based communications at high bit ratesusing commercial fibre-optic links[J]. Nature，438(7066)：343-346.

BANASZEK K，WALMSLEY I A，2009. Quantum states made to measure[J]. Nature Photonics，3(12)：673-676.

BOITIER F，GODARD A，ROSENCHER E，et al，2009. Measuring photon bunchingat ultrashort timescale by two photon absorption in semiconductors[J]. Nat. Phys.，5：267-270.

BROWN R H，TWISS R Q，1983. Correlation between photons in two coherent beams of light [J]. Journal of Astrophysics & Astronomy，15(1)：192-196.

BROWN R H, TWISS R Q, 1994. Correlation between photons in two coherent beams of light [J]. Concepts of Quantum Optics, 15(1): 13-19.

BÖCKLE C, REITZENSTEIN S, KISTNER C, et al, 2008. Electrically driven high-Q quantum dot-micropillar cavities[J]. Appl. Phys. Lett., 92: 091107.

DAVIDOVICH L, 1996. Sub-Poissonian processes in quantum optics [J]. Review of Modern Physics, 68(1): 127-173.

GLAUBER R J, 1963. The quantum theory of optical coherence [J]. Physical Review, 130: 2529-2539.

GUO Y Q, LI G, ZHANG Y F, et al, 2012. Efficient fluorescence detection of a single neutral atom with low background in a microscopic optical dipole trap[J]. Science China(Physics, Mechanics & Astronomy), 55(9): 1523-1528.

GUO Y, PENG C, JI Y, et al, 2018. Photon statistics and bunching of a chaotic semiconductor laser[J]. Optics Express, 26(5): 5991-6000.

HADFIELD R H, 2007. Single-photon detectors for optical quantum information applications[J]. Journal of Information, 3(12): 696-705.

HANBURY BROWN R, TWISS R Q, 1956. A test of a new type of stellar interferometer on sirius[J]. Nature, 178: 1046-1048.

HAYENGA W E, GARCIA-GRACIA H, HODAEI H, et al, 2016. Second-order coherence properties of metallic nanolasers[J]. Optica, 3(11): 1187-1193.

HENRY C H, KAZARINOV R F, 1996. Quantum noise in photonics [J]. Reviews of Modern Physics, 68: 801-853.

JAKEMAN E, PIKE E R, 1968. Statistics of heterodyction of Gaussian light[J]. J. Phys. A: Gen. Phys, 2: 115-125.

JOUGUET P, KUNZ-JACQUES S, LEVERRIER A, et al, 2013. Experimental demonstration of long-distance continuous-variable quantum key distribution [J]. Nature Photonics, 7: 378-381.

KIMBLE H J, DAGENAIS M, MANDEL L, 1983. Photon antibunching in resonance fluorescence [J]. Concepts of Quantum Optics, 39(11): 201-206.

LEBRETON A, ABRAM I, BRAIVE R, et al, 2013. Unequivocal differentiation of coherent and chaotic light through interferometric photon correlation measurements[J]. Physical Review Letters, 110: 163603.

MAGAÑA-LOAIZA O S, MIRHOSSEINI M, CROSS R M, et al, 2016. Hanbury Brown and Twissinterferometry with twisted light[J]. Science Advances, 2(4): e1501143.

MANDEL L, 1979. Sub-Poissonian photon statistics in resonance fluorescence[J]. Optics Letters, 4(7): 205-207.

MORGAN B L, MANDEL L, 1966. Phys. Rev. Lett., Measurement of Photon Bunching in a Thermal Light Beam, 16: 1012-1015.

PAUL H, 1982. Photon antibunching[J]. Rev. Mod. Phys., 54: 1061-1102.

REDDING B, CHOMA M A, CAO H, 2012. Speckle-free laser imaging using random laser illumination[J]. Nature Photonics, 6(6): 355-359.

RYCZKOWSKI P, BARBIER M, FRIBERG A T, et al, 2016. Ghost imaging in the time domain [J]. Nature Photonics, 10(3): 167-170.

SCARANI V, BECHMANN-PASQUINUCCI H, CERF N J, et al, 2009. The security of practical quantumkey distribution[J]. Reviews of Modern Physics, 81: 1301-1350.

SCHULTHEISS V H, BATZ S, PESCHEL U, 2016. Hanbury Brown and Twiss measurements in curvedspace[J]. Nature Photonics, 10(2): 106-110.

SCHULZE F, LINGNAU B, HEIN S M, et al, 2014. Feedback-induced steady-state light bunching above the lasing threshold[J]. Phys. Rev. A, 89(4): 2667-2682.

ZHANG Y C, LI Y, GUO Y Q, et al, 2010. Degree of fourth-order coherence by double Hanbury Brown-Twiss detections[J]. Chin. Phys. B, 19: 084205.

索　　引